高职高专工程监理专业系列规划教材

工程建设监理概论

段淑娟　主　编

苏永军　副主编

科学出版社

北　京

内 容 简 介

　　本书根据我国工程建设法律法规、行业标准编写，系统地阐述了工程建设监理的基本概念和工程建设监理的组织管理。本书主要内容包括建设工程监理制度、监理工程师与工程监理企业、建设工程监理组织及监理规划、建设工程施工阶段的监理工作、建设工程合同与信息管理、国外工程项目管理等。

　　本书具有适应性和可操作性强的特点，可供一般高等院校、高等专科学校、职业技术学院以及成人高校土建类相关专业学生使用，也可作为建筑监理企业人员和有关工程技术人员的参考用书。

图书在版编目(CIP) 数据

工程建设监理概论/段淑娟主编. —北京：科学出版社，2014
高职高专工程监理专业系列规划教材
ISBN 978-7-03-039458-3

Ⅰ.①工… Ⅱ.①段… Ⅲ.①建筑工程-监理工作-高等职业教育-教材
Ⅳ. ①TU712

中国版本图书馆 CIP 数据核字(2013)第 311389 号

责任编辑：张雪梅/责任校对：马英菊
责任印制：吕春珉/封面设计：耕者设计工作室

科 学 出 版 社 出版
北京东黄城根北街 16 号
邮政编码：100717
http://www.sciencep.com
铭浩彩色印装有限公司 印刷
科学出版社发行　　各地新华书店经销
*
2014 年 1 月第 一 版　　开本：787×1092　1/16
2014 年 1 月第一次印刷　　印张：17 1/4
字数：394 000
定价：35.00 元
（如有印装质量问题，我社负责调换〈 骏杰 〉）
销售部电话 010-62138454　编辑部电话 010-62135397-2021（VA03）

前　言

　　我国自 1988 年开始实行建设监理制度，建设监理从试点到全国推广，从"拿来"到消化吸收，逐步形成了自己的特色，其间既有进步、经验，又有问题、反思。我国建设监理事业的发展，尚需大量高素质、多层次的监理人才，高职高专教育肩负着培养和造就适应生产、建设、管理、服务第一线需要的技术应用型人才的使命。

　　我们结合多年工程监理及房建专业的教学经验编写此书，力求使其更适合高职高专类院校相关专业作为必修课及选修课使用。考虑到与全国注册监理工程师的考试接轨，整本书的结构体系更为完整。除同类教材包含的一般内容外，本书还将信息管理、相关法律法规等内容添入，一本在手，可对工程监理工作的全貌有更为系统、方便的了解和掌握。另外，本书在各章节的编排次序上做出了更为严谨的考虑，以更好地符合学生对事物的认知规律。具体内容的选编既突出实用性，又注意业务范围的前瞻性，并力求强调"新"。同时，编写注意详略得当，深入浅出，简洁易懂。

　　通过对本书的学习，学生不仅可掌握基础理论知识，具有一定的现场监理能力，而且能够逐步培养通过自学获取本学科知识的能力，增强可持续发展性。

　　本书由段淑娟任主编，苏永军任副主编，具体编写分工如下：段淑娟编写第 1、3、5 章，张璞编写第 2 章，苏永军编写第 4 章，杨龙、张海荣编写第 6 章。全书由孙崇芦负责统稿，由戎贤教授主审。

　　在编写过程中，本书参考了大量的相关教材、文献、论著和资料，吸收了国内外许多同行专家的最新研究成果，在此谨向相关作者表示衷心的感谢！

　　由于编者水平有限，书中不足之处在所难免，恳请广大读者批评指正。

目　　录

第1章 工程建设监理概述

● **内容提要**

本章介绍建设工程监理的产生背景、理论基础、现阶段的特点以及建设工程法律法规体系，重点阐述建设工程监理的定义、性质、作用，我国的建设程序和主要的建设管理制度。

● **教学目标**

1. 了解我国建设工程监理的产生背景、理论基础以及现阶段的主要特点。
2. 熟悉我国建设工程法律法规体系、建设程序和主要的建设管理制度。
3. 掌握建设工程监理的定义、性质、作用。

1.1 建设工程监理的基本概念

1.1.1 建设工程监理制产生的背景

从新中国成立直至 20 世纪 80 年代，我国固定资产投资基本上是由国家统一安排计划（包括具体的项目计划），由国家统一财政拨款。在当时经济基础薄弱、建设投资和物资短缺的条件下，这种方式对于国家集中有限的财力、物力、人力进行经济建设，迅速建立我国的工业体系和国民经济体系起到了积极作用。

当时，我国建设工程的管理基本上采用两种方式：对于一般建设工程，由建设单位自己组成筹建机构，自行管理；对于重大建设工程，则从与该工程相关的单位抽调人员组成工程建设指挥部，由指挥部进行管理。因为建设单位无需承担经济风险，这两种管理方式得以长期存在，但其弊端不言而喻。由于这两种都是针对一个特定的建设工程临时组建的管理机构，相当一部分人员不具有建设工程管理的知识和经验，因此他们只能在工作实践中摸索。而一旦工程建成投入使用，原有的工程管理机构和人员就解散，当有新的建设工程时再重新组建。这样一来，建设工程管理的经验不能承袭升华，用来指导今后的工程建设，教训还不断重复发生，使我国建设工程管理水平长期在低水平徘徊，难以提高。投资"三超"（概算超估算、预算超概算、结算超预算）、工期延长的现象较为普遍。工程建设领域存在的上述问题受到了政府和有关单位的关注。

20 世纪 80 年代我国进入了改革开放的新时期，国务院决定在基本建设和建筑业领域采取一些重大的改革措施，例如投资有偿使用（即"拨"改"贷"）、投资包干责任制、投资主体多元化、工程招标投标制等。在这种情况下，改革传统的建设工程管理方式已经势在必行，否则难以适应我国经济发展和改革开放新形势的要求。

通过对我国几十年建设工程管理实践的反思和总结，并对国外工程管理制度与管理方法进行考察，专业人士认识到建设单位的工程项目管理是一项专门的学问，需要一大批专门的机构和人才，建设单位的工程项目管理应当走专业化、社会化的道路。在此基础上，原建设部于 1988 年发布了《关于开展建设监理工作的通知》，明确提出要建立中国特色的建设监理制度。建设监理制作为工程建设领域的一项改革举措，旨在改变陈旧的工程管理模式，建立专业化、社会化的建设监理机构，协助建设单位做好项目管理工作，以提高建设水平和投资效益。

建设工程监理制于 1988 年开始试点，5 年后逐步推开，1997 年《中华人民共和国建筑法》（以下简称《建筑法》）以法律制度的形式作出规定，国家推行建设工程监理制度，从而使建设工程监理在全国范围内进入全面推行阶段。

1.1.2 建设工程监理的概念

1. 定义

我国的建设工程监理发展很快，在许多方面取得了成功，但仍有不成熟的地方。如果从其主要属性来说，大体上可作如下表述：所谓建设工程监理，是指具有相应资质的工程监理企业，接受建设单位的委托和授权，依据有关工程建设的法律、法规和监理合同以及其他工程建设合同，承担其项目管理工作，并代表建设单位对承包单位的建设行为进行监督管理的专业化服务活动。

建设单位，也称为业主、项目法人，是委托监理的一方。建设单位在工程建设中拥有确定建设工程规模、标准功能以及选择勘察、设计、施工、监理单位等工程建设中重大问题的决定权。

工程监理企业是指取得企业法人营业执照，具有监理资质证书的依法从事建设工程监理业务活动的经济组织。

2. 监理概念要点

（1）建设工程监理的行为主体

《建筑法》明确规定，实行监理的建设工程，由建设单位委托具有相应资质条件的工程监理企业实施监理。建设工程监理只能由具有相应资质的工程监理企业来开展，建设工程监理的行为主体是工程监理企业，这是我国建设工程监理制度的一项重要规定。

建设工程监理不同于建设行政主管部门的监督管理。后者的行为主体是政府部门，它具有明显的强制性，是行政性的监督管理，它的任务、职责、内容不同于建设工程监理。同样，总承包单位对分包单位的监督管理也不能视为建设工程监理。

(2) 建设工程监理实现的前提

《建筑法》明确规定，建设单位与其委托的工程监理企业应当订立书面建设工程委托监理合同。也就是说，建设工程监理的实施需要建设单位的委托和授权。工程监理企业应根据委托监理合同和有关建设工程合同的规定实施监理。

建设工程监理只有在建设单位委托的情况下才能进行。只有与建设单位订立书面委托监理合同，明确了监理的范围、内容、权利、义务、责任等，工程监理企业方能在规定的范围内行使管理权，合法地开展建设工程监理。工程监理企业在委托监理的工程中拥有一定的管理权限，能够开展管理活动，是建设单位授权的结果。

承建单位根据法律、法规的规定和它与建设单位签订的有关建设工程合同的规定，接受工程监理企业对其建设行为进行的监督管理，接受并配合监理是其履行合同的一种行为。工程监理企业对哪些单位的哪些建设行为实施监理要以有关建设工程合同的规定为依据。例如，仅委托施工阶段监理的工程，工程监理企业只能根据委托监理合同和施工合同对施工行为实行监理。而在委托全过程监理的工程中，工程监理企业可以根据委托监理合同以及勘察合同、设计合同、施工合同对勘察单位、设计单位和施工单位的建设行为实行监理。

(3) 建设工程监理的依据

建设工程监理的依据包括工程建设文件、有关的法律法规规章和标准规范、建设工程委托监理合同和有关的建设工程合同。

1) 工程建设文件。包括批准的可行性研究报告、建设项目选址意见书、建设用地规划许可证、建设工程规划许可证、批准的施工图设计文件、施工许可证等。

2) 有关的法律、法规、规章和标准、规范。包括《建筑法》、《中华人民共和国合同法》、《中华人民共和国招标投标法》、《建设工程质量管理条例》等法律法规，《工程建设监理规定》等部门规章，以及地方性法规等，也包括《工程建设标准强制性条文》、《建设工程监理规范》以及有关的工程技术标准、规范、规程等。

3) 建设工程委托监理合同和有关的建设工程合同。工程监理企业应当根据下述两类合同进行监理：一是工程监理企业与建设单位签订的建设工程委托监理合同，二是建设单位与承建单位签订的建设工程合同。

(4) 建设工程监理的范围

建设工程监理范围可以分为监理的工程范围和监理的建设阶段范围。

1) 工程范围。为了有效发挥建设工程监理的作用，加大推行监理的力度，根据《建筑法》，国务院公布了《建设工程质量管理条例》，对实行强制性监理的工程范围作了原则性的规定，2001 年建设部颁布了《建筑工程监理范围和规模标准规定》（86 号命令），规定了必须实行监理的建设工程项目的具体范围和规模标准。下列建设工程必须实行监理：

- 国家重点建设工程：依据《国家重点建设项目管理办法》所确定的对国民经济和社会发展有重大影响的骨干项目。
- 大中型公用事业工程：项目总投资额在 3000 万元以上的供水、供电、供气、供热等市政工程项目；科技、教育、文化等项目；体育、旅游、商业等项目；卫生、社会福利等项目；其他公用事业项目。
- 成片开发建设的住宅小区工程：建筑面积在 5 万平方米以上的住宅建设工程。
- 利用外国政府或者国际组织贷款、援助资金的工程：包括使用世界银行、亚洲开发银行等国际组织贷款资金的项目；使用国外政府及其机构贷款资金的项目；使用国际组织或者国外政府援助资金的项目。
- 国家规定必须实行监理的其他工程：项目总投资额在 3000 万元以上关系社会公共利益、公众安全的交通运输、水利建设、城市基础设施、生态环境保护、信息产业、能源等基础设施项目；学校、影剧院、体育场馆项目。

建设工程监理范围不宜无限扩大，否则会造成监理力量与监理任务严重失衡，使得监理工作难以到位，保证不了建设工程监理的质量和效果。从长远来看，随着投资体制的不断深化改革，投资主体日益多元化，对所有建设工程都实行强制监理的做法，既与市场经济的要求不相适应，也不利于建设工程监理行业的健康发展。

2) 建设阶段范围。建设工程监理可适用于工程建设投资决策阶段和实施阶段，但目前主要是建设工程施工阶段。

在建设工程施工阶段，建设单位、勘察单位、设计单位、施工单位和工程监理企业等工程建设的各类行为主体均出现在建设工程当中，形成了一个完整的建设工程组织体系。在这个阶段，建设市场的发包体系、承包体系、管理服务体系的各主体在建设工程中会合，由建设单位、勘察单位、设计单位、施工单位和工程监理企业各自承担工程建设的责任和义务，最终将建设工程建成投入使用。在施工阶段委托监理，其目的是更有效地发挥监理的规划、控制、协调作用，为在计划目标内建成工程提供最好的管理。

1.1.3 建设工程监理的性质

1. 服务性

建设工程监理具有服务性，是从它的业务性质方面定性的。建设工程监理的主要方法是规划、控制、协调，主要任务是控制建设工程的投资、进度和质量，最终应当达到的基本目的是协助建设单位在计划的目标内将建设工程建成投入使用。这就是建设工程监理的管理服务的内涵。

工程监理企业既不直接进行设计，也不直接进行施工；既不向建设单位承包造价，也不参与承包商的利益分成。在工程建设中，监理人员利用自己的知识、技能和经验、信息以及必要的试验、检测手段，为建设单位提供管理和技术服务。

工程监理企业不能完全取代建设单位的管理活动。它不具有工程建设重大问题的决策权，它只能在授权范围内代表建设单位进行管理。

建设工程监理的服务对象是建设单位。监理服务是按照委托监理合同的规定进行的，是受法律约束和保护的。

2. 科学性

科学性是由建设工程监理要达到的基本目的决定的。建设工程监理以协助建设单位实现其投资目的为己任，力求在计划的目标内建成工程。而对工程规模日趋庞大，环境日益复杂，功能、标准要求越来越高，新技术、新工艺、新材料、新设备不断涌现，参加建设的单位越来越多，市场竞争日益激烈，风险日渐增加的情况，只有采用科学的思想、理论、方法和手段才能驾驭工程建设。

科学性主要表现在：工程监理企业应当由组织管理能力强、工程建设经验丰富的人员担任领导；应当有由足够数量的、具备丰富的管理经验和应变能力的监理工程师组成的骨干队伍；要有一套健全的管理制度；要有现代化的管理手段；要掌握先进的管理理论、方法和手段；要积累足够的技术、经济资料和数据；要有科学的工作态度和严谨的工作作风，要实事求是、创造性地开展工作。

3. 独立性

《建筑法》明确指出，工程监理企业应当根据建设单位的委托，客观、公正地执行监理任务。《工程建设监理规定》和《建设工程监理规范》要求工程监理企业按照"公正、独立、自主"的原则开展监理工作。

按照独立性要求，工程监理单位应当严格地按照有关法律、法规、规章、工程建设文件、工程建设技术标准、建设工程委托监理合同、有关的建设工程合同等的规定实施监理；在委托监理的工程中，与承建单位不得有隶属关系和其他利害关系；在开展工程监理的过程中，必须建立自己的组织，按照自己的工作计划、程序、流程、方法、手段，根据自己的判断，独立地开展工作。

4. 公正性

公正性是社会公认的职业道德准则，是监理行业能够长期生存和发展的基本职业道德准则。在开展建设工程监理的过程中，工程监理企业应排除各种干扰，客观、公正地对待监理的委托单位和承建单位。特别是当这两方发生利益冲突或者矛盾时，工程监理企业应以事实为依据，以法律和有关合同为准绳，在维护建设单位的合法权益时，不损害承建单位的合法权益。例如，在调解建设单位和承建单位之间的争议，处理工程索赔和工程延期，进行工程款支付控制以及竣工结算时，应当尽量客观、公正地对待建设单位和承建单位。

1.1.4 建设工程监理的作用

建设单位的工程项目实行专业化、社会化管理在外国已有 100 多年的历史，现在越来越显现出强劲的生命力，在提高投资的经济效益方面发挥了重要作用。我国实施建设工程监理的时间虽然不长，但已经发挥出明显的作用，为政府和社会所承认。建设工程监理的作用主要表现在以下几方面。

1. 有利于提高建设工程投资决策科学化水平

在建设单位委托工程监理企业实施全方位全过程监理的条件下，在建设单位有了初步的项目投资意向之后，工程监理企业可协助建设单位选择适当的工程咨询机构，管理工程咨询合同的实施，并对咨询结果（如项目建议、可行性研究报告）进行评估，提出有价值的修改意见和建议；或者直接从事工程咨询工作，为建设单位提供建设方案。这样，不仅可使项目投资符合国家经济发展规划、产业政策、投资方向，而且可使项目投资更加符合市场需求。工程监理企业参与或承担项目决策阶段的监理工作，有利于提高项目投资决策的科学化水平，避免项目投资决策失误，也为实现建设工程投资综合效益的最大化打下了良好的基础。

2. 有利于规范工程建设参与各方的建设行为

工程建设参与各方的建设行为都应当符合法律、法规、规章和市场准则。要做到这一点，仅仅依靠自律机制是远远不够的，还需要建立有效的约束机制。为此，首先需要政府对工程建设参与各方的建设行为进行全面的监督管理，这是最基本的约束，也是政府的主要职能之一。但是由于客观条件所限，政府的监督管理不可能深入到每一项建设工程的实施过程中，因此还需要建立另一种约束机制，能在建设工程实施过程中对工程建设参与各方的建设行为进行约束。建设工程监理制就是这样一种约束机制。

在建设工程实施过程中，工程监理企业可依据委托监理合同和有关的建设工程合同对承建单位的建设行为进行监督管理。由于这种约束机制贯穿于工程建设的全过程，采用事前、事中和事后控制相结合的方式，可以有效地规范各承建单位的建设行为，最大限度地避免不当建设行为的发生。即使出现不当建设行为，也可以及时加以制止，最大限度地减少其不良后果。应当说，这是约束机制的根本目的。另一方面，由于建设单位不了解建设工程有关的法律、法规、规章、管理程序和市场行为准则，也可能发生不当建设行为。在这种情况下，工程监理单位可以向建设单位提出适当的建议，从而避免发生建设单位的不当建设行为，这对规范建设单位的建设行为也可起到一定的约束作用。

当然，要发挥上述约束作用，工程监理企业首先必须规范自身的行为，并接受政府的监督管理。

3. 有利于促使承建单位保证建设工程质量和使用安全

建设工程是一种特殊的产品，不仅价值高、使用寿命长，还关系到人民的生命财产安全、健康和环境。因此，保证建设工程质量和使用安全就显得尤为重要，在这方面不允许有丝毫的懈怠和疏忽。

工程监理企业对承建单位建设行为的监督管理，实际上是从产品需求者的角度对建设工程生产过程的管理，这与产品生产者自身的管理有很大的不同。而工程监理企业又不同于建设工程的实际需求者，其监理人员都是既懂工程技术又懂经济管理的专业人士，他们有能力及时发现建设工程实施过程中出现的问题，发现工程材料、设备以及阶段产品存在的问题，从而避免留下工程质量隐患。因此，实行建设工程监理制之后，在加强承建单位自身对工程质量管理的基础上，由工程监理企业介入建设工程生产过程的管理，对保证建设工程质量和使用安全有着重要作用。

4. 有利于实现建设工程投资效益最大化

建设工程投资效益最大化有以下三种不同表现：
- 在满足建设工程预定功能和质量标准的前提下，建设投资额最少。
- 在满足建设工程预定功能和质量标准的前提下，建设工程寿命周期费用（或全寿命费用）最少。
- 建设工程本身的投资效益与环境、社会效益的综合效益最大化。

实行建设工程监理制之后，工程监理企业一般都能协助建设单位实现上述建设工程投资效益最大化的第一种表现，也能在一定程度上实现上述第二种和第三种表现。随着建设工程寿命周期费用减少和综合效益理念越来越多地被建设单位所接受，建设工程投资效益最大化的第二种和第三种表现的比例将越来越大，从而将大大地提高投资效益，促进我国国民经济的发展。

1.2 建设工程监理理论基础和现阶段的特点

1.2.1 建设工程监理的理论基础

1988 年我国建立建设工程监理制之初就明确界定，我国的建设工程监理是专业化、社会化的建设单位项目管理，所依据的基本理论和方法来自建设项目管理学。建设项目管理学，又称工程项目管理学，它是以组织论、控制论和管理学作为理论基础，结合建设工程项目和建筑市场的特点而形成的一门新兴学科，研究的范围包括管理思想、管理体制、管理组织、管理方法和管理手段，研究的对象是建设工程项目管理总目标的有效控制，包括费用（投资）目标、时间（工期）目标和质量目标的控制。

需要说明的是，我国提出建设工程监理制构想时，还充分考虑了 FIDIC 合同条件。20 世纪 80 年代中期，在我国接受世界银行贷款的建设工程上普遍采用了 FIDIC 土木工程施工合同条件，这些建设工程的实施效果都很好，受到了有关各方的重视。而 FID-IC 合同条件中对工程师作为独立、公正的第三方的要求及其对承建单位严格、细致的监督和检查被认为起到了重要的作用。因此，在我国建设工程监理制中也吸收了对工程监理企业和监理工程师独立、公正的要求，以保证在维护建设单位利益的同时，不损害承建单位的合法权益，并且还强调了对承建单位施工过程和施工工序的监督、检查和验收。

1.2.2　现阶段建设工程监理的特点

我国的建设工程监理无论在管理理论和方法上，还是在业务内容和工作程序上，与国外的建设项目管理都基本接轨。但在现阶段，由于发展条件不尽相同，市场体系发育不够成熟，市场运行规则不够健全，因此还有一些差异，呈现出某些特点。

1. 建设工程监理的服务对象具有单一性

在国际上，建设项目管理按服务对象主要可分为为建设单位服务的项目管理和为承建单位服务的项目管理。而我国的建设工程监理制规定，工程监理企业只接受建设单位的委托，即只为建设单位服务，它不能接受承建单位的委托为其提供管理服务。从这个意义上看，可以认为我国的建设工程监理就是为建设单位服务的项目管理。

2. 建设工程监理属于强制推行的制度

建设项目管理是适应建筑市场中建设单位新的需求的产物，其发展过程也是整个建筑市场发展的一个方面，没有来自政府部门的行政指导或干预。而我国的建设工程监理从一开始就是作为计划经济条件下所形成的建设工程管理体制改革的一项新制度提出来的，也是依靠行政手段和法律手段在全国范围推行的。为此，不仅在各级政府部门中设立了主管建设工程监理有关工作的专门机构，而且制定了有关的法律、法规、规章，明确提出了国家推行建设工程监理制度，并规定了必须实行建设工程监理的工程范围。其结果是在较短时间内促进了建设工程监理在我国的发展，形成了一批专业化、社会化的工程监理企业和监理工程师队伍，缩小了与发达国家建设项目管理的差距。

3. 建设工程监理具有监督功能

我国的工程监理企业有一定的特殊地位，它与建设单位构成委托与被委托的关系，与承建单位虽然无任何经济关系，但根据建设单位授权，有权对其不当建设行为进行监督，或者预先防范，或者指令及时改正，或者向有关部门反映，请求纠正。不仅如此，在我国的建设工程监理中还强调对承建单位施工过程和施工工序的监督、检查和验收，而且在实践中又进一步提出了旁站监理的规定。我国监理工程师在质量控制方面的工作所达到的深度和细度，应当说远远超过国际上建设项目管理人员的工作深度和细度，这对保证工程质量起了很好的作用。

4. 市场准入的双重控制

在建设项目管理方面，一些发达国家只对专业人士的执业资格提出要求，却没有对企业的资质管理作出规定。而我国对建设工程监理的市场准入采取了企业资质和人员资格的双重控制。要求专业监理工程师以上的监理人员要取得监理工程师资格证书，不同资质等级的工程监理企业至少要有一定数量的取得监理工程师资格证书并经注册的人员。应当说，这种市场准入的双重控制对于保证我国建设工程监理队伍的基本素质，规范我国建设工程监理市场起到了积极的作用。

1.2.3 建设工程监理的发展趋势

我国的建设工程监理已经取得了有目共睹的成绩，并且为社会各界所认同和接受，但是应当承认，目前仍处在发展的初期阶段，与发达国家相比还存在很大的差距。因此，为了使我国的建设工程监理实现预期效果，在工程建设领域发挥更大的作用，应从以下几个方面发展。

1. 加强法制建设，走法制化的道路

目前，我国颁布的法律法规中有关建设工程监理的条款不少，部门规章和地方性法规的数量更多，这充分反映了建设工程监理的法律地位。但应该看到，建设工程监理的法制建设还比较薄弱，突出表现在市场规则和市场机制方面。市场规则特别是市场竞争规则和市场交易规则还不健全。市场机制，包括信用机制、价格形成机制、风险防范机制、仲裁机制等尚未形成。应当在总结经验的基础上，借鉴国际上通行的做法，逐步建立和健全起来。

2. 以市场需求为导向，向全方位、全过程监理发展

我国实行建设工程监理已有 20 多年的时间，目前仍然以施工阶段监理为主。造成这种状况既有体制上、认识上的原因，也有建设单位需求和监理企业素质及能力等原因。但是应当看到，随着项目法人责任制的不断完善，以及民营企业和私人投资项目的大量增加，建设单位将对工程投资效益愈加重视，工程前期决策阶段的监理将日益增多。从发展趋势看，代表建设单位进行全方位、全过程的工程项目管理，将是我国工程监理行业发展的趋向。当前，应当按照市场需求多样化的规律，积极扩展监理服务内容。要从现阶段以施工阶段为主，向全过程、全方位监理发展，即不仅要进行施工阶段质量、投资和进度控制，做好合同管理、信息管理、安全管理和组织协调等监理工作，还要进行决策阶段和设计阶段的监理。只有实施全方位、全过程监理，才能更好地发挥建设工程监理的作用。

3. 适应市场需求，优化工程监理企业结构

在市场经济条件下，任何企业的发展都必须与市场需求相适应，工程监理企业的发展也不例外。建设单位对建设工程监理的需求是多种多样的，工程监理企业所能提供的"供给"（即监理服务）也应当是多种多样的。前文所述建设工程监理应当向全方位、全过程监理发展，是从建设工程监理整个行业而言，并不意味着所有的工程监理企业都朝这个方向发展。因此，应当通过市场机制和必要的行业政策引导，在工程监理行业逐步建立起综合性监理企业与专业性监理企业相结合、大中小型监理企业相结合的合理的企业结构。按工作内容分，建立起能承担全过程、全方位监理任务的综合性监理企业与能承担某一专业监理任务（如招标代理、工程造价咨询）的监理企业相结合的企业结构。按工作阶段分，建立起承担工程建设全过程监理的大型监理企业与能承担某一阶段工程监理任务的中型监理企业和只提供旁站监理劳务的小型监理企业相结合的企业结构。这样，既能满足建设单位的各种需求，又能使各类监理企业各得其所，都能有合理的生存和发展空间。一般来说，大型、综合素质较高的监理企业应当向综合监理方向发展，而中小型企业则应当逐渐形成自己的专业特色。

4. 加强培训工作，不断提高从业人员素质

从全方位、全过程监理的要求来看，我国建设工程监理从业人员的素质还不能与之相适应，迫切需要加以提高。另一方面，工程建设领域的新技术、新工艺、新材料层出不穷，工程技术标准、规范、规程也时有更新，信息技术日新月异，都要求建设工程监理从业人员与时俱进，不断提高自身的业务素质和职业道德素质，这样才能为建设单位提供优质服务。从业人员的素质是整个工程监理行业发展的基础。只有培养和造就出大批高素质的监理人员，才可能形成相当数量的高素质工程监理企业，才能形成一批公信力强、有品牌效应的工程监理企业，才能提高我国建设工程监理的总体水平及其效果，才能推动建设工程监理事业更好、更快的发展。

5. 与国际惯例接轨，走向世界

毋庸讳言，我国的建设工程监理虽然形成了一定的特点，但在一些方面与国际惯例还有差异。前面说到的几点，都是与国际惯例接轨的重要内容，但仅仅在某些方面与国际惯例接轨是不够的，必须在建设工程监理领域多方面与国际惯例接轨。为此，应当认真学习和研究国际上被普遍接受的规则，为我所用。

与国际惯例接轨可使我国的工程监理企业与国外同行按照同一规则同台竞争，这既可能表现在国外工程监理企业走进中国，与我国同类企业之间的竞争，也可能表现在我国工程监理企业走向世界，与国外同类企业之间的竞争。要在竞争中取胜，除有实力、业绩、信誉之外，不掌握国际上通行的规则也是不行的。我国的监理工程师和工程监理企业应当做好充分准备，不仅要迎接国外同行进入我国后的竞争挑战，而且也要把握进入国际市场的机遇，敢于到国际市场与国外同行竞争。在这方面，大型、综合素质较高的工程监理企业应当率先采取行动。

1.3 建设工程法律法规

1.3.1 建设工程法律法规体系

建设工程法律法规体系是指根据《中华人民共和国立法法》的规定，制定和公布施行的有关建设工程的各项法律、行政法规、地方性法规、自治条例、单行条例、部门规章和地方政府规章的总称。目前，这个体系已经基本形成。本节列举和介绍的是与建设工程监理有关的法律、行政法规和部门规章，不涉及地方性法规、自治条例、单行条例和地方政府规章。

1. 建设工程法律法规规章的制定机关和法律效力

建设工程法律是指由全国人民代表大会及其常务委员会通过的规范工程建设活动的法律规范，由国家主席签署主席令予以公布，如《中华人民共和国建筑法》、《中华人民共和国招标投标法》、《中华人民共和国合同法》、《中华人民共和国政府采购法》、《中华人民共和国城市规划法》等。

建设工程行政法规是指由国务院根据宪法和法律制定的规范工程建设活动的各项法规，由总理签署国务院令予以公布，如《建设工程质量管理条例》、《建设工程勘察设计管理条例》等。

建设工程部门规章是指住房和城乡建设部按照国务院规定的职权范围，独立或同国务院有关部门联合根据法律和国务院的行政法规、决定、命令，制定的规范工程建设活动的各项规章，由部长签署住房和城乡建设部令予以公布，如《工程监理企业资质管理规定》、《注册监理工程师管理规定》等。

上述法律法规规章的效力是：法律的效力高于行政法规；行政法规的效力高于部门规章。

2. 与建设工程监理有关的建设工程法律法规规章

（1）法律

法律包括《中华人民共和国建筑法》、《中华人民共和国合同法》、《中华人民共和国招标投标法》、《中华人民共和国土地管理法》、《中华人民共和国城市规划法》、《中华人民共和国城市房地产管理法》、《中华人民共和国环境保护法》、《中华人民共和国环境影响评价法》。

（2）行政法规

行政法规包括《建设工程质量管理条例》、《建设工程安全生产管理条例》、《建设工程勘察设计管理条例》、《中华人民共和国土地管理法实施条例》。

（3）部门规章

部门规章包括《工程监理企业资质管理规定》、《注册监理工程师管理规定》、《建设工程监理范围和规模标准规定》、《建筑工程设计招标投标管理办法》、《评标委员会和评标方法暂行规定》、《建筑工程施工发包与承包计价管理办法》、《建筑工程施工许可管理办法》、《实施工程建设强制性标准监督规定》、《房屋建筑和市政基础设施工程施工招标投标管理办法》、《房屋建筑工程质量保修办法》、《房屋建筑工程和市政基础设施工程竣工验收备案管理暂行办法》、《建设工程施工现场管理规定》、《建筑安全生产监督管理规定》、《城市建设档案管理规定》。

监理工程师应当了解和熟悉我国建设工程法律法规规章体系，并熟悉和掌握其中与监理工作关系比较密切的法律法规规章，以便依法进行监理和规范自己的工程监理行为。

1.3.2 建筑法

《建筑法》是我国工程建设领域的一部大法。全文分 8 章，共计 85 条。整部法律内容是以建筑市场管理为中心，以建筑工程质量和安全为重点，以建筑活动监督管理为主线形成的。

1. 总则

"总则"一章，是对整部法律的纲领性规定，内容包括立法目的、调整对象和适用范围、建筑活动基本要求、建筑业的基本政策、建筑活动当事人的基本权利和义务、建筑活动监督管理主体。

1）立法目的是加强对建筑活动的监督管理，维护建筑市场秩序，保证建筑工程的质量和安全，促进建筑业健康发展。

2）《建筑法》调整的地域范围是中华人民共和国境内，调整的对象包括从事建筑活动的单位和个人以及监督管理的主体，调整的行为是各类房屋建筑及其附属设施的建造和与其配套的线路、管道、设备的安装活动。但《建筑法》中关于施工许可、建筑施工企业资质审查和建筑工程发包、承包、禁止转包，以及建筑工程监理，建筑工程安全和质量管理的规定，也适用于其他专业工程的建筑活动。

3）建筑活动基本要求是建筑活动应当确保建筑工程质量和安全，符合国家的建筑工程安全标准。

4）任何单位和个人从事建筑活动应当遵守法律、法规，不得损害社会公共利益和他人合法权益。任何单位和个人不得妨碍和阻挠依法进行的建筑活动。

5）国务院建设行政主管部门对全国的建筑活动实施统一监督管理。

2. 建筑许可

"建筑许可"一章是对建筑工程施工许可制度和从事建筑活动的单位和个人从业资格的规定。

（1）建筑工程施工许可制度

建筑工程施工许可制度是建设行政主管部门根据建设单位的申请，依法对建筑工程所应具备的施工条件进行审查，符合规定条件的，准许该建筑工程开始施工，并颁发施工许可证的一种制度。具体内容包括：

- 施工许可证的申领时间、申领程序、工程范围、审批权限以及施工许可证与开工报告之间的关系。
- 申请施工许可证的条件和颁发施工许可证的时间规定。
- 施工许可证的有效时间和延期的规定。

- 领取施工许可证的建筑工程中止施工和恢复施工的有关规定。
- 取得开工报告的建筑工程不能按期开工或中止施工以及开工报告有效期的规定。

(2) 从事建筑活动的单位的资质管理规定

- 从事建筑活动的建筑施工企业、勘察单位、设计单位和工程监理单位应有符合国家规定的注册资本，有与其从事的建筑活动相适应的具有法定执业资格的专业技术人员，有从事相关建筑活动所应有的技术装备，以及法律、行政法规规定的其他条件。
- 从事建筑活动的单位应根据资质条件划分不同的资质等级，经资质审查合格，取得相应的资质等级证书后，方可在其资质等级许可的范围内从事建筑活动。
- 从事建筑活动的专业技术人员，应当依法取得相应的执业资格证书，并在执业资格证书许可的范围内从事建筑活动。

3. 建筑工程发包与承包

(1) 关于建筑工程发包与承包的一般规定

一般规定包括：发包单位和承包单位应当签订书面合同，并应依法履行合同义务；招标投标活动的原则；发包和承包行为约束方面的规定；合同价款约定和支付的规定等。

(2) 关于建筑工程发包

其内容包括：建筑工程发包方式；公开招标程序和要求；建筑工程招标的行为主体和监督主体；发包单位应将工程发包给依法中标或具有相应资质条件的承包单位；政府部门不得滥用权力限定承包单位；禁止将建筑工程肢解发包；发包单位在承包单位采购方面的行为限制规定等。

(3) 关于建筑工程承包

其内容包括：承包单位资质管理的规定；关于联合承包方式的规定；禁止转包；有关分包的规定等。

4. 关于建筑工程监理

1) 国家推行建筑工程监理制度。国务院可以规定实行强制性监理的工程范围。

2) 实行监理的建筑工程，由建设单位委托具有相应资质条件的工程监理单位监理。建设单位与其委托的工程监理单位应当订立书面委托监理合同。

3) 建筑工程监理应当依据法律、行政法规及有关技术标准、设计文件和工程承包合同，对承包单位在施工质量、建设工期和建设资金使用等方面，代表建设单位实施监督。

工程监理人员认为工程施工不符合工程设计要求、施工技术标准和合同约定的，有权要求建筑施工企业改正。

工程监理人员发现工程设计不符合建筑工程质量标准或者合同约定的质量要求的，应当报告建设单位要求设计单位改正。

4）实施建筑工程监理前，建设单位应当将委托的工程监理单位、监理的内容及监理权限，书面通知被监理的建筑施工企业。

5）工程监理单位应当在其资质等级许可的监理范围内，承担工程监理业务。工程监理单位应当根据建设单位的委托，客观、公正地执行监理任务。工程监理单位不得转让工程监理业务。

6）工程监理单位不按照委托监理合同的约定履行监理义务，对应当监督检查的项目不检查或者不按照规定检查，给建设单位造成损失的，应当承担相应的赔偿责任。

工程监理单位与承包单位串通，为承包单位谋取非法利益，给建设单位造成损失的，应当与承包单位承担连带赔偿责任。

5. 关于建筑安全生产管理

其内容包括：建筑安全生产管理的方针和制度；建筑工程设计应当保证工程的安全性能；建筑施工企业安全生产方面的规定；建筑施工企业在施工现场应采取的安全防护措施；建设单位和建筑施工企业关于施工现场地下管线保护的义务；建筑施工企业在施工现场应采取保护环境措施的规定；建设单位应办理施工现场特殊作业申请批准手续的规定；建筑安全生产行业管理和国家监察的规定；建筑施工企业安全生产管理和安全生产责任制的规定；施工现场安全由建筑施工企业负责的规定；劳动安全生产培训的规定；建筑施工企业和作业人员有关安全生产的义务以及作业人员安全生产方面的权利；建筑施工企业为有关职工办理意外伤害保险的规定；涉及建筑主体和承重结构变动的装修工程设计、施工的规定；房屋拆除的规定；施工中发生事件应采取紧急措施和报告制度的规定。

6. 建筑工程质量管理

1）建筑工程勘察、设计、施工质量必须符合有关建筑工程安全标准的规定。

2）国家对从事建筑活动的单位推行质量体系认证制度的规定。

3）建设单位不得以任何理由要求设计单位和施工企业降低工程质量的规定。

4）关于总承包单位和分包单位工程质量责任的规定。

5）关于勘察、设计单位工程质量责任的规定。

6）设计单位对设计文件选用的建筑材料、构配件和设备不得指定生产厂、供应商的规定。

7）施工企业质量责任。

8）施工企业对进场材料、构配件和设备进行检验的规定。

9）关于建筑物合理使用寿命内和工程竣工时的工程质量要求。

10）关于工程竣工验收的规定。

11）建筑工程实行质量保修制度的规定。

12）关于工程质量实行群众监督的规定。

7. 法律责任

对下列行为规定了法律责任：

- 未经法定许可、擅自施工的。
- 将工程发包给不具备相应资质的单位或者将工程肢解发包的；无资质证书或者超越资质等级承揽工程的；以欺骗手段取得资质证书的。
- 转让、出借资质证书或者以其他方式允许他人以本企业名义承揽工程的。
- 将工程转包，或者违反法律规定进行分包的。
- 在工程发包与承包中索贿、受贿、行贿的。
- 工程监理单位与建设单位或者建筑施工企业串通，弄虚作假、降低工程质量的；转让监理业务的。
- 涉及建筑主体或者承重结构变动的装修工程，违反法律规定，擅自施工的。
- 建筑施工企业违反法律规定，对建筑安全事故隐患不采取措施予以消除的；管理人员违章指挥、强令职工冒险作业，因而造成严重后果的。
- 建设单位要求设计单位或者施工企业违反工程质量、安全标准，降低工程质量的。
- 设计单位不按工程质量、安全标准进行设计的。
- 建筑施工企业在施工中偷工减料，使用不合格材料、构配件和设备的，或者有其他不按照工程设计图纸或者施工技术标准施工的。
- 建筑施工企业不履行保修义务或者拖延履行保修义务的。
- 违反法律规定，对不具备相应资质等级条件的单位颁发该等级资质证书的。
- 政府及其所属部门的工作人员违反规定，限定发包单位将招标发包的工程发包给指定的承包单位的。
- 有关部门及其工作人员对不符合施工条件的建筑工程颁发施工许可证，对不合格的建筑工程出具质量合格文件或按合格工程验收的。

1.3.3 建设工程质量管理条例

《建设工程质量管理条例》（以下简称《质量管理条例》）以建设工程质量责任主体为基线，规定了建设单位、勘察单位、设计单位、施工单位和工程监理单位的质量责任和义务，明确了工程质量保修制度、工程质量监督制度等内容，并对各种违法违规行为的处罚作了原则规定。

1. 总则

其内容包括：制定条例的目的和依据；条例所调整的对象适用范围；建设工程质量责任主体；建设工程质量监督管理主体；关于遵守建设程序的规定等。

2. 建设单位的质量责任和义务

《质量管理条例》对建设单位的质量责任和义务进行了多方面的规定，包括：工程发包方面的规定；依法进行工程招标的规定；向其他建设工程质量责任主体提供与建设工程有关的原始资料和对资料要求的规定；工程发包过程中的行为限制；施工图设计文件审查制度的规定；委托监理以及必须实行监理的建设工程范围的规定；办理工程质量监督手续的规定；建设单位采购建筑材料、建筑构配件和设备的要求，以及建设单位对施工单位使用建筑材料、建筑构配件和设备方面的约束性规定；涉及建筑主体和承重结构变动的装修工程的有关规定；竣工验收程序、条件和使用方面的规定；建设项目档案管理的规定。

3. 勘察、设计单位的质量责任和义务

其内容包括：从事建设工程的勘察、设计单位市场准入条件和行为要求；勘察、设计单位以及注册执业人员质量责任的规定；勘察成果质量基本要求；关于设计单位应当根据勘察成果进行工程设计和设计文件应当达到规定设计深度要求并注明合理使用年限的规定；设计文件中应注明材料、构配件和设备的规格、型号、性能等技术指标，质量必须符合国家规定的标准；除特殊要求外，设计单位不得指定生产厂和供应商；关于设计单位应就施工图设计文件向施工单位进行详细说明的规定；设计单位对工程质量事故处理方面的义务。

4. 施工单位的质量责任和义务

其内容包括：施工单位市场准入条件和行为的规定；关于施工单位对建设工程施工质量负责和建立质量责任制，以及实行总承包的工程质量责任的规定；关于总承包单位和分包单位工程质量责任承担的规定；有关施工依据和行为限制方面的规定，以及对设计文件和图纸方面的义务；关于施工单位使用材料、构配件和设备前必须进行检验的规定；关于施工质量检验制度和隐蔽工程检查的规定；有关试块、试件取样和检测的规定；工程返修的规定；关于建立、健全教育培训制度的规定等。

5. 工程监理单位的质量责任和义务

（1）市场准入和市场行为规定

工程监理单位应当依法取得相应等级的资质证书，并在其资质等级许可的范围内承担工程监理业务。

禁止工程监理单位超越本单位资质等级许可的范围或者以其他工程监理单位的名义承担工程监理业务。禁止工程监理单位允许其他单位或者个人以本单位的名义承担工程监理业务。工程监理单位不得转让工程监理业务。

（2）工程监理单位与被监理单位关系的限制性规定

工程监理单位与被监理工程的施工承包单位以及建筑材料、建筑构配件和设备供应单位有隶属关系或者其他利害关系的，不得承担该项建设工程的监理业务。

（3）工程监理单位对施工质量监理的依据和监理责任

工程监理单位应当依照法律、法规以及有关技术标准、设计文件和建设工程承包合同，代表建设单位对施工质量实施监理，并对施工质量承担监理责任。

（4）监理人员资格要求及权力方面的规定

工程监理单位应当选派具备相应资格的总监理工程师和（专业）监理工程师进驻施工现场。

未经监理工程师签字，建筑材料、建筑构配件和设备不得在工程上使用或安装，施工单位不得进行下一道工序的施工。未经总监理工程师签字，建设单位不拨付工程款，不进行竣工验收。

（5）监理方式的规定

监理工程师应当按照工程监理规范的要求，采用旁站、巡视和平行检验等形式，对建设工程实施监理。

6. 建设工程质量保修

建设工程质量保修的内容包括：关于国家实行建设工程质量保修制度和质量保修书出具时间和内容的规定；关于建设工程最低保修期限的规定；施工单位保修义务和责任的规定；对超过合理使用年限的建设工程继续使用的规定。

7. 监督管理

1）关于国家实行建设工程质量监督管理制度的规定。

2）建设工程质量监督管理部门应当加强对有关建设工程质量的法律、法规和强制性标准执行情况的监督检查。

3）关于国务院发展计划部门对国家出资的重大建设项目实施监督检查的规定，以及国务院经济贸易主管部门对国家重大技术改造项目实施监督检查的规定。

4）关于建设工程质量监督管理可以委托建设工程质量监督机构具体实施的规定。

5）县级以上地方人民政府建设行政主管部门和其他有关部门应当加强对有关建设工程质量的法律、法规和强制性标准执行情况的监督检查。

6）县级以上人民政府建设行政主管部门及其他有关部门进行监督检查时有权采取的措施。

7）关于建设工程竣工验收备案制度的规定。

8）关于有关单位和个人应当支持和配合建设工程监督管理主体对建设工程质量进行监督检查的规定。

9）对供水、供电、供气、公安消防等部门或单位不得滥用权力的规定。

10）关于工程质量事故报告制度的规定。

11）关于建设工程质量实行社会监督的规定。

8. 罚则

对违反本条例的行为将追究法律责任。其中涉及建设单位、勘察单位、设计单位、施工单位和工程监理单位的有以下内容。

（1）建设单位

将建设工程发包给不具有相应资质等级的勘察、设计、施工单位或委托给不具有相应资质等级的工程监理单位的；将建设工程肢解发包的；不履行或不正当履行有关职责的；未经批准擅自开工的；建设工程竣工后，未向建设行政主管部门或有关部门移交建设项目档案的。

（2）勘察、设计、施工单位

超越本单位资质等级承揽工程的；允许其他单位或者个人以本单位名义承揽工程的；将承包的工程转包或者违法分包的；勘察单位未按工程建设强制性标准进行勘察的；设计单位未根据勘察成果或者未按照工程建设强制性标准进行工程设计的，以及指定建筑材料、建筑构配件的生产厂、供应商的；施工单位在施工中偷工减料的，使用不合格材料、构配件和设备的，或者有不按照图纸或者施工技术标准施工的其他行为的；施工单位未对建筑材料、建筑构配件、设备、商品混凝土进行检验，或者未对涉及结构安全的试块、试件以及有关材料取样检测的；施工单位不履行或拖延履行保修义务的。

（3）工程监理单位

超越资质等级承揽监理业务的；转让监理业务的；与建设单位或施工单位串通，弄虚作假、降低工程质量的；将不合格的建设工程、建筑材料、建筑构配件和设备按照合格签字的；工程监理单位与被监理工程的施工承包单位以及建筑材料、建筑构配件和设备供应单位有隶属关系或者其他利害关系承揽该项建设工程的监理业务的。

1.3.4　建设工程安全生产管理条例

《建设工程安全生产管理条例》（以下简称《条例》）以建设单位、勘察单位、设计单位、施工单位、工程监理单位及其他与建设工程安全生产有关的单位为主体，规定了各主体在安全生产中的安全管理责任与义务，并对监督管理、生产安全事故的应急救援和调查处理、法律责任等作了相应的规定。

1. 总则

其内容包括：制定条例的目的和依据；条例所调整的对象和适用范围；建设工程安全管理责任主体等。

（1）立法目的

加强建设工程安全生产监督管理，保障人民群众生命和财产。

（2）调整对象

在中华人民共和国境内从事建设工程的新建、扩建、改建和拆除等有关活动及实施对建设工程安全生产的监督管理。

（3）安全方针

坚持安全第一、预防为主。

（4）责任主体

建设单位、勘察单位、设计单位、施工单位、工程监理单位及其他与建设工程安全生产有关的单位。

（5）国家政策

国家鼓励建设工程安全生产的科学技术研究和先进技术的推广应用，推进建设工程安全生产的科学管理。

2. 建设单位的安全责任

《条例》主要规定了建设单位向施工单位提供施工现场及毗邻区域内等有关地下管线资料并保证资料的真实、准确、完整；不得对勘察、设计、施工、工程监理等单位提出不符合建设工程安全生产法律、法规和强制性标准规定的要求，不得压缩合同约定的工期；在编制工程概算时，应当确定有关安全施工所需费用；应当将拆除工程发包给具有相应资质等级的施工单位等安全责任。

3. 勘察、设计、工程监理及其他有关单位的安全责任

1）《条例》规定了勘察单位应当按照法律、法规和工程建设强制性标准进行勘察，采取措施保证各类管线、设施和周边建筑物、构筑物的安全等内容。

2）《条例》规定了设计单位应当按照法律、法规和工程建设强制性标准进行设计，防止因设计不合理导致生产安全事故的发生；应当考虑施工安全操作和防护的需要，并对防范生产安全事故提出指导意见；采用新结构、新材料、新工艺的建设工程和特殊结构的建设工程，设计单位应当在设计中提出保障施工作业人员安全和预防生产安全事故的措施建议等内容。

3）《条例》规定了工程监理单位应当审查施工组织设计中的安全技术措施或者专项施工方案是否符合工程建设强制性标准。

工程监理单位在实施监理过程中，发现存在安全事故隐患的，应当要求施工单位整改；情况严重的，应当要求施工单位暂时停止施工，并及时报告建设单位。施工单位拒不整改或者不停止施工的，工程监理单位应当及时向有关主管部门报告。

工程监理单位和监理工程师应当按照法律、法规和工程建设强制性标准实施监理，并对建设工程安全生产承担监理责任。

4）《条例》还规定为建设工程提供机械设备和配件的单位，应当按照安全施工的要求配备齐全有效的保险、限位等安全设施和装置；出租机械设备和施工机具及配件的出租单位应当对出租的机械设备和施工机具及配件的安全性能进行检测；检验检测机构对检测合格的施工起重机械和整体提升脚手架、模板等自升式架设设施，应当出具安全合格证明文件，并对检测结果负责等内容作了规定。

4. 施工单位的安全责任

《条例》主要规定了施工单位应当在其资质等级许可的范围内承揽工程；施工单位

主要负责人依法对本单位的安全生产工作全面负责；施工单位对列入建设工程概算的安全生产作业环境及安全施工措施所需费用，不得挪作他用；施工单位应当设立安全生产管理机构，配备专职安全生产管理人员；建设工程实行施工总承包的，由总承包单位对施工现场的安全生产负总责。

规定施工单位应当在施工组织设计中编制安全技术措施和施工现场临时用电方案，对下列达到一定规模的危险性较大的分部分项工程编制专项施工方案，并附具安全验算结果，经施工单位技术负责人、总监理工程师签字后实施，由专职安全生产管理人员进行现场监督。这些分部分项工程包括：

- 基坑支护与降水工程。
- 土方开挖工程。
- 模板工程。
- 起重吊装工程。
- 脚手架工程。
- 拆除、爆破工程。
- 国务院建设行政主管部门或者其他有关部门规定的其他危险性较大的工程。

5. 监督管理

《条例》规定国务院负责安全生产监督管理的部门对全国建设工程安全生产工作实施综合监督管理；县级以上地方人民政府负责安全生产监督管理的部门对本行政区域内建设工程安全生产工作实施综合监督管理；国务院建设行政主管部门对全国的建设工程安全生产实施监督管理；国务院铁路、交通、水利等有关部门按照国务院规定的职责分工，负责有关专业建设工程安全生产的监督管理；县级以上地方人民政府建设行政主管部门对本行政区域内的建设工程安全生产实施监督管理；县级以上地方人民政府交通、水利等有关部门在各自的职责范围内负责本行政区域内的专业建设工程安全生产的监督管理。

6. 生产安全事故的应急救援和调查处理

《条例》对县级以上地方人民政府行政主管部门和施工单位制定建设工程（特大）生产安全事故应急救援预案，生产安全事故的应急救援、生产安全事故调查处理程序和要求等作了规定。

7. 法律责任

对违反《建设工程安全生产管理条例》应负的法律责任作了规定，包括：

工程监理单位未对施工组织设计中的安全技术措施或者专项施工方案进行审查的；发现安全事故隐患未及时要求施工单位整改或暂时停止施工的；施工单位拒不整改或者不停止施工，未及时向有关主管部门报告的；未依照法律、法规和工程建设强制性标准实施监理的将受到责令限期改正；逾期未改正的，责令停业整顿，并处 10 万元以上 30 万元以下的罚款；情节严重的，降低资质等级，直到吊销资质证书；造成重大安全事故，构成犯罪的，对直接责任人员，依照刑法有关规定追究刑事责任；造成损失的，依法承担赔偿责任等处罚。

注册执业人员未执行法律、法规和工程建设强制性标准的，责令停止执业 3 个月以上 1 年以下；情节严重的，吊销执业资格证书，5 年内不予注册；构成犯罪的，依照刑法有关规定追究刑事责任。

1.4 建设程序和建设工程管理制度

1.4.1 建设程序

1. 建设程序的概念

所谓建设程序，是指一项建设工程从设想、提出到决策，经过设计、施工、直到投产或交付使用的整个过程中应当遵循的内在规律。

按照建设工程的内在规律，投资建设一项工程应当经过投资决策、建设实施和交付使用三个发展时期。每个发展时期又可分为若干个阶段，各阶段以及每个阶段内的各项工作之间存在着不能随意颠倒的严格先后顺序关系。科学的建设程序应当在坚持"先勘察、后设计、再施工"的原则基础上，突出优化决策，竞争择优、委托监理的原则。

从事建设工程活动，必须严格执行建设程序。这是每一位建设工作者的职责，更是建设工程监理人员的重要职责。

新中国建立以来，我国的建设程序经过了一个不断完善的过程。目前我国的建设程序与计划经济时期相比较，已经发生了重要变化。其中，关键性的变化一是在投资决策阶段实行了项目决策咨询评估制度，二是实行了工程招标投标制度，三是实行了建设工程监理制度，四是实行了项目法人责任制度。

建设程序中的这些变化，使我国工程建设进一步顺应了市场经济的要求，并且与国际惯例趋于一致。

按现行规定，我国一般大中型及限额以上项目的建设程序中，将建设活动分成以下几个阶段：提出项目建议书；编制可行性研究报告；根据咨询评估情况对建设项目进行决策；根据批准的可行性研究报告编制设计文件；初步设计批准后，做好施工图设计及施工前的各项准备工作；组织施工，并根据施工进度做好生产或运用前的准备工作；项目按照批准的设计内容建完，经投料试车验收合格并正式投产交付使用；生产运营一段时间，进行项目后评估。

2. 建设工程各阶段工作内容

（1）项目建议书阶段

项目建议书是拟建项目单位向国家提出的要求建设某一项目的建议文件，是对工程项目建设的轮廓设想。项目建议书的主要作用是推荐一个拟建项目，论述其建设的必要性、建设条件的可行性和获利的可能性，供国家决策机构选择并确定是否进行下一步工作。

项目建议书的内容视项目的不同有繁有简，但一般应包括以下几方面的内容：

- 项目提出的必要性和依据。
- 产品方案，拟建规模和建设地点的初步设想。
- 资源情况、建设条件、协作关系和设备引进国别、厂商的初步分析。
- 投资估算、资金筹措及还贷方案设想。
- 项目进度安排。
- 经济效益和社会效益的初步估计。
- 环境影响的初步评价。

对于政府投资项目，项目建议书按要求编制完成后，应根据建设规模和限额划分，分别报送有关部门审批。项目建议书批准后，可以进行详细的可行性研究报告，但并不表明项目非上不可，批准的项目建议书不是项目的最终决策。

根据《国务院关于投资体制改革的决定》（国发〔2004〕20号），对于企业不使用政府资金投资建设的项目，政府不再进行投资决策性质的审批，项目实行核准制度或登记备案制，企业不需要编制项目建议书而可直接编制项目可行性研究报告。

（2）可行性研究阶段

可行性研究是指在项目决策之前，通过调查、研究、分析与项目有关的工程、技术、经济等方面的条件和情况，对可能的多种方案进行比较论证，同时对项目建成后的经济效益进行预测和评价的一种投资决策分析研究方法和科学分析活动。

1）作用。可行性研究的主要作用是为建设项目投资决策提供依据，同时也为建设项目设计、银行贷款、申请开工建设、建设项目实施、项目评估、科学试验、设备制造等提供依据。

2）内容。可行性研究是从项目建设和生产经营全过程分析项目的可行性，应完成以下工作内容：

- 市场研究，以解决项目建设的必要性问题。
- 工艺技术方案的研究，以解决项目建设的技术可行性问题。
- 财务和经济分析，以解决项目建设的经济合理性问题。

凡经可行性研究未通过的项目，不得进行下一步工作。

3）项目投资决策审批制度：根据《国务院关于投资体制改革的决定》，政府投资项目和非政府投资项目分别实行审批制、核准制或备案制。

- **政府投资项目** 对于采用直接投资和资本金注入方式的政府投资项目，政府需要从投资决策的角度审批项目建议书和可行性研究报告，除特殊情况外不再审批开工报告，同时还要严格审批其初步设计和概算；对于采用投资补助、转贷和贷款贴息方式的政府投资项目，则只审批资金申请报告。

政府投资项目一般都要经过符合资质要求的咨询中介机构的评估论证，特别重大的项目还应实行专家评议制度。国家将逐步实行政府投资项目公示制度，以广泛听取各方面的意见和建议。

- **非政府投资项目**　对于企业不使用政府资金投资建设的项目，一律不再实行审批制，区别不同情况实行核准制或登记备案制。

核准制即企业投资建设《政府核准的投资项目目录》（以下简称《目录》）中的项目时，只需向政府提交项目申请报告，不再经过批准项目建议书、可行性研究报告和开工报告的程序。政府对企业提交的项目申请报告，主要从维护经济安全、合理开发利用资源、保护生态环境、优化重大布局、保障公共利益、防止出现垄断等方面进行核准。对于外商投资项目，政府还要从市场准入、资本项目管理等方面进行核准。

对于《目录》以外的企业投资项目，实行备案制，除国家另有规定外，由企业按照属地原则向地方政府投资主管部门备案。备案制的具体实施办法由省级人民政府自行制定。国务院投资主管部门要对备案工作加强指导和监督，防止以备案的名义变相审批。

（3）设计阶段

设计是对拟建工程在技术和经济上进行全面的安排，是工程建设计划的具体化，是组织施工的依据。设计质量直接关系到建设工程的质量，是建设工程的决定性环节。

经批准立项的建设工程，一般应通过招标投标择优选择设计单位。

一般工程进行两阶段设计，即初步设计和施工图设计。有些工程根据需要可在两阶段之间增加技术设计。

1）初步设计。初步设计是根据批准的可行性研究报告和设计基础资料，对工程进行系统研究，概略计算，作出总体安排，拿出具体实施方案。目的是在指定的时间、空间等限制条件下，在总投资控制的额度内和质量要求下，作出技术上可行、经济上合理的设计和规定，并编制工程总概算。

注意：初步设计不得随意改变批准的可行性研究报告所确定的建设规模、产品方案、工程标准、建设地址和总投资等基本条件。如果初步设计提出的总概算超过可行性研究报告总投资的10％以上，或者其他主要指标需要变更时，应重新向原审批单位报批。

2）技术设计。为了进一步解决初步设计中的重大问题，如工艺流程、建筑结构、设备选型等，根据初步设计和进一步的调查研究资料进行技术设计。这样做可以使建设工程更具体、更完善，技术指标更合理。

3）施工图设计。在初步设计或技术设计基础上进行施工图设计，使设计达到施工安装的要求。

施工图设计应结合实际情况，完整、准确地表达出建筑物的外形、内部空间的分割、结构体系以及建筑系统的组成和周围环境的协调。

《建设工程质量管理条例》规定，建设单位应将施工图设计文件报县级以上人民政府建设行政主管部门或其他有关部门审查，未经审查批准的施工图设计文件不得使用。

（4）建设准备阶段

工程开工建设之前，应当切实做好各项准备工作。其中包括：组建项目法人；征地、拆迁和平整场地；做到水通、电通、路通；组织设备、材料订货；建设工程报监；委托工程监理；组织施工招标投标、优选施工单位；办理施工许可证等。

按规定做好准备工作，具备开工条件以后，建设单位申请开工。经批准，项目进入下一阶段，即施工安装阶段。

（5）施工安装阶段

建设工程具备了开工条件并取得施工许可证后才能开工。

按照规定，工程新开工时间是指建设工程设计文件中规定的任何一项永久性工程第一次正式破土开槽的开始日期。不需开槽的工程，以正式打桩作为正式开工日期。铁道、公路、水库等需要进行大量土石方工程的，以开始进行土石方工程作为正式开工日期。工程地质勘察、平整场地、旧建筑物拆除、临时建筑或设施等的施工不算正式开工。

本阶段的主要任务是按设计进行施工安装，建成工程实体。

（6）生产准备阶段

工程投产前，建设单位应当做好各项生产准备工作。生产准备阶段是由建设阶段转入生产经营阶段的重要衔接阶段。在本阶段，建设单位应当做好相关工作的计划、组织、指挥、协调和控制工作。

生产准备阶段主要工作有：组建管理机构，制定有关制度的规定；招聘并培训生产管理人员，组织有关人员参加设备安装、调试、工程验收；签订供货及运输协议；进行工具、器具、备品、备件等的制造或订货；其他需要做好的有关工作。

（7）竣工验收阶段

建设工程按设计文件规定的内容和标准全部完成，并按规定将工程内外全部清理完毕后，达到竣工验收条件，建设单位即可组织竣工验收，勘察、设计、施工、监理等有关单位应参加竣工验收。竣工验收是考核建设成果、检验设计和施工质量的关键步骤，是由投资成果转入生产或使用的标志。竣工验收合格后，建设工程方可交付使用。

竣工验收后，建设单位应及时向建设行政主管部门或其他有关部门备案并移交建设项目档案。

建设工程自办理竣工验收手续后，因勘察、设计、施工、材料等原因造成的质量缺陷，应及时修复，费用由责任方承担。保修期限、返修和损害赔偿应当遵照《建设工程质量管理条例》的规定。

1.4.2 坚持建设程序的意义

建设程序反映了工程建设过程的客观规律。坚持建设程序在以下几方面有重要意义。

1. 依法管理工程建设，保证正常建设秩序

建设工程涉及国计民生，并且投资大、工期长、内容复杂，是一个庞大的系统。

在建设过程中，客观上存在着具有一定内在联系的不同阶段和不同内容，必须按照一定的步骤进行。为了使工程建设有序地进行，有必要将各个阶段的划分和工作的次序用法规或规章的形式加以规范，以便于人们遵守。实践证明，坚持了建设程序，建设工程就能顺利进行、健康发展。反之，不按建设程序办事，建设工程就会受到极大的影响。因此，坚持建设程序，是依法管理工程建设的需要，是建立正常建设秩序的需要。

2. 科学决策，保证投资效果

建设程序明确规定，建设前期应当做好项目建议书和可行性研究工作。在这两个阶段，由具有资格的专业技术人员对项目是否必要、条件是否可行进行研究和论证，并对投资收益进行分析，对项目的选址、规模等进行方案比较，提出技术上可行、经济上合理的可行性研究报告，为项目决策提供依据，而项目审批又从综合平衡方面进行把关。如此，可最大限度地避免决策失误并力求决策优化，从而保证投资效果。

3. 顺利实施建设工程，保证工程质量

建设程序强调了先勘察、后设计、再施工的原则。根据真实的、准确的勘察成果进行设计，根据深度、内容合格的设计进行施工，在做好准备的前提下合理地组织施工活动，使整个建设活动能够有条不紊地进行，这是工程质量得以保证的基本前提。事实证明，坚持建设程序，就能顺利实施建设工程并保证工程质量。

4. 顺利开展建设工程监理

建设工程监理的基本目的是协助建设单位在计划的目标内把工程建成投入使用。因此，坚持建设程序，按照建设程序规定的内容和步骤，有条不紊地协助建设单位开展好每个阶段的工作，对建设工程监理是非常重要的。

1.4.3 建设程序与建设工程监理的关系

1. 建设程序为建设工程监理提出了规范化的建设行为标准

建设工程监理要根据行为准则对工程建设行为进行监督管理。建设程序对各建设行为主体和监督管理主体在每个阶段应当做什么、如何做、何时做、由谁做等一系列问题都给予了一定的解答。工程监理企业和监理人员应当根据建设程序的有关规定进行监理。

2. 建设程序为建设工程监理提出了监理的任务和内容

建设程序要求建设工程的前期应当做好科学决策的工作。建设工程监理决策阶段的主要任务就是协助委托单位正确地做好投资决策，避免决策失误，力求决策优化。具体的工作就是协助委托单位择优选定咨询单位，做好咨询合同管理，对咨询成果进行评价。

建设程序要求按照先勘察、后设计、再施工的基本顺序做好相应的工作。建设工程监理在此阶段的任务就是协助建设单位做好择优选择勘察、设计、施工单位，对他们的建设活动进行监督管理，做好投资、进度、质量控制以及合同管理、安全管理和组织协调工作。

3. 建设程序明确了工程监理企业在工程建设中的重要地位

根据有关法律、法规的规定，在工程建设中应当实行建设工程监理制。现行的建设程序体现了这一要求，这就为工程监理企业确立了工程建设中的应有地位。随着我国经济体制改革的深入，工程监理企业在工程建设中的地位将越来越重要。在一些发达国家的建设程序中，都非常强调这一点。例如，英国土木工程师学会在其《土木工程程序》中强调，在土木工程程序中的所有阶段，监理工程师"起着重要作用"。

4. 坚持建设程序是监理人员的基本职业准则

坚持建设程序，严格按照建设程序办事，是所有工程建设人员的行为准则。对于监理人员而言，更应率先垂范。掌握和运用建设程序，既是监理人员业务素质的要求，也是职业准则的要求。

5. 严格执行我国建设程序是结合中国国情推行建设工程监理制的具体体现

任何国家的建设程序都能反映这个国家的工程建设方针、政策、法律、法规的要求，反映建设工程的管理体制，反映工程建设的实际水平。而且，建设程序总是随着时代的变化，环境和需求的变化，不断地调整和完善。这种动态的调整总是与国情相适应的。

我国推行建设工程监理应当遵循两条基本原则：一是参照国际惯例；二是结合中国国情。工程监理企业在开展建设工程监理的过程中，严格按照我国建设程序的要求做好监理的各项工作，就是结合中国国情的体现。

1.4.4 建设工程主要管理制度

按照我国有关规定，在工程建设中，应当实行项目法人责任制、工程招标与投标制、建设工程监理制、合同管理制等主要制度。这些制度相互关联、相互支持，共同构成了建设工程管理制度体系。

1. 项目法人责任制

为了建立投资约束机制，规范建设单位的行为，建设工程应当按照政企分开的原则组建项目法人，实行项目法人责任制，即由项目法人对项目的策划、资金筹措、建设实施、生产经营、债务偿还和资产的保值增值实行全过程负责的制度。

（1）项目法人

国有单位经营性大中型建设工程必须在建设阶段组建项目法人。项目法人可按《中华人民共和国公司法》（以下简称《公司法》）的规定设立有限责任公司（包括国有独资公司）和股份有限公司等。

（2）项目法人的设立

1）设立时间。新上项目在项目建议书批准后，应及时组建项目法人筹备组，具体负责项目法人的筹建工作。项目法人筹备组主要由项目投资方派代表组成。

在申报项目可行性研究报告时，需同时提出项目法人组建方案。否则，其项目可行性报告不予审批。项目可行性研究报告经批准后，正式成立项目法人，并按有关规定确保资金按时到位，同时及时办理公司设立登记。

2）备案。国家重点建设项目的公司章程须报国家计委备案，其他项目的公司章程按项目隶属关系分别向有关部门、地方发展和改革委备案。

（3）组织形式和职责

1）组织形式。国有独资公司设立董事会。董事会由投资方负责组建。国有控股或参股的有限责任公司、股份有限公司设立股东会、董事会和监事会。董事会、监事会由各投资方按照《公司法》的有关规定组建。

2）建设项目董事会职权。负责筹措建设资金；审核上报项目初步设计和概算文件；审核上报年度投资计划并落实年度资金；提出项目开工报告；研究解决建设过程中出现的重大问题；负责提出项目竣工验收申请报告；审定偿还债务计划和生产经营方针，并负责按时偿还债务；聘任或解聘项目总经理，并根据总经理的提名聘任或解聘其他高级管理人员。

3）总经理职权。组织编制项目初步设计文件，对项目工艺流程、设备造型、建设标准、总图布置提出意见，提交董事会审查；组织工程设计、工程监理、工程施工和材料设备采购招标工作，编制和确定招标方案、标底和评标标准，评选和确定投标、中标单位；编制并组织实施项目年度投资计划、用款计划和建设进度计划；编制项目财务预算、决算；编制并组织实施归还贷款和其他债务计划；组织工程建设实施，负责控制工程投资、工期和质量；在项目建设过程中，在批准的概算范围内对单项工程的设计进行局部调整；根据董事会授权处理项目实施过程中的重大紧急事件，并及时向董事会报告；负责生产准备工作和人员培训；负责组织项目试生产和单项工程预验收；拟订生产经营计划、企业内部机构设置、劳动定员方案及工资福利方案；组织项目后评估，提出项目后评估报告；按时向有关部门报送项目建设、生产信息和统计资料；提请董事会聘请或解聘项目高级管理人员。

（4）项目法人责任制与建设工程监理制的关系

1）项目法人责任制是实行建设工程监理制的必要条件。建设工程监理制的产生、发展取决于社会需求。没有社会需求，建设工程监理就会成为无源之水，也就难以发展。

实行项目法人责任制，贯彻执行谁投资、谁决策、谁承担风险的市场经济下的基本原则，这就为项目法人提出了一个重大问题：如何做好决策和承担有风险的工作，也因此对社会提出了需求。这种需求，为建设工程监理的发展提供了坚实的基础。

2）建设工程监理制是实行项目法人责任制的基本保障。有了建设工程监理制，建设单位就可以根据自己的需要和有关的规定委托监理。在工程监理企业的协助下，做好投资控制、进度控制、质量控制、合同管理、信息管理、安全管理、组织协调工作，这为在计划目标内实现建设项目提供了基本保证。

2. 工程招标与投标制

为了在工程建设领域引入竞争机制，择优选定勘察单位、设计单位、施工单位以及材料、设备供应单位，需要实行工程招标投标制。

我国的《招标投标法》对招标范围和规模标准、招标方式和程序、招标投标活动的监督等内容作出了相应的规定。

3. 建设工程监理制

早在 1988 年原建设部发布的《关于开展建设监理工作的通知》中就明确提出要建立建设监理制度，在《建筑法》中也作了"国家推行建筑工程监理制度"的规定。

4. 合同管理制

为了使勘察、设计、施工、材料设备供应单位和工程监理企业依法履行各自的责任和义务，在工程建设中必须实行合同管理制。

合同管理制的基本内容是：建设工程的勘察、设计、施工、材料设备采购和建设工程监理都要依法订立合同。各类合同都要有明确的质量要求、履约担保和违约处罚条款。违约方要承担相应的法律责任。

合同管理制的实施对建设工程监理开展合同管理工作提供了法律上的支持。

案例1.1

某市高职学校由于在校学生的增加，决定建设一栋学生宿舍楼，通过招标，该高职学校选择了施工单位，签订了施工合同，并委托某监理单位实施施工阶段的监理，签订了委托监理合同。

2003 年 3 月 15 日，监理单位按国家有关规定向本市建设行政主管部门申请领取施工许可证，建设行政主管部门于 2003 年 3 月 16 日收到申请书，认为符合条件，于 2003 年 4 月 10 日颁

发了施工许可证。因施工图设计出现问题，施工单位一直未开工，于是办理了延期开工申请，直到 2003 年 8 月 10 日才开工。

施工中 A 施工单位将部分工程分包给了 B 施工单位。

施工现场存在许多电力管线，监理单位向建设单位提出要办理有关申请批准手续。

【问题】

1. 《中华人民共和国建筑法》规定，具备哪些条件才可申请领取施工许可证?

2. 此案例中施工许可证的申请和颁发过程有何不妥之处?并说明理由。2003 年 8 月 10 日开工是否需要重新办理施工许可证?为什么?

3. 《中华人民共和国建筑法》对分包工程做了哪些禁止性规定?

4. 根据《中华人民共和国建筑法》对建筑安全生产管理的有关规定，简述建设单位在什么情形下需按国家有关规定办理申请批准手续。

【参考答案】

1. 《中华人民共和国建筑法》规定，申请领取施工许可证，应当具备的条件是:

(1) 已经办理该建筑工程用地批准手续。

(2) 在城市规划区的建筑工程已经取得规划许可证。

(3) 需要拆迁的，其拆迁进度符合施工要求。

(4) 已经确定建筑施工企业。

(5) 有满足施工需要的施工图纸及技术资料。

(6) 有保证工程质量和安全的具体措施。

(7) 建设资金已经落实。

(8) 法律、行政法规规定的其他条件。

2. 此案例中施工许可证的申请和颁发过程不妥之处是:

(1) 监理单位向建设行政主管部门申请领取施工许可证。

理由:应由建设单位申请。

(2) 2003 年 4 月 10 日颁发施工许可证。

理由:建设行政主管部门应当自收到申请之日起 15 日内，对符合条件的申请项目颁发施工许可证。

(3) 2003 年 8 月 10 日开工不需重新办理施工许可证。

理由:《中华人民共和国建筑法》规定，因故不能按期开工超过 6 个月的，应重新办理开工报告的批准手续，本案例中的延迟开工未超过 6 个月。

3. 《中华人民共和国建筑法》对分包工程所规定的禁止性行为有:

(1) 禁止将承包的全部建筑工程转包给他人。

(2) 禁止承包单位将全部建筑工程肢解后以分包的名义分别转包给他人。

(3) 禁止将承包工程中的部分工程分包给不具有相应资质条件的分包单位。

(4) 禁止将主体工程进行分包。

(5) 禁止分包单位将其分包的工程再分包。

4. 有下列情形之一的，建设单位应当按照国家有关规定办理申请批准手续:

(1) 需要临时占用规划批准范围以外场地的。

(2) 可能损坏道路、管线、电力、邮电通信等公共设施的。

(3) 需要临时停水、停电、中断道路交通的。

(4) 需要进行爆破作业的。

(5) 法律、法规规定需要办理报批手续的其他情形。

思 考 题

1. 何谓建设工程监理？它的概念要点是什么？

2. 建设工程监理具有哪些性质？它们的含义是什么？

3. 建设工程监理有哪些作用？

4. 建设工程监理的理论基础是什么？

5. 现阶段我国建设工程监理有哪些特点？

6. 《建筑法》由哪些基本内容构成？总则部分的具体内容是什么？

7. 《建筑法》对建筑工程许可、建筑工程发包和承包、建筑工程监理、建筑工程质量管理有哪些规定？

8. 建设工程质量责任主体各自的质量责任和义务有哪些？

9. 《建设工程质量管理条例》对建设工程保修有哪些规定？

10. 《建设工程安全生产管理条例》对工程监理单位的安全责任作了哪些规定？

11. 何谓建设程序？我国现行建设程序的内容是什么？建设工程主要管理制度有哪些？

12. 坚持建设程序具有哪些意义？建设程序与建设工程监理的关系是什么？

13. 建设项目法人责任制的基本内容是什么？与建设工程监理制的关系是什么？

第2章 监理工程师和监理企业

● **内容提要**

本章介绍监理工程师的概念、监理企业的设立和业务范围、对监理工程师的执业管理及监理企业的资质管理；探讨了监理人员的培养问题以及监理企业与工程建设各方的关系；阐述了监理工程师应具备的素质、职责、职业道德与法律责任，监理企业从事经营活动的基本原则、经营内容。

● **教学目标**

1. 了解监理企业的设立、业务范围、资质管理。
2. 熟悉监理工程师的执业管理，监理企业从事经营活动的基本原则、经营内容。
3. 掌握监理工程师应具备的素质、职责、职业道德与法律责任。

2.1 监理工程师

2.1.1 监理工程师的概念和素质

1. 监理工程师的概念

监理工程师是指取得国家监理工程师执业资格，并经注册的监理人员。监理工程师是一种岗位职务、执业资格称谓，不是技术职称。取得监理工程师执业资格一般要求在建设工程监理工作岗位上工作，经全国统一考试合格，并经有关部门注册方可上岗执业。监理工程师的概念包含三层含义：第一，监理工程师是从事建设监理工作的人员；第二，监理工程师已经取得国家确认的监理工程师资格证书；第三，监理工程师是经省、自治区、直辖市或国务院工业、交通等部门的建设行政主管部门或监理行业协会批准、注册，取得监理工程师岗位证书的人员。

监理单位的职责是受工程建设项目业主的委托对工程建设进行监督和管理，为此就必须组建项目监理机构，配备各类监理人员。在工程建设项目监理工作中，根据监理工作需要及职能划分，监理人员又分为总监理工程师、总监理工程师代表、专业监理工程师、监理员。总监理工程师简称总监，是指由监理单位法定代表人书面授权，全面负责委托监理合同的履行、主持项目监理机构工作的监理工程师；总监理工程师代表简称总监代表，是指经监理单位法定代表人同意，由总监理工程师书面授权，代表总监理工程师行使其部分职责和权力的项目监理机构中的监理工程师；专业监理工程师是根据项目监理岗位职责分工和总监理工程师的指令，负责实施某一专业或某一方面的监理工作，具有相应监理文件签发权的监理工程师；监理员是指经过监理业务培训，具有同类工程相关专业知识，从事具体监理工作的监理人员。监理员与监理工程师的区别主要在于监理工程师具有相应岗位责任的签字权，监理员没有相应岗位责任的签字权。

2. 监理工程师的素质

我国的建设工程监理业务是提供工程管理服务，涉及多学科、多专业的技术、经济、管理等理论知识。建设工程监理服务要体现服务性、科学性、独立性和公正性，这就要求一专多能的复合型人才承担监理工作，要求监理工程师不仅要有一定的工程技术专业知识和较强的专业技术能力，而且还要有一定的组织、协调能力，同时还要懂得工程经济、项目管理专业知识，并能够对工程建设进行监督管理，提出指导性意见。因此，监理工程师应具备以下素质。

（1）具有较高的工程专业学历和复合型的知识结构

现代工程项目建设，投资规模越来越大，技术质量要求越来越高，管理方法和手段越来越先进，新工艺、新材料、新结构、新方法层出不穷，需要投入更多的劳动力、机械设备、材料，需要多专业、多工种协同施工建设，越来越呈现设计施工一体化趋势。作为一名监理工程师，要想胜任工程项目管理工作，就应该具有较高的工程专业学历，熟悉设计、施工管理相关的工程建设法律、法规、规范、标准，懂得一些工程经济、项目管理的理论和方法，能组织协调工程建设的实施与管理，同时应在工程实践中不断学习新知识、新理论，掌握新技术、新工艺、新材料，提升自己的理论水平。

（2）具有丰富的工程建设实践经验

监理工程师开展的监理工作，无论是勘察、设计、施工的哪个阶段，都要求建设工程项目的实施做到理论与实践完美结合。作为一个管理人员，没有丰富的工程实践经验，在项目监理过程中只会纸上谈兵，找不到控制重点，提不出预控措施，会造成管理工作的失误，导致工程项目的质量、进度、投资、安全出现问题。相反，丰富的实践经验，可使监理工程师的监理工作做到有预见性、针对性，并能够使监理工作与项目的实施过程紧密配合，实现既定的工程项目目标。工程建设中的实践经验指工程建设全过程各阶段的工作实践经验，包括项目可行性研究阶段方案评价，技术、经济等方面的咨询工作经验，工程地质、水文的勘测工作经验，项目规划、设计工作经验，建筑安装过程的施工经验，工程建设原材料、半成品、构配件制作加工工作经验，工程建设招投标中介服务、造价咨询、工程审计等工作经验，工程建设勘测、设计、施工阶段管理、监理工作经验等。作为监理工程师，如果在工程建设某个方面或几个方面从事具体工作多年，并积累了丰富的实践经验，其监理工作将更得心应手，监理工作更加称职。

（3）具有良好的品德

监理工程师承担着工程建设质量、投资、进度及安全的控制工作，监理工作的好坏直接关系着工程项目质量能否保证，投资能否有效控制及工程能否按期交付使用。监理工程师具有工程建设质量的全面检查、监督验收签认权，承担着质量把关的重任；具有工程量计量、价款支付、工程投资合理与否的审核、签认权；具有工程工期、进度控制权。良好的品德体现在以下几个方面：

- 热爱建设事业，热爱本职工作。
- 具有科学的工作态度。
- 具有廉洁奉公、为人正直、办事公道的高尚情操。
- 具有良好的性格，能听取不同的意见、冷静分析问题。

（4）具有健康的体魄和充沛的精力

尽管建设工程监理是一种高智能的管理服务，以脑力劳动为主。但监理工程师也必须具有健康的体魄和充沛的精力，才能胜任监理工作。监理工程师在工作过程中，无论是制定监理计划、方案，或是审核、确认有关文件、资料，或是现场检查、巡视，或是开会组织协调大量繁杂的业务工作，都是在脑力劳动的同时进行着体力的消耗，尤其是施工阶段现场管理。现代工程项目规模越来越大，施工新工艺、新材料、新结构的大量应用，需要检查把关的项目越来越多，多工种同时施工，投入资源量大，工期往往紧迫，这使得单位时间检查、签认的工作量加大，有时为配合工程项目快速实施，还需加班加点，更需要监理工程师有健康的体魄和充沛的精力。我国现行有关规定要求对年满 65 周岁的监理工程师不再进行注册，主要就是考虑监理从业人员身体健康状况对监理工作的适应状况而设定的。

2.1.2 监理人员的职责

监理单位接受业主委托对建设工程项目实施监理时，应建立项目监理机构，配备监理人员。监理人员应包括总监理工程师、专业监理工程师和监理员，必要时可配备总监理工程师代表。

1. 总监理工程师的职责

在我国，建设工程监理实行总监理工程师负责制，总监理工程师应履行以下职责：

- 确定项目监理机构人员的分工和岗位职责。
- 主持编写项目监理规划、审批项目监理实施细则，并负责管理项目监理机构的日常工作。
- 审查分包单位的资质，并提出审查意见。
- 检查和监督监理人员的工作，根据工程项目的进展情况，可进行人员调配，对不称职的人员应调换其工作。
- 主持监理工作会议，签发项目监理机构的文件和指令。
- 审定承包单位提交的开工报告、施工组织设计、技术方案、进度计划。
- 审核签署承包单位的申请、支付证书和竣工结算。
- 审查和处理工程变更。
- 主持或参与工程质量事故的调查。
- 调解建设单位与承包单位的合同争议，处理索赔，审批工程延期。
- 组织编写并签发监理月报、监理工作阶段报告、专题报告和项目监理工作总结。
- 审核签认分部工程和单位工程的质量检验评定资料，审查承包单位的竣工申请，组织监理工作人员对待验收的工程项目进行质量检查，参与工程项目的竣工验收。
- 主持整理工程项目的监理资料。

2. 总监理工程师代表的职责

总监理工程师代表在总监理工程师领导下开展工作，具体职责如下：
- 负责总监理工程师指定或交办的监理工作。
- 按总监理工程师的授权，行使总监理工程师的部分职责和权力。

总监理工程师可将部分工作委托总监理工程师代表，但不得将下列工作委托总监理工程师代表：
- 主持编写项目监理规划、审批项目监理实施细则。
- 签发工程开工/复工报审表、工程暂停令、工程款支付证书、开竣工报验单。
- 审核签认竣工结算。
- 调解业主与承包单位的合同争议、处理索赔，审批工程延期。
- 根据工程项目的进展情况进行监理人员的调配，调换不称职的监理人员。

3. 专业监理工程师的职责

- 负责编制本专业的监理实施细则。
- 负责本专业监理工作的具体实施。
- 组织、指导、检查和监督本专业监理员的工作，当人员需要调整时，向总监理工程师提出建议。
- 审查承包单位提交的涉及本专业的计划、方案、申请、变更，并向总监理工程师提出报告。
- 负责本专业分项工程验收及隐蔽工程验收。
- 定期向总监理工程师提交本专业监理工作实施情况报告，对于重大问题及时向总监理工程师汇报和请示。
- 根据本专业监理工作实施情况做好监理日记。
- 负责本专业监理资料的收集、汇总及整理，参与编写监理月报。

- 核查进场材料、设备、构配件的原始凭证、检测报告等质量证明文件及其质量情况，根据实际情况判断是否对进场材料、设备、构配件进行平行检验，合格时予以签认。
- 负责本专业的工程计量工作，审核工程计量的数据和原始凭证。

4. 监理员的职责

- 在专业监理工程师的指导下开展现场监理工作。
- 检查承包单位投入工程项目的人力、材料、主要设备及其使用、运行状况，并做好检查记录。
- 复核或从施工现场直接获取工程计量的有关数据并签署原始凭证。
- 按设计图及有关标准，对承包单位的工艺过程或施工工序进行检查和记录，对加工制作及工序施工质量检查结果进行记录。
- 担任旁站工作，发现问题及时指出并向专业监理工程师报告。
- 做好监理日记和有关的监理记录。

2.1.3 监理工程师的执业道德与法律责任

1. 执业道德守则

建设工程监理工作要具有公正性，监理工程师在执业过程中不能损害工程建设任何一方的利益。为了规范监理工作行为，确保建设监理事业的健康发展，我国现行有关法律、法规对监理工程师的职业道德和工作纪律都做了具体的规定。在建设监理行业中，监理工程师应严格遵守如下职业道德守则：

- 维护国家的荣誉和利益，按照"守法、诚信、公正、科学"的准则执业。
- 执行有关工程建设的法律、法规、标准、规范、规程和制度，履行监理合同规定的义务和职责。
- 努力学习专业技术和建设监理知识，不断提高业务能力和监理水平。
- 不以个人名义承揽监理业务。
- 不同时在两个或两个以上监理单位注册和从事监理活动，不在政府部门或施工、材料设备的生产供应等单位兼职。
- 不为所监理项目指定承包商、建筑构配件、设备、材料生产厂家和施工方法。
- 不收受被监理单位的任何礼金。
- 不泄露所监理工程各方认为需要保密的事项。
- 坚持独立自主地开展工作。

2. 监理工程师的法律责任

监理工程师的法律地位是国家法律法规确定的，并建立在委托监理合同的基础上。《建筑法》明确规定国家推行工程监理制度，《建设工程质量管理条例》明确规定监理工程师的权力和职责。在委托监理合同履行过程中，监理工程师享有一定的权利，履行一定的义务、承担一定的责任。

(1) 监理工程师的权利

- 使用监理工程师名称。
- 依法自主执行业务。
- 依法签署工程监理及相关文件并加盖执业印章。
- 法律、法规赋予的其他权利。

(2) 监理工程师的义务

- 遵守法律、法规，严格依照相关技术标准和委托监理合同开展工作。
- 恪守执业道德，维护社会公共利益。
- 在执业中保守委托单位申明的商业秘密。
- 不得同时受聘于两个及两个以上单位执行业务。
- 不得出借《监理工程师执业资格证书》、《监理工程师注册证书》和执业印章。
- 接受执业继续教育，不断提高业务水平。

(3) 监理工程师的法律责任

监理工程师的法律责任是建立在法律法规和委托监理合同的基础上，表现行为主要有违法行为和违约行为两方面。

1) 违法行为的责任。《建筑法》第三十五条规定："工程监理单位不按照委托监理合同的约定履行监理义务，对应当监督检查的项目不检查或者不按照规定检查，给建设单位造成损失的，应当承担相应的赔偿责任"。《中华人民共和国刑法》（以下简称《刑法》）第一百三十七条规定："建设单位、设计单位、施工单位、工程监理单位违反国家规定，降低工程质量标准，造成重大安全事故的，对直接责任人员，处五年以下有期徒刑或者拘役，并处罚金；后果特别严重的处五年以上十年以下有期徒刑，并处罚金。"《建设工程质量管理条例》第三十六条规定："工程监理单位应当依照法律、法规及有关技术标准、设计文件和建设工程承包合同，代表建设单位对施工质量实施监理并对施工质量承担监理责任。"《建设工程安全生产管理条例》第十四条规定："工程监理单位应当审查施工组织设计中的安全技术措施或者专项施工方案是否符合工程建设强制性标准。工程监理单位在实施监理过程中，发现存在安全事故隐患的，应当要求施工单位整改；情况严重的，应当要求施工单位暂时停止施工，并及时报告建设单位。施工单位拒不整改或者不停止施工的，工程监理单位应当及时向有关主管部门报告。工程监理单位和监理工程师应当按照法律、法规和工程建设强制性标准实施监理，并对建设工程安全生产承担监理责任。"对于违反上述规定的，第五十七条作出相应规定"责令限期改正，逾期未改正的，责令停业整顿，并处 10 万元以上 30 万元以下罚款；情节严重的，降低资质等级，直至吊销资质证书；造成重大安全事故，构成犯罪的，对直接责任人员，依照刑法有关规定追究刑事责任；造成损失的，依法承担赔偿责任"。这些规定为有效地规范、约束监理工程师执业行为，为引导监理工程师公正守法地开展监理业务提供了法律基础。

2) 违约行为的责任。开展建设工程监理的前提是监理企业与委托监理方签订委托监理合同，注册于监理单位的监理工程师依据监理合同委托的工作范围、内容、要求进行监理工作。履行合同过程中，如果监理工程师出现工作过失，违反合同约定，监理工程师所在的监理单位应承担相应的违约责任，由监理工程师个人过失引发的合同违约，监理工程师应当与监理企业承担一定的连带责任。一般地，在建设工程委托监理合同中都写明"监理人责任"的有关条款。

2.1.4 监理人员的培养

在现阶段，我国监理行业还不能完全适应监理事业发展的需要。我国建设工程监理事业已经有 20 多年的发展历程，逐步建立了一套比较完善的工程监理法规体系，创立了一套比较系统的工程监理理论，积累了一套比较成熟的工程监理经验，培养了一支素质较高的监理队伍。

我国强制性监理的工程有增无减，客观需求持续趋旺。然而近几年来，我国监理行业的发展远没有跟上市场需求持续扩展的时代步伐，注册监理工程师的数量严重不足是当前监理行业的主要矛盾。监理总量不足、质量不高，甚至监理缺位，有名无实，更有缺乏诚信、失职失责等不良行为，令人担忧。

在现阶段，我国仍然面临着监理队伍建设的重大问题。怎样建设好监理队伍，监理工程师究竟需要怎样的知识结构以及监理工程师的培养途径问题仍然是需要学习和研究的一项重大课题。培养大量合格的监理工程师是保证我国监理行业更好、更快发展的重要前提。

1. 监理工程师的知识结构

在现阶段，我国监理工程师的人员主要是大量地吸收工程设计、施工、科研和在建设工程管理部门工作的工程技术人员和工程经济人员。他们虽然具有技术专业知识基础，但却缺乏建设管理、经济管理和法律方面的知识与实践经验，为此，要开展全方位、高层次的建设工程监理工作，就必须完善监理工程师的知识结构，应当及时汲取有关《工程经济学》、《工程项目管理》及其他相关匹配的学科及应用工具，以完备监理行业所需的知识体系。

2. 监理工程师的培养途径及时代要求

为了更好地适应建设工程监理行业发展的需要，监理人员要具有较高的学历、复合型的理论知识、丰富的实践经验、良好的职业道德和健康的身体等素质。监理工程师的培养普遍采取再教育的方式，即吸收从事工程设计、施工、科研和在建设工程管理部门工作的工程技术人员和工程经济人员参加建设工程监理知识的培训。

对监理工程师进行继续教育的内容集中在以下几个方面。

（1）更新专业技术知识

随着科学技术的进步、专业知识的更新，各类学科每年都会增加很多新的内容。作为监理工程师，应该随着时代的发展，了解本专业范围内新产生的应用科学理论知识和技术。

（2）充实现代管理知识

从一定意义上说，建设工程监理是一门管理科学。监理工程师要及时地了解和掌握有关管理的新知识，包括新的管理思想、体制、方法和手段等。

（3）加强法律、法规等方面的知识

监理工程师要及时学习和掌握有关工程建设方面的法律、法规，并能准确、熟练地加以应用。

（4）掌握计算机应用技术

计算机在建设工程领域有着广泛应用。监理工程师应能够熟练地应用这种先进工具，将计算机作为技术控制和管理手段运用到监理工作中。

（5）提高外语应用水平

监理工程师应具有一定的外语水平，能及时了解国外有关建设工程监理法规的新知识，借鉴国外建设工程监理的成功经验，有能力承担国内、国外建设工程监理工作任务。

总之，对监理工程师进行继续教育，应注重专业教育但更应注重理念教育；应注重知识教育但更应注重责任教育；应注重方法教育但更应注重职业道德教育。一定要加强对监理工程师的事业心、责任感和职业道德观的先进理念的教育和提升。

2.1.5 监理工程师的资质管理

1. 监理工程师资格的取得

执业资格是政府对某些责任较大，社会通用性强，关系公共利益的专业技术工作市场准入制度的体现，是专业技术人员依法独立开展业务工作或独立从事某种专业技术工作所必备的学识、技术和能力标准。监理工程师是新中国成立以来在工程建设领域设立的第一个执业资格。在我国，监理工程师执业资格的取得需按照有利于国家经济发展、得到社会公认、具有国际可比性、事关社会公共利益等原则，经严格考试、考核方可取得。

（1）报考监理工程师的条件

根据我国对监理工程师业务素质和能力的要求，对参加监理工程师执业资格考试的报名条件从两方面作了规定：一是要具有一定的专业学历，二是要有一定年限的工程建设实践经验，并具体要求报考人员应取得高级专业技术职称或取得中级专业技术职称后具有三年以上工程设计或施工管理实践经验。

（2）考试内容及科目

监理工程师执业资格考试的科目包括《建设工程监理概论》、《建设工程合同管理》、《建设工程投资控制》、《建设工程进度控制》、《建设工程质量控制》、《建设工程信息管理》。目前，我国监理工程师执业资格的考试实行全国统一考试大纲、统一命题、统一组织、统一时间、闭卷考试、分科记分、统一录取标准的办法，一般每年举行一次。

2. 监理工程师注册

实行监理工程师注册制度是政府对监理从业人员实行市场准入控制的有效手段。监理工程师通过考试获得了《监理工程师执业资格证书》，表明其具有一定的从业能力，只有经过注册，取得《监理工程师注册证书》才有权利上岗从业。

监理工程师的注册，根据注册的内容、性质和时间先后的不同分为初始注册、延续注册和变更注册。

（1）初始注册

经监理工程师执业资格考试合格取得《监理工程师执业资格证书》的监理人员，可以申请监理工程师初始注册。申请初始注册的程序是：申请人填写注册申请表，向聘用单位提出申请；聘用单位同意后，将《监理工程师执业资格证书》及其他有关材料向所在省、自治区、直辖市人民政府建设行政主管部门提出申请；省、自治区、直辖市人民政府建设行政主管部门初审合格后，报国务院建设行政主管部门；国务院建设行政主管部门对初审意见进行审核，符合条件者准予注册，并颁发由国务院建设行政主管部门统一印制的《监理工程师注册证书》和执业印章，执业印章由监理工程师本人保管。

申请初始注册人员出现下列情形之一的，不得批准注册：不具备完全民事行为能力；受到刑事处罚，自刑事处罚执行完毕之日起到申请注册之日不满 5 年；在工程监理或者相关业务中有违法违规行为或者犯有严重错误，受到责令停止执业的行政处罚，自行政处罚或者行政处分决定之日起至申请注册之日不满 2 年；在申报注册过程中有弄虚作假行为；同时注册于两个及两个以上单位的；年龄 65 周岁以上；法律、法规和国务院建设、人事行政主管部门规定不予注册的其他情形。

监理工程师初始注册有效期为 3 年。

（2）延续注册

监理工程师初始注册有效期满要求继续执业的，需要办理延续注册。

延续注册应提交的材料包括：申请人延续注册申请表，申请人与聘用单位签订的聘用劳动合同复印件，申请人注册有效期内达到继续教育要求的证明材料。

注册时申请人向聘用单位提出申请，聘用单位同意后，连同上述材料由聘用单位向所在省、自治区、直辖市人民政府建设行政主管部门提出申请，省、自治区、直辖市人民政府建设行政主管部门进行审核，对不存在不予延续注册情形的准予延续注册，省、自治区、直辖市人民政府建设行政主管部门在准予延续注册后，将注册的人员名单报国务院建设行政主管部门备案。

延续注册的有效期为 3 年，从准予延续注册之日起计算。

（3）变更注册

监理工程师注册后，如果注册内容发生变更，应当向原注册机构办理变更注册。变更注册时，首先申请人向聘用单位提出申请，聘用单位同意后，连同申请人与原聘用单位的解聘证明一并上报省、自治区、直辖市人民政府建设行政主管部门，省、自治区、直辖市人民政府建设行政主管部门对有关情况进行审核，情况属实则准予变更注册，并将变更人员情况报国务院建设行政主管部门备案。

3. 注册监理工程师的继续教育

注册后的监理工程师要想适应和满足建设监理事业的发展及监理业务的需要，必须不断地更新知识、扩大知识面，学习工程建设发展过程中出现的新理论、新技术、新工艺、新材料、新设备的运用，了解工程建设方面新的政策、法律、法规、标准、规范，不断提高执业能力和工作水平，这就需要监理工程师接受继续教育。

注册监理工程师应每年进行一定学时的继续教育，继续教育可采用脱产学习、集中听课、参加研讨会、工程项目管理现场参观、撰写专业论文等方式。

4. 监理工程师资质管理

监理工程师在执业过程中必须严格遵纪守法。建设行政主管部门应加强对监理工程师的资质管理，国务院建设行政主管部门对注册监理工程师每年定期集中审批、年检一次，并实行公示、公告制度。对监理工程师的违法违规行为，应追究其责任，并根据不同情节给予必要的行政处罚。监理工程师的违规行为及其处罚一般包括以下几个方面：

1）对于未取得《监理工程师执业资格证书》、《监理工程师注册证书》和执业印章，以监理工程师名义执业的人员，政府建设行政主管部门应予以取缔，并处以罚款，有违法所得的，予以没收。

2）对于以欺骗手段取得《监理工程师执业资格证书》、《监理工程师注册证书》和执业印章的人员，建设行政主管部门应吊销其证书，收回执业印章，情节严重的3年以内不允许考试及注册。

3）监理工程师出借《监理工程师执业资格证书》、《监理工程师注册证书》和执业印章，情节严重的，应吊销其证书，收回执业印章，3年之内不允许考试和注册。

4）监理工程师注册内容发生变更，未按照规定办理变更手续的，应责令其改正，并处以罚款。

5）同时受聘于两个及两个以上单位执业的，应注销其《监理工程师注册证书》、收回执业印章，并处以罚款，有违法所得的，没收违法所得。

6）对于监理工程师在执业中，因过错造成质量事故的，责令停止执业1年；造成重大质量事故的，吊销执业资格证书，5年以内不予注册；情节特别恶劣的，终身不予注册。

2.2 监 理 企 业

工程监理企业是指取得监理企业资质证书，具有法人资格，并从事工程监理业务的经济组织，它是监理人员的执业机构。

2.2.1　监理企业的设立

按照我国现行法律、法规规定，我国监理企业的组织形式包括公司制监理企业、合伙监理企业、个人独资监理企业、中外合资监理企业与中外合作经营监理企业。

无论哪种形式的监理企业，要想开展正常的生产经营活动，必须具备一定的技术能力、管理水平、固定的场所、一定数量的注册资本等，取得相应的监理企业资质证书并经国家工商行政管理机构登记注册后方可开业运营。

工程监理企业的资质按照等级分为综合资质、专业资质和事务所资质，其中专业资质按照工程性质和技术特点分为 14 个专业工程类别，每个专业工程类别按照工程规模和技术复杂程度又分为三个等级。综合资质、事务所资质不分级别。专业资质分为甲级、乙级，其中房屋建筑、水利水电、公路和市政公用专业资质可设立丙级。

1. 综合资质标准

- 具有独立法人资格且注册资本不少于 600 万元。
- 企业技术负责人应为注册监理工程师，并具有 15 年以上从事工程建设工作的经历或者具有工程类高级职称。
- 具有 5 个以上工程类别的专业甲级工程监理资质。
- 注册监理工程师不少于 60 人，注册造价工程师不少于 5 人，一级注册建造师、一级注册建筑师、一级注册结构工程师或者其他勘察设计注册工程师合计不少于 15 人次。
- 企业具有完善的组织结构和质量管理体系，有健全的技术、档案等管理制度。
- 企业具有必要的工程试验检测设备。
- 申请工程监理资质之日前一年内没有本规定第十六条禁止的行为。
- 申请工程监理资质之日前一年内没有因本企业监理责任造成重大质量事故。
- 申请工程监理资质之日前一年内没有因本企业监理责任发生三级以上工程建设重大安全事故或者发生两起以上四级工程建设安全事故。

2. 专业资质标准

(1) 甲级

- 具有独立法人资格且注册资本不少于 300 万元。
- 企业技术负责人应为注册监理工程师，并具有 15 年以上从事工程建设工作的经历或者具有工程类高级职称。
- 注册监理工程师、注册造价工程师、一级注册建造师、一级注册建筑师、一级注册结构工程师或者其他勘察设计注册工程师合计不少于 25 人次；其中，相应专业注册监理工程师不少于《专业资质注册监理工程师人数配备表》中要求配备的人数，注册造价工程师不少于 2 人。
- 企业近 2 年内独立监理过 3 个以上相应专业的二级工程项目，但是具有甲级设计资质或一级及以上施工总承包资质的企业申请本专业工程类别甲级资质的除外。

- 企业具有完善的组织结构和质量管理体系，有健全的技术、档案等管理制度。
- 企业具有必要的工程试验检测设备。
- 申请工程监理资质之日前一年内没有本规定第十六条禁止的行为。
- 申请工程监理资质之日前一年内没有因本企业监理责任造成重大质量事故。
- 申请工程监理资质之日前一年内没有因本企业监理责任发生三级以上工程建设重大安全事故或者发生两起以上四级工程建设安全事故。

（2）乙级

- 具有独立法人资格且注册资本不少于100万元。
- 企业技术负责人应为注册监理工程师，并具有10年以上从事工程建设工作的经历。
- 注册监理工程师、注册造价工程师、一级注册建造师、一级注册建筑师、一级注册结构工程师或者其他勘察设计注册工程师合计不少于15人次。其中，相应专业注册监理工程师不少于《专业资质注册监理工程师人数配备表》中要求配备的人数，注册造价工程师不少于1人。
- 有较完善的组织结构和质量管理体系，有技术、档案等管理制度。
- 有必要的工程试验检测设备。
- 申请工程监理资质之日前一年内没有本规定第十六条禁止的行为。
- 申请工程监理资质之日前一年内没有因本企业监理责任造成重大质量事故。
- 申请工程监理资质之日前一年内没有因本企业监理责任发生三级以上工程建设重大安全事故或者发生两起以上四级工程建设安全事故。

（3）丙级

- 具有独立法人资格且注册资本不少于50万元。
- 企业技术负责人应为注册监理工程师，并具有8年以上从事工程建设工作的经历。
- 相应专业的注册监理工程师不少于《专业资质注册监理工程师人数配备表》中要求配备的人数。
- 有必要的质量管理体系和规章制度。
- 有必要的工程试验检测设备。

3. 事务所资质标准

- 取得合伙企业营业执照，具有书面合作协议书。
- 合伙人中有3名以上注册监理工程师，合伙人均有5年以上从事建设工程监理的工作经历。
- 有固定的工作场所。
- 有必要的质量管理体系和规章制度。

- 有必要的工程试验检测设备。

2.2.2　监理企业的业务范围

1. 综合资质

可以承担所有专业工程类别建设工程项目的工程监理业务。

2. 专业资质

（1）专业甲级资质
可承担相应专业工程类别建设工程项目的工程监理业务。
（2）专业乙级资质
可承担相应专业工程类别二级以下（含二级）建设工程项目的工程监理业务。
（3）专业丙级资质
可承担相应专业工程类别三级建设工程项目的工程监理业务。

3. 事务所资质

可承担三级建设工程项目的工程监理业务，但是国家规定必须实行强制监理的工程除外。

工程监理企业可以开展相应类别建设工程的项目管理、技术咨询等业务。

监理单位获得监理业务的途径有两条：一是通过投标竞争获得监理业务，二是由业主直接委托获得监理业务。甲、乙、丙级资质的监理企业经营范围不受国内地域限制。随着我国建筑市场的建立和完善，我国工程项目监理的业务范围将以由施工阶段为主逐步向全过程推开，由强制指定工程项目监理范围到广大业主自愿委托监理，要求监理的工程项目范围将越来越大。

2.2.3　监理企业经营活动的基本准则

监理企业从事建设工程监理活动，应当遵循"守法、诚信、公正、科学"的准则。

1. 守法

守法，即遵守国家有关工程建设监理法律、法规、规范、标准。对于监理企业而言，守法即是依法经营，具体表现在如下几个方面：
- 监理企业应遵守国家关于企业法人生产经营的法律、法规规定，遵守国家有关工程建设监理的法律、法规、规范、标准的规定。
- 监理企业应在营业执照规定的经营范围和资质证书规定的业务范围内开展经营活动。
- 监理企业不得伪造、涂改、出租、出借、转让、出卖《监理企业资质等级证书》。

- 监理企业在开展业务过程中应严格履行合同，在合同规定的范围和业主委托授权范围内开展工作。
- 监理企业在生产经营过程中应主动接受建设行政主管部门的监督管理。

2. 诚信

诚信，即诚实守信用。监理企业在生产经营过程中不应损害他人利益和社会公共利益，维护市场道德秩序，在合同履行过程中履行自己应尽的职责、义务，建立一套完整的、行之有效的、服务于企业、服务于社会的企业管理制度并贯彻执行，取信于业主、取信于市场。

3. 公正

公正，是指工程监理企业在监理活动中既要维护业主的利益，为业主提供服务，又不能损害承包商的合法利益，并能依据合同公平公正地处理业主与承包商之间的合同争议。公正性是监理行业的必然要求，是社会公认的执业准则，也是监理企业和监理工程师的基本职业道德准则。

4. 科学

科学，是指工程监理企业在开展监理业务时要制订科学的方案、运用科学的手段、采取科学的方法，在工程监理结束后要进行科学的总结。

2.2.4　建设工程监理企业的资质管理

为了加强对工程监理企业的资质管理，保障其依法经营，促进建设工程监理事业的健康发展，国家建设行政主管部门对工程监理企业资质制定了相应的管理规定。

1. 工程监理企业资质管理机构及其职责

根据我国现阶段管理体制，我国工程监理企业的资质管理确定的原则是"分级管理、统分结合"，按中央和地方两个层次进行管理。国务院建设行政主管部门负责全国工程监理资质的归口管理工作，涉及交通、水利、铁道、信息产业、电力、人防等专业工程监理资质的，由国务院交通、水利、铁道、信息产业、电力、人防等有关部门配合国务院建设行政主管部门实施资质管理工作。省、自治区、直辖市人民政府建设行政主管部门负责本行政区域内工程监理企业资质的归口管理工作，省、自治区、直辖市人民政府交通、水利、通信、电力、人防等有关部门配合同级建设行政主管部门实施相关资质类别工程监理企业资质的管理工作。

2. 工程监理企业资质管理内容

对工程监理企业资质管理，主要是指对工程监理企业的设立、定级、升级、降级、变更、终止等资质审查或批准以及年检工作等。

(1) 资质审批制度

对于工程监理企业符合相应资质等级标准，并且未发生下列违法违规行为的，建设行政主管部门在接到资质申请资料并进行审核后，颁发相应的资质证书。

- 与建设单位或者工程监理企业之间相互串通投标，或者以行贿等不正当手段谋取中标的。
- 与建设单位或者施工单位串通，弄虚作假，降低工程质量的。
- 将不合格的建设工程、建筑材料、建筑构配件和设备按照合格签字的。
- 超越本企业资质等级承揽监理业务的。
- 允许其他单位或个人以本单位的名义承揽工程的。
- 转让工程监理业务的。
- 因监理责任发生过三级以上工程建设重大质量事故或发生过 2 起以上四级工程建设质量事故的。
- 其他违反法规的行为。

《工程监理企业资质证书》分为正本和副本，具有同等法律效力，任何单位和个人不得涂改、伪造、出借、转让《工程监理企业资质证书》，不得非法扣压、没收《工程监理企业资质证书》。

(2) 资质年检制度

对工程监理企业实行资质年检制度，是建设行政主管部门对工程监理企业实行动态管理的方式和手段。

工程监理企业的资质年检一般由资质审批部门负责，甲级工程监理企业的资质年检由国务院建设行政主管部门委托各省、自治区、直辖市人民政府建设行政主管部门办理，涉及交通、水利、铁道、信息产业、电力、人防等方面的企业资质年检，由国务院建设行政主管部门会同有关部门办理；乙级工程监理企业的资质年检直接由各省、自治区、直辖市建设行政主管部门办理。随着我国政治经济体制改革的深化，市场经济体制的建立健全，监理企业资质年检管理将逐步由建设监理协会、学会管理。

工程监理企业资质年检一般在下年第一季度进行，年检内容包括：检查工程监理企业资质条件是否符合资质等级标准，是否存在质量、市场行为等方面的违法、违规行为。年检结论分为合格、基本合格、不合格三种。对于资质年检不合格或者连续两年基本合格的工程监理企业，建设行政主管部门应当重新核定其资质等级，新核定的资质等级应当低于原资质等级，达不到最低资质等级标准的，取消其资质。降级的工程监理企业，经过一年以上时间的整改，经建设行政主管部门核查确认，达到规定的资质标准，并且在此期间未发生上述违法违规行为的，可以重新申请原资质等级。

(3) 违规处理

工程监理企业在开展监理业务时，出现违规现象，建设行政主管部门将根据情节轻重依据有关法律、法规给予处罚。违规行为主要表现在以下几个方面：

- 以欺骗手段取得《工程监理企业资质证书》。
- 超越本企业资质等级承揽监理业务。

- 未取得《工程监理企业资质证书》而承揽监理业务。
- 转让监理业务。
- 挂靠监理业务。
- 与建设单位或者施工单位串通，弄虚作假，降低工程质量。
- 将不合格的建设工程、建筑材料、建筑构配件和设备按照合格签字。
- 工程监理企业与被监理工程的施工承包单位以及建筑材料、建筑构配件和设备供应单位有隶属关系或者其他利害关系，并承担该项建设工程的监理业务。

2.2.5 监理单位与工程建设各方的关系

监理单位受业主的委托，替代业主管理工程建设，同时它又要公正地监督业主与承建商签订的工程建设合同的履行。这种特殊的工作性质，决定了它在工程建设中的特殊、重要的地位，再加上监理队伍的迅速发展，目前监理队伍已成为我国工程建设中的一支有生力量，已成为建筑市场的三大主体之一。基于对建设监理这种本质的认识，就能理顺监理队伍与工程建设各方的关系。

这里着重介绍监理队伍与建筑市场中其他两大主体——工程建设项目业主、承建商的关系。

1. 工程建设监理制与业主责任制的关系

工程建设实行业主责任制和建设监理制，这是建设领域两项重大的管理体制改革。实行业主责任制既是实现政企分开的重要举措，又是对自建自管的小生产管理体制的革命。但是不实行监理制，业主责任制也只是一纸空文，难以落实；当然，没有业主责任制，建设监理就会像无源之水、无本之木，难以生存、发展，因此可以说，业主责任制与建设监理制是密切相连的有机整体，表现在以下方面：

- 业主责任制和建设监理制都是对工程建设体制的改革。
- 业主责任制是实行建设监理制的前提条件。
- 建设监理制是落实业主责任制的必要保证。

2. 工程项目业主及监理单位的职责

(1) 工程项目业主的主要职责

工程项目业主作为工程建设项目的总管机构，负责工程建设的全部工作。对上，向国家负责，向社会负责；对下，向本企业职工负责，向各投资单位负责。对各参加工程建设的单位，业主是各项工程建设合同的签约单位。业主的主要职责是：

- 筹集工程建设资金。
- 负责提出工程建设项目的规模、产品方案、厂址选择和征迁等需要准备的建设条件。
- 负责工程的监理、规划、勘察、设计、设备采购、施工等项的招标工作，自主决定各中标单位。

- 按照有关规定审查或审定工程设计、工程概算。
- 审定工程项目的年度投资和建设计划，审定工程项目的财务预算、决算。
- 负责处理工程建设中的重大问题。
- 工程竣工后，负责工程的使用或生产经营管理。
- 负责工程建设期间的各项债务偿还以及生产经营利润的分配方案的制订。

(2) 监理单位的主要职责

工程建设监理是监理单位受业主的委托，对工程建设实施的监督管理，其主要职能有以下几项或其中的一部分：

- 协助业主组织工程建设招标、评标活动。
- 协助业主与中标单位签订工程建设合同。
- 根据业主的授权，监督管理工程建设合同的履行。
- 根据监理合同的要求，为业主提供技术服务。
- 监理合同终止后，向业主提交监理工作的报告。

按照建设监理的本意，或者说按照建设监理事业完整的概念，监理单位的职责还应当包括为业主提供工程项目的论证等技术服务。

从业主责任制的要求看，实行业主责任制，更加明确并强化了业主的责任，加大了业主的业务工作量。根据社会的发展，社会化大生产的分工越来越细的规律，按照市场经济体制的需要，业主借助外部力量，即借助专业化的工程建设管理力量——监理单位去完成具体的、繁重的工程建设管理工作是必然的趋势，这样做既科学又经济。所以说，在市场经济体制下，实行业主责任制，必然要实行建设监理制。如果不实行建设监理制，那么责任制就会成为"空中楼阁"，可望而不可即。

在委托监理的实践中，业主不断加深对建设监理的认识，逐渐真心欢迎实行建设监理制，从而扩大了监理的业务，有利于建设监理事业的发展。同时，对建设监理的要求也会越来越高，无形之中促进了建设监理的规范化和监理水平的提高。同样，建设监理的规范化也要求业主的行为、工作规范。两者互相制约、互相促进，必然导致这两项改革的深化发展。

3. 业主与监理单位的关系

工程项目业主责任制与监理制这两大体制的关系决定了业主与监理单位这两类法人之间是一种平等的关系，是一种委托与被委托、授权与被授权的关系，更是相互依存、相互促进、共兴荣的紧密关系。

(1) 业主与监理单位之间是平等的关系

业主和监理单位都是建筑市场中的主体，不分主次，自然应当是平等的。这种平等的关系主要体现在它们在经济社会中的地位和工作关系两个方面。第一，都是市场经济中独立的企业法人。不同行业的企业法人，只有经营的性质不同、业务范围不同，而没有主仆之别。即使是同一行业，各独立的企业法人之间（子公司除外）也只是大小之别、经营种类的不同，不存在主仆关系。所谓主仆关系，即一种雇佣关系。雇佣关系的本质是一种剥削关系，被雇佣者要听命于雇佣者，被雇佣者不必有主人翁的思想，更没有主人翁的资格。显然，我国的业主与监理单位之间不存在剥削关系，而且法规要求监理单位与业主一样，都要以主人翁的姿态对待工程建设项目。业主为了更好地搞好自己担负的工程项目建设，而委托监理单位替自己负责一些具体的事项。业主与监理单位之间是一种委托与被委托的关系。业主可以委托甲监理单位，也可以委托乙监理单位。同样，监理单位可以接受委托，也可以不接受委托。即使委托与被委托的关系建立之后，双方也只是按照约定的条款，各尽各的义务，行使各自的权力，取得各自应得到的利益。所以说，二者在工作关系上仅维系在委托与被委托的水准上，监理单位仅按照委托的要求开展工作，对业主负责，并不受业主的领导。业主对监理单位的人力、财力、物力等方面没有支配权、管理权。如果二者之间的委托与被委托关系不成立，那么就不存在任何联系。

(2) 业主与监理单位之间是一种授权与被授权关系

监理单位接受委托之后，业主就把一部分工程项目建设的管理权力授予监理单位，诸如工程建设的组织协调工作的主持权、设计质量和施工质量以及建筑材料与设备质量的确认权与否决权、工程量与工程价款支付确认权与否决权、工程建设进度和建设工期的确认权与否决权以及围绕工程项目建设的各种建议权等。业主往往留有工程建设规模和建设标准的决定权、对承建商的选定权、与承建商签订合同的签认权以及工程竣工后或阶段的验收权等。

监理单位根据业主的授权开展工作，在工程建设的具体实践活动中居于相当显赫的地位，但是监理单位毕竟不是业主的代理人。按照《民法通则》的界定，"代理人"的含义是："代理人在代理权限内，以被代理人的名义实施法律行为"，"被代理人对代理人的代理行为承担民事责任"。监理单位既不是以业主的名义开展监理活动，也不能让业主对自己的监理行为承担任何民事责任。显然，监理单位不是业主的代理人。

(3) 业主与监理单位之间是一种社会主义市场经济体制下的经济合同关系

业主与监理单位之间委托与被委托的关系是以双方订立工程建设监理合同确定下来的。合同一经双方签订，这宗交易就意味着成立。双方的经济利益以及各自的职责和义务都体现在签订的监理合同中。

但是工程建设监理合同毕竟与其他经济合同不同。这是由监理单位在建筑市场中的特殊地位所决定的。众所周知，业主、监理单位、承建商是建筑市场三元结构的三大主体。业主发包工程建设业务，承建商承接工程建设业务。在这项交易活动中，业主向承建商购买建筑商品（或阶段性建筑产品）。监理单位的责任是既帮助业主购买到合适的建筑商品，又要维护承建商的合法权益。或者说，监理单位与业主签订的监理合同，不仅表明监理单位要为业主提供高智能服务，维护业主的合法权益，而且也表明监理单位有责任维护承建商的合法权益。这在其他经济合同中是难以找到的条款。可见，监理单位在建筑市场的交易活动中处于建筑商品买卖双方之间，起着维系公平交易、等价交换的制衡作用。因此，不能把监理单位单纯地看成业主利益的代表。这就是社会主义市场经济体制下监理单位与业主之间经济关系的特点。

4. 监理单位与承建商的关系

这里所说的承建商,不单是指施工企业,而是包括承接工程项目规划的规划单位、承接工程勘察的勘察单位、承接工程设计任务的设计单位、承接工程施工的单位以及承接工程设备、工程构配件的加工制造单位。

监理单位与承建商之间没有订立经济合同,但是由于同处于建筑市场之中,二者之间也有着多种紧密的关系。

(1) 监理单位与承建商之间的平等关系

如前所述,承建商也是建筑市场的主体之一。没有承建商,也就没有建筑产品。像业主一样,承建商是建筑市场的重要主体,并不等于他应当凌驾于其他主体之上。既然都是建筑市场的主体,那么就应该是平等的。这种平等的关系主要体现在都是为了完成工程建设任务而承担一定的责任;其次,二者承担的具体责任虽然不同,但在性质上都属于"出卖产品"的一方,即相对于业主来说,二者的角色、地位是一样的,而且二者都是在工程建设的法律、法规、规章、规范、标准等条款的制约下开展工作。二者之间也不存在领导与被领导的关系。

(2) 监理单位与承建商之间是监理与被监理的关系

虽然监理单位与承建商之间没有签订任何经济合同,但是监理单位与业主签订有监理合同,承建商与业主签订有承发包建设合同。监理单位依据业主的授权,就有了监督管理承建商履行工程建设承发包合同的权利和义务。承建商不再与业主直接交往,而转向与监理单位直接联系,并接受监理单位对自己进行工程建设活动的监督管理。

2.2.6 监理单位经营内容

根据建立社会主义市场经济体制的总体目标和工程建设的客观需要,监理单位进行监理经营服务的内容包括工程建设决策阶段监理、工程建设设计阶段监理、工程建设招投标阶段监理、工程建设施工阶段监理四大部分。

1. 工程建设决策阶段监理

工程建设决策阶段的工作主要是对投资决策、立项决策、可行性研究决策的监理。相当一段时期,这些决策大都由政府负责。按照我国深化改革,逐步实现政企分开方针政策的要求和要建立社会主义市场经济体制的大趋势的发展结果,上述三项决策必将向企业转移,或者大部分转由企业决策,政府核准。无论是由政府决策,或由企业决策,为了达到科学的、完善的决策,委托监理势在必行。

工程建设的决策监理不是监理单位替业主决策,而是受业主或政府的委托选择决策咨询单位,协助业主或政府与决策咨询单位签订咨询合同,并监督合同履行,对咨询意见进行评估;也可以由监理单位直接提供决策咨询服务。

2. 工程建设设计阶段监理

工程建设设计阶段是工程项目建设进入实施阶段的开始。工程设计通常包括初步设计和施工图设计两个阶段。在进行工程设计之前还要进行勘察（地质勘察、水文勘察等），所以这一阶段又叫勘察设计阶段。为了叙述简便起见，把勘察和设计的监理工作合并叙述。

工程建设勘察设计阶段监理的主要工作是对勘察设计进度、质量和投资的监督管理，总的内容是：根据勘察设计任务批准书编制勘察设计资金使用计划、勘察设计进度计划和设计质量标准要求，并与勘察设计单位协商一致，圆满地贯彻业主的建设意图；对勘察设计工作进行跟踪检查、阶段性审查；设计完成后要进行全面审查。具体内容包括：

- 编制工程勘察设计招标文件。
- 协助业主审查和评选工程勘察设计方案。
- 协助业主选择勘察设计单位。
- 协助业主签订工程勘察设计合同书。
- 监督管理勘察设计合同的实施。
- 检查工程设计概算和施工图预算，验收工程设计文件。

审查的主要内容是：

- 设计文件的规范性、工艺的先进性和科学性、结构的安全性、施工的可行性以及设计标准的适宜性等。
- 设计概算或施工图预算的合理性以及业主投资的许可性，若超过投资限额，除非业主许可，否则要修改设计。
- 在审查上述两项的基础上，全面审查勘察设计合同的执行情况，最后核定勘察设计费用。

3. 工程建设招投标阶段监理

- 编制工程施工招标文件。
- 核查工程施工图设计、工程施工图预算（如标底）。当工程总包单位承担施工图设计时，监理单位更要投入较多的精力搞好施工图设计审查和施工图预算审查工作。另外，招标标底包括在标底文件当中，但有的业主另行委托编制标底，所以监理单位要重新审查。
- 协助业主组织投标、开标、评标活动，向业主提出中标单位建议。
- 协助业主与中标单位签订工程施工合同书。
- 协助业主与承建商编写开工申请报告。
- 查看工程项目建设现场，向承建商办理移交手续。

4. 工程建设施工阶段监理

- 审查、确认承建商选择的分包单位。
- 制订施工总体计划，审查承建商的施工组织设计和施工技术方案，提出修改意见，下达单位工程施工开工令。

- 审查承建商提出的建筑材料、建筑物构件和设备的采购清单。工业工程的业主往往为了满足连续施工的需求，在选定承建商之前就开始设备订货。
- 检查工程使用的材料、构件、设备的规格和质量。
- 检查施工技术措施和安全防护设施。
- 主持协商业主或设计单位、或施工单位、或监理单位本身提出的设计变更。
- 监督管理工程施工合同的履行，主持协商合同条款的变更，调解合同双方的争议，处理索赔事项。
- 检查完成的工程量，验收分项分部工程，签署工程付款凭证。
- 督促施工单位整理施工文件的归档准备工作。
- 参与工程竣工预验收，并签署监理意见。
- 检查工程结算。
- 向业主提交监理档案资料。
- 编写竣工验收申请报告。
- 在规定的工程质量保修期内，负责检查工程质量状况，组织鉴定质量问题责任，督促责任单位维修。

监理单位除承担工程建设监理方面的业务外，还可以承担工程建设方面的咨询业务。属于工程建设方面的咨询业务有：

- 工程建设投资风险分析。
- 工程建设立项评估。
- 编制工程建设项目可行性研究报告。
- 编制工程建设各种估算。
- 编制工程施工招标标底。
- 各类建筑物（构筑物）的技术测验、质量鉴定。
- 有关工程建设的其他专项技术咨询服务。

当然，对于一个监理单位来说，不可能什么都会干。工程建设业主往往把工程项目建设不同阶段的监理业务分别委托不同的监理单位承担，甚至把同一阶段的监理业务分别委托几个不同专业的监理单位监理（一般来说，大型和特大型工程需要几家监理单位同时监理，规模较小的工程则不宜委托几家监理单位监理）。但是作为一个行业，监理单位完全可以承担上述各项监理业务以及各项咨询业务。

案例 *2.1*

某监理单位，资质等级为丙级，有正式在职工程技术和管理人员 6 人，其中 3 人有中级职称，其余为初级职称或无职称者。该监理单位通过熟人关系取得一幢 26 层综合大楼建设工程项目施工阶段的监理任务。该工程建设项目预算造价为 2 亿元人民币。双方所签监理合同中规定，建设单位支付监理人报酬为 80 万元人民币。此外，建设单位还以本单位工程部人员参加监理进行合作监理为由，使监理单位又给建设单位回扣人民币 10 万元。在监理过程中，由于监理单位给被监理方提供方便，监理单位接受被监理方生活补贴费 6 万元人民币。

【问题】

1. 该监理单位本身及其行为有哪些违反国家规定？

2. 上述违反国家规定的监理行为应受到什么处罚？

【参考答案】

1. 监理单位违反国家规定的行为如下。

(1) 该监理单位的存在本身就不符合《工程监理企业资质管理规定》中的规定。因为：

1) 该监理单位无取得监理工程师注册证书人员作为单位负责人或技术负责人。

2) 该单位中的监理工程师人数不足。

(2) 该监理单位为越级承接监理业务，违反《工程监理企业资质管理规定》中的规定。该监理单位按丙级资质标准只能承接 16 层以下的民用工程。

(3) 监理收费违反《关于发布工程建设监理费有关规定的通知》中的收费标准。通知中规定，工程预算 2 亿元应收预算额的 $0.8\% \sim 1.2\%$。按规定下限计，应是 160 万元人民币，但该监理单位只收 80 万元人民币，仅占 0.5%。这属于一种不正当的竞争行为，它将扰乱监理市场，应予制止。

(4) 以合作监理为由，给建设单位回扣亦属不正当经营行为，违反国家规定，并且所谓的合作监理是指监理单位之间的合作，并非建设单位与监理单位的合作。

(5) 给被监理方提供方便，并接受其生活补贴费，这属于徇私舞弊行为，因此有可能损害委托人的利益，也是违反国家规定的。

2. 上述违反国家规定的行为，按《工程监理企业资质管理规定》中的规定，由资质管理部门根据情节，分别给予警告、通报批评、罚款、降低资质等级、停业整顿直至收缴《监理申请批准书》或者《监理许可证书》、《资质等级证书》的处罚；构成犯罪的，由司法机关依法追究主要责任者的刑事责任。

思 考 题

1. 简述监理工程师的概念。

2. 简述对监理工程师素质的要求。

3. 为什么监理工程师必须具有较高的专业学历和复合型的知识结构？

4. 为什么监理工程师应具有丰富的工程建设实践经验？

5. 简述总监理工程师的职责。

6. 简述专业监理工程师的职责。

7. 简述监理员的职责。

8. 简述监理工程师的权利，并区分监理工程师的义务。

9. 如何理解监理工程师的法律责任？

10. 简述成为一名注册监理工程师的条件和程序。

11. 试述监理单位与业主的关系。

12. 举例说明监理单位应该如何维护业主与承建商的合法权益。

第3章 建设工程监理组织及监理规划

● **内容提要**

本章介绍组织的基本原理，包括组织的概念、组织构成因素、组织机构设置原则，重点讲述建设工程监理模式、监理机构的建立步骤和形式，阐述建设工程监理的协调问题。

● **教学目标**

1. 了解组织的基本概念、组织构成因素、组织机构设置原则。
2. 熟悉监理机构的建立步骤、建设工程监理的协调问题。
3. 掌握监理机构的主要形式及建设工程监理模式、监理大纲与监理规划的定义、监理规划的主要内容及编写要求。

3.1 组织的基本原理

工程项目组织的基本原理就是组织论，它是关于组织应当采取何种组织结构才能提高效率的观点、见解和方法的集合。组织论主要研究系统的组织结构模式和组织分工以及工作流程组织，它是人类长期实践的总结，是管理学的重要内容。

一般认为，现代的组织理论研究分为两个相互联系的分支学科，一是组织结构学，它主要侧重于组织静态研究，目的是建立一种精干、高效、合理的组织结构；二是组织行为学，它侧重于组织动态的研究，目的是建立良好的组织关系。本节主要介绍组织结构学的内容。

3.1.1 组织与组织构成因素

1. 组织

"组织"一词的含义比较宽泛，在组织结构学中，它表示结构性组织，是为了使系统达到特定目标而使全体参与者经分工协作及设置不同层次的权力和责任制度构成的一种组合体，如项目组织、企业组织等。组织包含三个方面的意思：

- 目标是组织存在的前提。
- 组织以分工协作为特点。

• 组织具有一定层次的权力和责任制度。

工程项目组织是指为完成特定的工程项目任务而建立起来的，从事工程项目具体工作的组织。该组织是在工程项目寿命期内临时组建的，是暂时的，只是为完成特定的目的而成立的。工程项目中，由目标产生工作任务，由工作任务决定承担者，由承担者形成组织。

2. 组织构成因素

一般来说，组织由管理层次、管理跨度、管理部门、管理职能四大因素构成，呈上小下大的形式，四大因素密切相关、相互制约。

（1）管理层次

管理层次是指从组织的最高管理者到最基层的实际工作人员的等级层次的数量。管理层次可以分为三个层次，即决策层、协调层和执行层、操作层。三个层次的职能要求不同，表示不同的职责和权限，由上到下权责递减，人数却递增。组织必须形成一定的管理层次，否则其运行将陷于无序状态；管理层次也不能过多，否则会造成资源和人力的巨大浪费。

（2）管理跨度

管理跨度是指一个主管直接管理下属人员的数量。在组织中，某级管理人员的管理跨度大小直接取决于这一级管理人员所要协调的工作量，跨度大，处理人与人之间关系的数量随之增大。跨度太大时，领导者和下属接触频率会太高，领导与下属常有应接不暇之感，因此在组织结构设计时，必须强调跨度适当。跨度的大小又和分层多少有关，一般来说，管理层次增多，跨度会小；反之，层次少，跨度会大。

（3）管理部门

按照类别对专业化分工的工作进行分组，以便对工作进行协调，即为部门化。部门可以根据职能、产品类型、地区、顾客类型来划分。组织中各部门的合理划分对发挥组织效能非常重要，如果划分不合理，就会造成控制、协调困难，从而浪费人力、物力、财力。

（4）管理职能

组织机构设计确定的各部门的职能，在纵向要使指令传递、信息反馈及时，在横向要使各部门相互联系、协调一致。

3.1.2 组织结构设计

组织结构就是指在组织内部构成和各部门间所确定的较为稳定的相互关系和联系方式。简单地说，就是指对工作如何进行分工、分组和协调合作。组织结构设计是对组织活动和组织结构的设计过程，目的是提高组织活动的效能，是管理者在建立系统有效关系中的一种科学的、有意识的过程，既要考虑外部因素，又要考虑内部因素。组织结构设计通常要考虑下列六项基本原则。

1. 工作专业化与协作统一

强调工作专业化的实质就是要求每一个人专门从事工作活动的一部分，而不是全部。通过重复性的工作，员工的技能得到提高，从而提高组织的运行效率；在组织机构中还要强调协作统一，就是明确组织机构内部各部门之间和各部门内部的协调关系和配合方法。

2. 才职相称

通过考察个人的学历与经历或其他途径，了解其知识、才能、气质、经验，进行比较，使每个人具有的和可能具有的才能与其职务上的要求相适应，做到才职相称、才得其用。

3. 命令链

命令链是指存在于从组织的最高层到最基层的一种不间断的权力路线。每个管理职位对应着一定的人，每个人在命令链中都有自己的位置；同时，每个管理者为完成自己的职责任务，都要被授予一定的权力。也就是说，一个人应该只对一个主管负责。

4. 管理跨度与管理层次相统一

在组织结构设计的过程中，管理跨度和管理层次成反比关系。在组织机构中当人数一定时，如果跨度大，层次则可适当减少；反之，如果跨度缩小，则层次就会增多。所以，在组织设计的过程中，一定要全面通盘考虑各种影响因素，科学确定管理跨度和管理层次。

5. 集权与分权统一

在任何组织中，都不存在绝对的集权和分权。从本质上来说，这是一个决策权应该放在哪一级的问题。高度的集权造成盲目和武断，过分的分权则会导致失控、不协调。所以，在组织结构设计中，在相应的管理层次是否采取集权或分权的形式要根据实际情况来确定。

6. 正规化

正规化是指组织中的工作实行标准化的程度。应该通过提高标准化的程度来提高组织的运行效率。

3.1.3 组织机构活动基本原理

1. 要素有用性原理

一个组织系统中的基本要素有人力、财力、物力、信息、时间等，这些要素都是必要的，但每个要素的作用大小是不一样的，而且会随着时间、场合的变化而变化，所以在组织活动过程中应根据各要素在不同的情况下的不同作用进行合理安排、组合和使用，做到人尽其才、财尽其利、物尽其用，尽最大可能提高各要素的利用率。

一切要素都有用，这是要素的共性。然而要素除了有共性外，还有个性。比如同样是工程师，由于专业、知识、经验、能力不同，各人所起的作用就不相同。所以，管理者要具体分析各个要素的特殊性，以便充分发挥每一要素的作用。

2. 动态相关性原理

组织系统内部各要素之间既相互联系，又相互制约；既相互依存，又相互排斥。这种相互作用的因子叫相关因子，充分发挥相关因子的作用，是提高组织管理效率的有效途径。事物在组合过程当中，由于相关因子的作用，可以发生质变，一加一可以等于二，也可以大于二，还可以小于二，整体效应不等于各局部效应的简单相加，这就是动态相关性原理。组织管理者的重要任务就在于使组织机构活动的整体效应大于各局部效应之和，否则组织就没有存在的意义了。

3. 主观能动性原理

人是生产力中最活跃的因素，因为人是有生命的、有感情的、有创造力的。人会制造工具，会使用工具劳动并在劳动中改造世界，同时也在改造自己。组织管理者应该充分发挥人员的主观能动性，只有当主观能动性发挥出来时才会取得最佳效果。

4. 规律效应性原理

规律是客观事物内部的、本质的、必然的联系。一个成功的管理者懂得只有努力揭示和掌握管理过程中的客观规律，按规律办事，才能取得好的效应。

3.2　建设工程监理模式与实施程序

3.2.1　建设工程监理模式

建设工程监理模式的选择与建设工程组织管理模式密切相关，监理模式对建设工程的规划、控制、协调起着重要作用。

1. 平行承发包模式条件下的监理模式

与建设工程平行承发包模式相适应的监理模式有以下两种主要形式。

（1）业主委托一家监理单位监理

这种监理委托模式是指业主只委托一家监理单位为其进行监理服务。这种模式要求被委托的监理单位具有较强的合同管理与组织协调能力，并能做好全面规划工作。监理单位的项目监理机构可以组建多个监理分支机构，对各承建单位分别实施监理。在具体的监理过程中，项目总监理工程师应重点做好总体协调工作，加强横向联系，保证建设工程监理工作的有效运行。

（2）业主委托多家监理单位监理

这种监理委托模式是指业主委托多家监理单位为其进行监理服务。采用这种模式，业主分别委托几家监理单位针对不同的承建单位实施监理。由于业主分别与多个监理单位签订委托监理合同，各监理单位之间的相互协作与配合需要业主进行协调。采用这种模式，监理单位对象相对单一，便于管理。但建设工程监理工作被肢解，各监理单位各负其责，缺少一个对建设工程进行总体规划与协调控制的监理单位。

2. 设计或施工总分包模式条件下的监理模式

对设计或施工总分包模式，业主可以委托一家监理单位进行实施阶段全过程的监理，也可以分别按照设计阶段和施工阶段委托监理单位。前者的优点是监理单位可以对设计阶段和施工阶段的工程投资、进度、质量控制统筹考虑，合理进行总体规划协调，更可使监理工程师掌握设计思路与设计意图，有利于施工阶段的监理工作。

虽然总包单位对承包合同承担乙方的最终责任，但分包单位的资质、能力直接影响着工程质量、进度等目标的实现，所以监理工程师必须做好对分包单位资质的审查、确认工作。

3. 项目总承包模式条件下的监理模式

在项目总承包模式下，一般宜委托一家监理单位进行监理。在这种模式下，监理工程师需具备较全面的知识，才能做好合同管理工作。

4. 项目总承包管理模式条件下的监理模式

在项目总承包管理模式下，一般宜委托一家监理单位进行监理，这样便于监理工程师对项目总承包管理合同和项目总承包管理单位进行分包等活动的监理。

3.2.2　建设工程监理实施程序

1. 确定项目总监理工程师，成立项目监理机构

监理单位应根据建设工程的规模、性质、业主对监理的要求，委派称职的人员担任项目总监理工程师，代表监理单位全面负责该工程的监理工作。

一般情况下，监理单位在承接工程监理任务时，在参与工程监理的投标、拟定监理方案（大纲）以及与业主商签委托监理合同时，即应选派称职的人员主持该项工作。在监理任务确定并签订委托监理合同后，该主持人即可作为项目总监理工程师。这样，项目的总监理工程师在承接任务阶段便已介入，从而更能了解业主的建设意图和对监理工作的要求，并能与后续工作更好地衔接。总监理工程师是一个建设工程监理工作的总负责人，他对内向监理单位负责，对外向业主负责。

2．编制建设工程监理规划

建设工程监理规划是开展工程监理活动的纲领性文件。

3．制定各专业监理实施细则

在监理规划的指导下，为具体指导投资控制、质量控制、进度控制的进行，还需结合建设工程实际情况，制定相应的实施细则。

4．规范化地开展监理工作

（1）工作的时序性

这是指监理的各项工作都应按一定的逻辑顺序先后展开，从而使监理工作能有效地达到目标而不致造成工作状态的无序和混乱。

（2）职责分工的严密性

建设工程监理工作是由不同专业、不同层次的专家群体共同完成的，他们之间严密的职责分工是协调进行监理工作的前提和实现监理目标的重要保证。

（3）工作目标的确定性

在职责分工的基础上，每一项监理工作的具体目标都应是确定的，完成的时间也应有时限规定，从而能通过报表资料对监理工作及其效果进行检查和考核。

5．参与验收，签署建设工程监理意见

建设工程施工完成以后，监理单位应在正式验交前组织竣工预验收。在预验收中发现的问题，应及时与施工单位沟通，提出整改要求。监理单位应参加业主组织的工程竣工验收，签署监理单位意见。

6．向业主提交建设工程监理档案资料

建设工程监理工作完成后，监理单位向业主提交的监理档案资料应在委托监理合同文件中约定。如在合同中没有作出明确规定，监理单位一般应提交设计变更、工程变更资料、监理指令性文件、各种签证资料等档案资料。

7．监理工作总结

监理工作完成后，项目监理机构应及时从以下两方面进行监理工作总结。

（1）向业主提交的监理工作总结

其主要内容包括：委托监理合同履行情况概述，监理组织机构、监理人员和投入的监理设施，监理任务或监理目标完成情况的评价，工程施工过程中的存在的问题和处理情况，由业主提供的供监理活动使用的办公用房、车辆、试验设施等的清单，必要的工程图片，表明监理工作终结的说明等。

（2）向监理单位提交的监理工作总结

其主要内容包括：

- 监理工作的经验，可以是采用某种监理技术、方法的经验，也可以是采用某种经济措施、组织措施的经验，以及委托监理合同执行方面的经验或如何处理好与业主、承包单位关系的经验等。
- 监理工作中存在的问题及改进的建议。

3.2.3　建设工程监理实施原则

监理单位受业主委托对建设工程实施监理时，应遵守以下基本原则。

1. 公正、独立、自主的原则

监理工程师在建设工程监理中必须尊重科学、尊重事实，组织各方协同配合，维护有关各方的合法权益，为此，必须坚持公正、独立、自主的原则。业主与承建单位虽然都是独立运行的经济主体，但他们追求的经济目标有差异，监理工程师应在按合同约定的权、责、利关系的基础上，协调双方的一致性。只有按合同的约定建成工程，业主才能实现投资的目的，承建单位也才能实现自己生产的产品的价值，取得工程款和实现盈利。

2. 权责一致的原则

监理工程师承担的职责应与业主授予的权限相一致。监理工程师的监理职权依赖于业主的授权。这种权力的授予，除体现在业主与监理单位之间签订的委托监理合同之中，还应作为业主与承建单位之间建设工程合同的合同条件。因此，监理工程师在明确业主提出的监理目标和监理工作内容要求后，应与业主协商，明确相应的授权，达成共识后，明确反映在委托监理合同中及建设工程合同中。据此，监理工程师才能开展监理活动。

总监理工程师代表监理单位全面履行建设工程委托监理合同，承担合同中确定的监理方向业主方所承担的义务和责任。因此，在委托监理合同实施中，监理单位应给总监理工程师充分授权，体现权责一致的原则。

3. 总监理工程师负责制的原则

总监理工程师是工程监理全部工作的负责人。要建立和健全总监理工程师负责制，就要明确权、责、利关系，健全项目监理机构，具有科学的运行制度和现代化的管理手段，形成以总监理工程师为首的高效能的决策指挥体系。

总监理工程师负责制的内涵包括以下两方面。

（1）总监理工程师是工程监理的责任主体

责任是总监理工程师负责制的核心，它构成了总监理工程师的工作压力与动力，也是确定总监理工程师权力和利益的依据。因此，总监理工程师应是向业主和监理单位负责的人。

（2）总监理工程师是工程监理的权力主体

根据总监理工程师承担责任的要求，总监理工程师全面领导建设工程的监理工作，包括组建项目监理机构，主持编制建设工程监理规划，组织实施监理活动，对监理工作总结、监督、评价。

4. 严格监理、热情服务的原则

严格监理，就是各级监理人员严格按照国家政策、法规、规范、标准和合同控制建设工程的目标，依照既定的程序和制度，认真履行职责，对承建单位进行严格监理。

监理工程师还应为业主提供热情的服务，"应运用合理的技能，谨慎而勤奋地工作"。由于业主一般不熟悉建设工程管理与技术业务，监理工程师应按照委托监理合同的要求多方位、多层次地为业主提供良好的服务，维护业主的正当权益。但是不能因此而一味向各承建单位转嫁风险，从而损害承建单位的正当经济利益。

5. 综合效益的原则

建设工程监理活动既要考虑业主的经济效益，也必须考虑与社会效益和环境效益的有机统一。建设工程监理活动虽经业主的委托和授权才得以进行，但监理工程师应首先严格遵守国家的建设管理法律、法规、标准等，以高度负责的态度和责任感，既对业主负责，谋求最大的经济效益，又要对国家和社会负责，取得最佳的综合效益。只有在符合宏观经济效益、社会效益和环境效益的条件下，业主投资项目的微观经济效益才能得以实现。

3.3 建设工程监理机构

监理单位与业主签订委托监理合同后，在实施建设工程监理之前，应建立监理机构。监理机构的组织形式和规模应根据委托监理合同规定的服务内容、服务期限、工程类别、规模、技术复杂程度、工程环境等因素确定。

3.3.1 建立建设工程监理机构的步骤

监理单位在组建监理机构时一般按以下步骤进行。

1. 确定监理机构目标

建设工程监理目标是项目监理机构建立的前提，监理机构的建立应根据委托监理合同中确定的监理目标，制定总目标并明确划分监理机构的分解目标。

2. 确定监理工作内容

根据监理目标和委托监理合同中规定的监理任务，明确列出监理工作内容，并进行分类归并及组合。监理工作的归并及组合应便于监理目标控制，并综合考虑监理工程的组织管理模式、工程结构特点、合同工期要求、工程复杂程度、工程管理及技术特点，还应考虑监理单位自身组织管理水平、监理人员数量、技术业务特点等。

如果建设工程进行实施阶段全过程监理，监理工作划分可按设计阶段和施工阶段分别归并和组合，如图 3.1 所示。

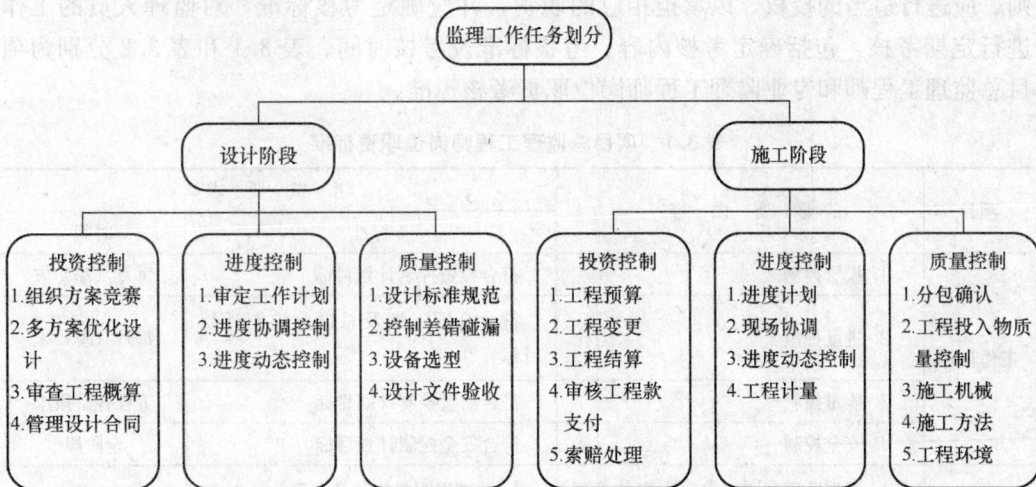

图 3.1　实施阶段监理工作划分

3. 项目监理机构的组织结构设计

(1) 选择组织结构形式

由于建设工程规模、性质、建设阶段等的不同，设计项目监理机构的组织结构时应选择适宜的组织结构形式，以适应监理工作的需要。组织结构形式选择的基本原则是有利于工程合同管理，有利于监理目标控制，有利于决策指挥，有利于信息沟通。

(2) 合理确定管理层次与管理跨度

项目监理机构中一般应有以下三个层次：

- **决策层**　由总监理工程师及其助手组成，主要根据建设工程委托监理合同的要求和监理活动内容进行科学化、程序化决策与管理。
- **中间控制层（协调层和执行层）**　由各专业监理工程师组成，具体负责监理规划的落实，监理目标控制及合同实施的管理。
- **作业层（操作层）**　主要由监理员、检查员等组成，具体负责监理活动的操作实施。

项目监理机构中管理跨度的确定应考虑监理人员的素质、管理活动的复杂性和相似性、监理业务的标准化程度、各项规章制度的建立健全情况、建设工程的集中或分散情况等，按监理工作实际需要确定。

(3) 项目监理机构部门划分

项目监理机构中合理划分各职能部门，应依据监理机构目标、监理机构可利用的人力和物力资源以及合同结构情况，将投资控制、进度控制、质量控制、合同管理、组织协调等监理工作内容按不同的职能活动形成相应的管理部门。

（4）制定岗位职责及考核标准

岗位职务及职责的确定，要有明确的目的性，不可因人设岗。根据责权一致的原则，应进行适当的授权，以承担相应的职责，并应确定考核标准，对监理人员的工作进行定期考核，包括确定考核内容、考核标准及考核时间。表3.1和表3.2分别为项目总监理工程师和专业监理工程师岗位职责考核标准。

表3.1　项目总监理工程师岗位职责标准

项目	职责内容	考核要求	
		标准	时间
工作目标	1. 投资控制	符合投资控制计划目标	每月（季）末
	2. 进度控制	符合合同工期及总进度控制计划目标	每月（季）末
	3. 质量控制	符合质量控制计划目标	工程各阶段末
	4. 安全控制	符合安全控制计划目标	全阶段
基本职责	1. 根据监理合同，建立和有效管理项目监理机构	1. 监理组织机构科学合理 2. 监理机构有效运行	每月（季）末
	2. 主持编写与组织实施监理规划；审核监理实施细则	1. 对工程监理工作系统策划 2. 监理实施细则符合监理规划要求，具有可操作性	编写和审核完成后
	3. 审查分包单位资质	符合合同要求	一周内
	4. 监督和指导专业监理工程师对投资、进度、质量、安全进行监理；审核、签发有关文件资料；处理有关事项	1. 监理工作处于正常工作状态 2. 工程处于受控状态	每月（季）末
	5. 做好监理过程中有关各方的协调工作	工程处于受控状态	每月（季）末
	6. 主持整理建设工程的监理资料	及时、准确、完整	按合同约定

表3.2　专业监理工程师岗位职责标准

项目	职责内容	考核要求	
		标准	时间
工作目标	1. 投资控制	符合投资控制分解目标	每周（月）末
	2. 进度控制	符合合同工期及总进度控制分解目标	工程各阶段
	3. 质量控制	符合质量控制分解目标	实施前一个月
	4. 安全控制	符合安全监理控制目标	工程全过程

项目	职 责 内 容	考 核 要 求	
		标准	时间
基本职责	1. 熟悉工程情况，制定本专业监理工作计划和监理实施细则	反映专业特点，具有可操作性	每周（月）末
	2. 具体负责本专业的监理工作	1. 工程监理工作有序 2. 工程处于受控状态	每周（月）末
	3. 做好监理机构内各部门之间的监理任务的衔接、配合工作	监理工作各负其责，相互配合	每周（月）末
	4. 处理与本专业有关的问题；对投资、进度、质量、安全有重大影响的监理问题应及时报告总监	1. 工程处于受控状态 2. 及时、真实	每周（月）末
	5. 负责与本专业有关的签证、通知、备忘录，及时向总监理工程师提交报告、报表资料等	及时、真实、准确	每周（月）末
	6. 管理本专业建设工程的监理资料	及时、准确、完整	每周（月）末

（5）选派监理人员

根据监理工作的任务，选择适当的监理人员，包括总监理工程师、专业监理工程师和监理员，必要时可配备总监理工程师代表。监理人员的选择除应考虑个人素质外，还应考虑人员总体构成的合理性与协调性。

《建设工程监理规范》规定，项目总监理工程师应由具有 3 年以上同类工程监理工作经验的人员担任；总监理工程师代表应由具有 2 年以上同类工程监理工作经验的人员担任；专业监理工程师应由具有 1 年以上同类工程监理工作经验的人员担任，并且项目监理机构的监理人员应专业配套、数量满足建设工程监理工作的需要。

4. 制定工作流程和信息流程

为使监理工作科学、有序地进行，应按监理工作的客观规律制定工作流程和信息流程，规范化地开展监理工作。图 3.2 所示为施工阶段监理工作流程。

3.3.2 项目监理机构的组织形式

项目监理机构的组织形式是指项目监理机构具体采用的管理组织结构，应根据建设工程的特点、建设工程组织管理模式、业主委托的监理任务以及监理单位自身情况而确定。常用的项目监理机构组织形式有以下几种。

1. 直线制监理组织形式

这种组织形式的特点是项目监理机构中任何一个下级只接受上级的命令。各级部

监理阶段	施工单位	监理工作内容	监理单位
	提供与解释	承发包合同	熟悉与提问
	提报	分包单位资质	检查确认
	编报	施工组织设计	参与审查
施工准备阶段	建立	质量保证体系	督促检查
	参加	施工图设计交底	参加和复查
	复测	测量资料	检查
	申请	单位工程开工报告	审批或参与审批
	自检	隐蔽工程	检查签认
	对标自检	施工质量	检查与旁站
	提报合格证	工地材料设备	检查确认
质量控制内容	上报	工程质量事故	参加处理
	组织申请	创优活动	参加评选
工程施工阶段	组织进行	年、季施工计划	参与审查
	编报	验工计价	核实确认
进度及投资控制内容	提报	不可预见费用	审核
	申请	变更设计	参与审批或审批
	要求	索赔处理	协调
	提报资料	工程质量检查报告	提报
竣工验收阶段	整理提报	竣工文件	监督检查
	请求验收	竣工验收	参加
	及时处理	保修工作	协调

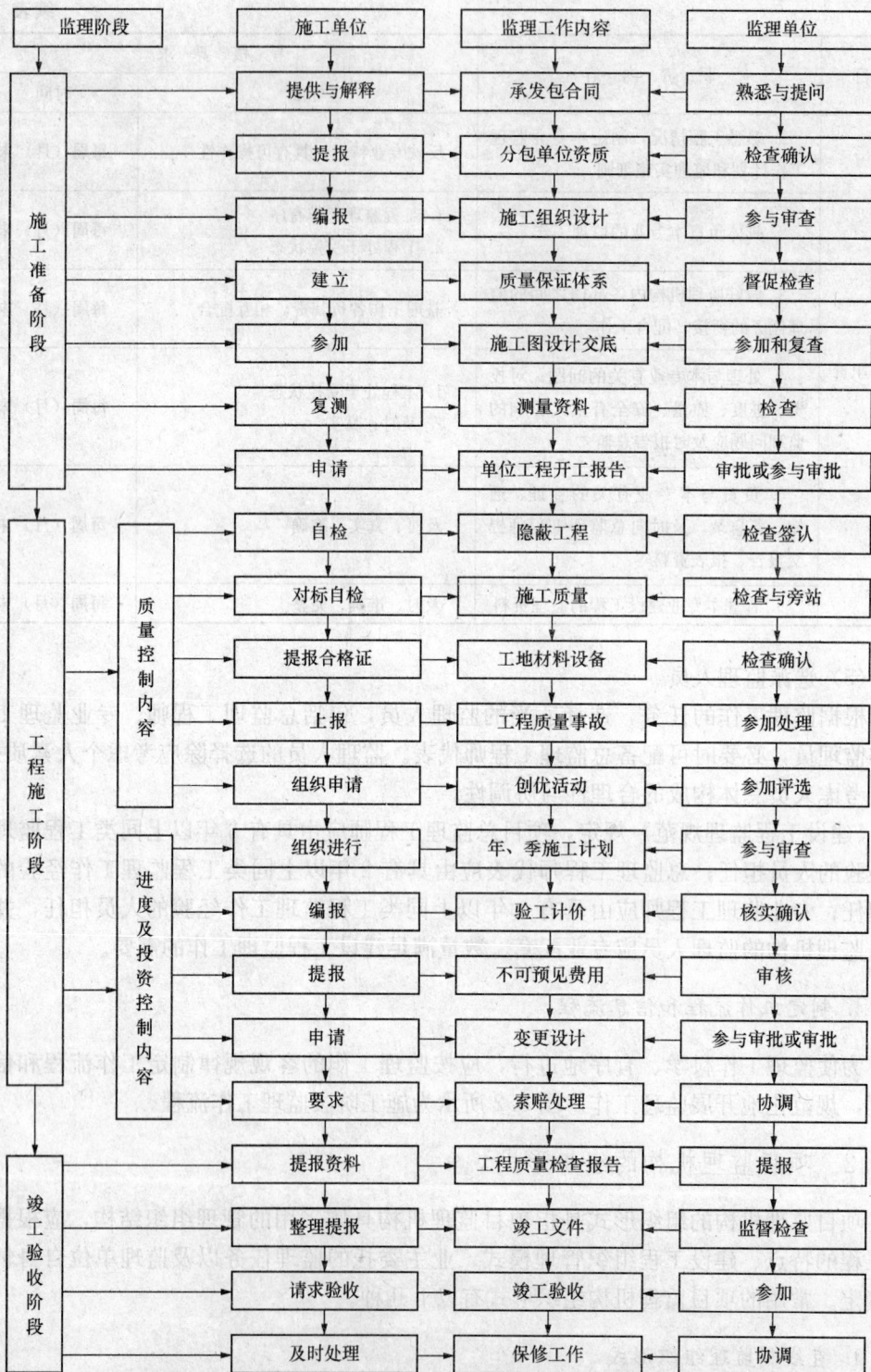

图 3.2　施工阶段监理工作流程

门主管人员对所属部门的问题负责，项目监理机构中不再另设职能部门。

这种组织形式适用于能划分为若干相对独立的子项目的大、中型建设工程。如图 3.3 所示，总监理工程师负责整个工程的规划、组织和指导，并负责整个工程范围内各方面的指挥、协调工作；子项目监理组分别负责各子项目的目标值控制，具体领导现场专业或专项监理组的工作。

如果业主委托监理单位对建设项目实施全过程监理，项目监理机构的部门还可按不同的建设阶段分解设置直线制监理组织形式。

对于小型建设工程，监理单位也可以采用按专业内容分解的直线制监理组织形式。

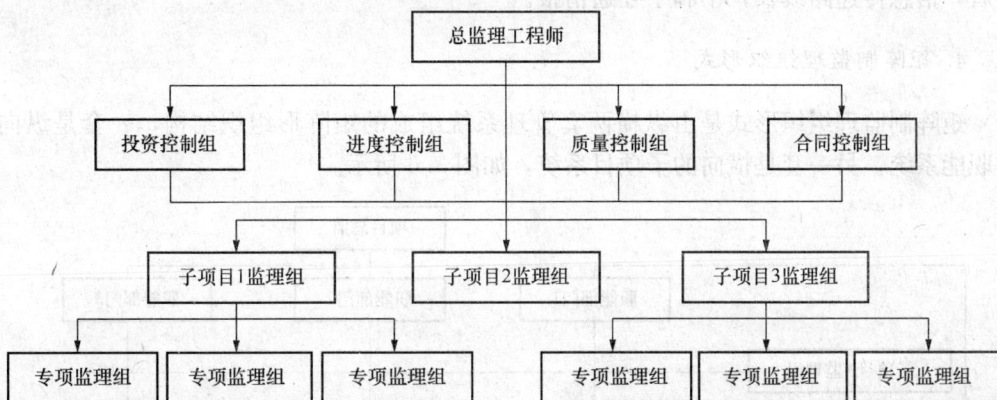

图 3.3　直线制项目监理组织形式示意图

直线制监理组织形式的主要优点是组织机构简单，权力集中，命令统一，职责分明，决策迅速，隶属关系明确。其缺点是实行没有职能部门的"个人管理"，这就要求总监理工程师通晓各种业务，通晓多种知识技能，成为"全能"式人物。

2. 职能制监理组织形式

职能制监理组织形式是在监理机构内设立一些职能部门，把相应的监理职责和权力交给职能部门，各职能部门在本职能范围内有权直接指挥下级，如图 3.4 所示。此种组织形式一般适用于大、中型建设工程。

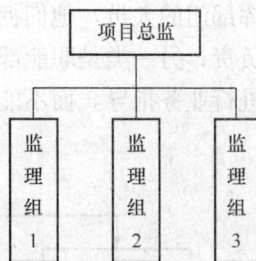

图 3.4　职能制项目监理组织形式示意图

这种组织形式的主要优点是加强了项目监理目标控制的职能化分工，能够发挥职能机构的专业管理作用，提高了管理效率，减轻了总监理工程师负担。但由于下级人员受多头领导，如果上级指令相互矛盾，将使下级在工作中无所适从。

3. 直线-职能制监理组织形式

直线-职能制监理组织形式是吸收了直线制监理组织形式和职能制监理组织形式的

优点而形成的一种组织形式。这种组织形式把管理部门和人员分为两类：一类是直线指挥部门的人员，他们拥有对下级实行指挥和发布命令的权力，并对该部门的工作全面负责；另一类是职能部门和人员，他们是直线指挥人员的参谋，他们只能对下级部门进行业务指导，而不能对下级部门直接进行指挥和发布命令，如图3.5所示。

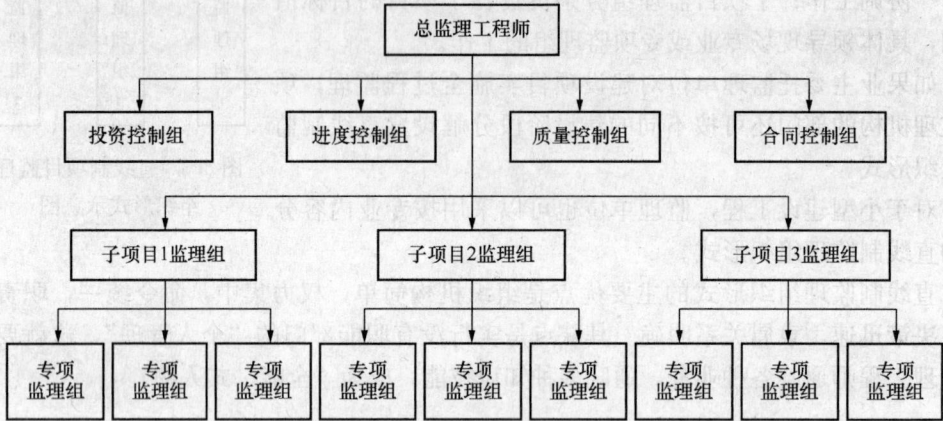

图3.5　直线-职能制监理组织形式

这种形式保持了直线制组织实行直线领导、统一指挥、职责清楚的优点，另一方面又保持了职能制组织目标管理专业化的优点；其缺点是职能部门与指挥部门易产生矛盾，信息传递路线长，不利于互通情报。

4. 矩阵制监理组织形式

矩阵制监理组织形式是由纵横两套管理系统组成的矩阵形组织结构，一套是纵向的职能系统，另一套是横向的子项目系统，如图3.6所示。

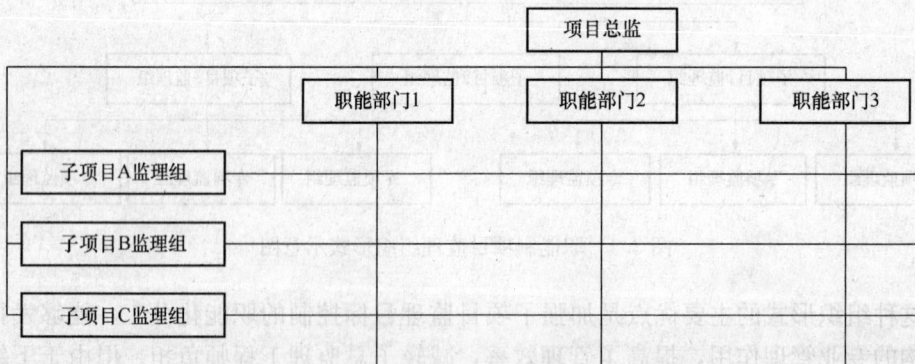

图3.6　矩阵制项目监理组织形式示意图

这种形式的优点是加强了各职能部门的横向联系，具有较大的机动性和适应性，把上下左右集权与分权实行最优的结合，有利于解决复杂难题，有利于监理人员业务能力的培养；缺点是纵横向协调工作量大，处理不当会造成扯皮现象，产生矛盾。

3.3.3　项目监理机构的人员配备

项目监理机构的人员配备要根据监理的任务范围、内容、期限、工程规模、技术的复杂程度等因素综合考虑，形成整体素质高的监理组织，以满足监理目标控制的要求。项目监理机构的人员包括项目总监理工程师、专业监理工程师、监理员（含试验员）及必要的行政文秘人员。在组建时必须注意人员合理的专业结构、职称结构。

1. 项目监理机构的人员结构

（1）合理的专业结构

项目监理组织应当由与监理项目性质以及业主对项目监理的要求相适应的各专业人员组成，也就是说各专业人员要配套。

项目监理机构中一般要具有与监理任务相适应的专业技术人员，如一般的民用建筑工程监理机构要有土建、电气、测量、设备安装、装饰、建材等专业人员。如果监理工程有某些特殊性，或业主要求采用某些特殊的监控手段，或监理项目工程技术特别复杂而监理企业又没有某专业的人员时，监理机构可以采取一些措施来满足对专业人员的要求。比如，在征得业主同意的前提下，可将这部分工程委托给有相应资质的监理机构来承担，或可以临时高薪聘请某些稀缺专业的人员来满足监理工作的要求，以此保证专业人员结构的合理性。

（2）合理的职称结构

合理的职称结构是指监理机构中各专业的监理人员应具有与监理工作要求相适应的高、中、初级职称比例。监理工作是高智能的技术性服务，应根据监理的具体要求来确定职称结构。如在决策、设计阶段，就应以高、中级职称人员为主，基本不用初级职称人员；在施工阶段，监理专业人员就应以中级职称人员为主，初、高级职称人员为辅。合理的职称结构还包含另一层意思，就是合理的年龄结构，这两者实质上是一致的。在我国，职称的评定有比较严格的年限规定，获高级职称者一般年龄较大，中级职称多为中年人，初级职称者较年轻。老年人有丰富的经验和阅历，但身体不好，高空和夜间作业受到限制，而年轻人虽然有精力，但是没有经验。所以，在不同阶段的监理工作中，不同年龄阶段的专业人员要合理搭配，以发挥他们的长处。

2. 项目监理机构监理人员数量的确定

监理人员数量要根据监理工程的规模、技术复杂程度、监理人员的素质等因素来确定，实践中一般要考虑以下因素。

（1）工程建设强度

工程建设强度是指单位时间内投入的工程建设资金数量，用公式表示为

$$工程建设强度＝投资/工期$$

其中，投资和工期是指由监理单位所承担的那部分工程的投资和工期。工程建设强度可用来衡量一项工程的紧张程度，显然，工程建设强度越大，所需要投入的监理人员

就越多。

（2）建设工程的复杂程度

每个工程项目都有特定的地点、气候条件、工程地质条件、施工方法、工程性质、工期要求、材料供应条件等，根据不同情况，可将工程按复杂程度等级划分为简单、一般、一般复杂、复杂和很复杂5级。定级可以用定量方法，对影响因素进行专家评估，考虑权重系数后计算其累加均值。工程项目由简单到很复杂，所需要的监理人员相应的由少到多。每完成100万美元所需监理人员可参考表3.3。

表3.3　监理人员需要量定额 [（人·年）/百万美元]

工程复杂程度	监理工程师	监理员	行政、文秘人员
简单工程	0.20	0.75	0.10
一般工程	0.25	1.00	0.10
一般复杂工程	0.35	1.10	0.25
复杂工程	0.50	1.50	0.35
很复杂工程	>0.50	>1.50	>0.35

（3）监理单位的业务水平和监理人员的业务素质

每个监理单位的业务水平和对某类工程的熟悉程度不完全相同，同时每个监理人员的专业能力、管理水平、工作经验等方面都有差异，所以在监理人员素质和监理的设备手段等方面也存在差异，这都会直接影响到监理效率的高低。高水平的监理单位和高素质的监理人员可以投入较少的监理人力完成，而一个经验不多或管理水平不高的监理单位则需投入较多的监理人力。因此，各监理单位应当根据自己的实际情况确定监理人员需要量。

（4）监理机构的组织结构和任务职能分工

项目监理机构的组织结构形式关系到具体的监理人员的需求量，人员配备必须能满足项目监理机构任务职能分工的要求。必要时，可对人员进行调配。如果监理工作需要委托专业咨询机构或专业监测、检验机构进行，则项目监理机构的监理人员数量可以考虑适当减少。

例：某工程合同总价为4000万美元，工期为35个月，经专家对构成工程复杂程度的因素进行评估，工程为一般复杂工程等级，则

$$工程建设强度=4000\div(35\div12)=13.7（百万美元/年）$$

由表3.3可知，相应监理机构所需监理人员为 [（人·年）/百万美元] 监理工程师0.35，监理员1.10，行政文秘人员0.25，则各类监理人员数量为

$$监理工程师 0.35\times13.7=4.8，取 5 人$$

$$监理员 1.10\times13.7=15.1，取 16 人$$

$$行政文秘人员 0.25\times13.7=3.4，取 4 人$$

以上人员数量为估算，实际工作中，可以此为基础，根据监理机构设置和工程项目的具体情况加以调整。

3.4　建设工程监理的组织协调

3.4.1　组织协调的概念

所谓协调，就是以一定的组织形式、手段和方法，对项目中产生的不畅关系进行疏通，对产生的干扰和障碍予以排除的活动。项目的协调其实就是一种沟通，沟通确保能够及时和适当地对项目信息进行收集、分发、储存和处理，并对可预见问题进行必要的控制，以利于项目目标的实现。

项目系统是一个由人员、物质、信息等构成的人为组织系统，是由若干相互联系而又相互制约的要素有组织、有秩序地组成的具有特定功能和目标的统一体。项目的协调关系一般可以分为三大类：一是"人员/人员界面"；二是"系统/系统界面"；三是"系统/环境界面"。

1. 人员/人员界面

项目组织是人的组织，是由各类人员组成的。人的差别是客观存在的，由于每个人的经历、心理、性格、习惯、能力、任务、作用的不同，在一起工作时，必定存在潜在的人员矛盾或危机。这种人和人之间的间隔，就是所谓的"人员/人员界面"。

2. 系统/系统界面

如果把项目系统看作是一个大系统，则可以认为它实际上是由若干个子系统组成的一个完整体系。各个子系统的功能不同，目标不同，内部工作人员的利益不同，容易产生各自为政的趋势和相互且推托的现象。这种子系统和子系统之间的间隔就是所谓的"系统/系统界面"。

3. 系统/环境界面

项目系统在运作过程中，必须和周围的环境相适应，所以项目系统必然是一个开放的系统。它能主动地向外部世界取得必要的能量、物质和信息。在这个过程中，存在许多障碍和阻力。这种系统与环境之间的间隔就是所谓的"系统/环境界面"。

工程项目建设协调管理就是在"人员/人员界面"、"系统/系统界面"、"系统/环境界面"之间，对所有的活动及力量进行联结、联合、调和的工作。

3.4.2　项目监理机构组织协调的工作内容

从系统方法的角度看，协调又可分为系统内部关系的组织协调（项目经理部内部、监理部与所属监理企业之间的各种关系）和对系统外部的协调。从监理组织与外部联系角度看，项目外部协调管理可分为近外层协调和远外层协调两个层次。通常两个层次的主要区别是，项目监理组织与近外层关联单位一般有合同关系，包括直接的或间接的合同关系，如与业主、设计单位、施工单位等的关系；和远外层关联单位一般没有合同关系，但却受法律、法规与社会公德等的约束，如与地方政府的各有关部门、项目周边居民社区组织、环保、交通、环卫、绿化、文物、消防、公安等单位的关系。

1. 内部关系的组织协调

（1）项目监理机构内部人际关系的协调

项目监理机构工作效率很大程度上取决于人际关系的协调程度，总监理工程师应首先抓好人际关系的协调，激励项目监理机构成员，为此应注意：

1）在工作委任上要职责分明。对项目监理机构内的每一个岗位，都应订立明确的目标和岗位责任制，应通过职能清理，使管理职能不重不漏，做到人人有责，同时明确岗位权限。对项目监理机构各种人员，还要根据每个人的专长进行安排，做到人尽其才。

2）在成绩评价上要求实事求是。

3）在矛盾调解上要恰到好处。人员之间一旦出现矛盾就应进行调解，调解要恰到好处。工作上的矛盾和冲突一般是监理内部机制运行中所呈现问题的具体化表现，所以除做好协调工作外，还要仔细研究问题，通过改革原运行机制，使监理工作更趋完善。

4）总监理工程师还应该关怀监理人员的培训和教育，不断地提高他们的业务能力和思想水平。在工作安排上要职责分明，对其在工作中取得的成绩要予以肯定，对其工作中的差错要实事求是地调查了解，予以指出并帮助其改正。

（2）项目监理机构内部组织关系的协调

项目监理机构是由若干个部门（专业组）组成的工作体系。每个专业组都有自己的目标和任务。如果每个子系统都从建设工程的整体利益出发，理解和履行自己的职责，则整个系统就会处于有序的良性状态，否则整个系统便处于无序的不良状态，导致功能失调，效率下降。

总监理工程师还应做好项目监理机构内部各层次之间、各专业之间的组织协调工作，使项目监理工作和谐、有序、高效地进行。项目监理机构内部组织协调可从以下几方面进行：

- 在职能划分的基础上设置组织机构，根据工程对象及委托监理合同所规定的工作内容，确定职能划分，并相应设置配套的组织机构，委派相应的人员。
- 明确规定各个部门的目标、职责和权限。
- 事先约定各个部门在工作中的相互配合关系。
- 建立信息沟通制度。
- 及时消除工作中的矛盾或冲突。

（3）项目监理机构与所属监理企业的组织协调

项目监理机构是监理企业派驻施工现场的执行机构，除应执行委托监理合同规定的权利、义务和责任外，还应与所属监理企业保持密切的联系，接受监理企业领导层的领导和各业务部门的业务指导，执行监理企业制定的质量方针、质量目标、各项质量管理文件以及各项规章制度，服从监理企业的调度，完成监理企业的企业计划，经常向监理企业汇报工作，及时反映工程项目监理工作中出现的情况，必要时可请监理企业最高领导人出面进行组织协调工作。

2. 对近外层关系的组织协调

监理人员在建设监理中有其特殊的地位，表现为其受业主的委托，代表业主，对工程的质量有否决权，对工程验收和付款有签证权、认证权，对发生在建设过程中的各类经济纠纷和工种工序衔接有协调权等，这样自然而然地形成了监理人员在建设中的核心地位。但监理人员不能因为自己的特殊地位而以权压制设计单位、施工单位、供应单位的负责人员、工作人员，而是要以自己双向服务的实际行动，协调好与各有关单位的关系。监理协调的是矛盾，矛盾背后是利益的纠纷。在各种利益面前，监理人员应以国家利益为前提，严格依法监理，按照监理规范依照程序处理。不得以国家利益或业主的利益作为协调的代价，只有采取有理有据的公正协调，既维护国家利益，也不损害企业利益，才能真正协调好监理与被监理各方的关系。

（1）与业主的协调

监理目标的顺利实现和与业主协调好坏有很大的关系。监理工程师应从以下几个方面加强与业主的协调：

- 监理工程师首先要理解建设工程总目标，理解业主的意图。
- 利用工作之便做好监理宣传工作，增进业主对监理工作的理解，特别是对各方职责及监理程序的理解；主动帮助业主处理建设工程中的事务性工作，以自己规范化、标准化、制度化的工作去影响和促进双方工作的协调一致。
- 尊重业主，与业主一起投入建设工程全过程的管理。尽管有预定的控制目标，但建设工程实施必须执行业主的指令，使业主满意。对业主提出的某些不适当的要求，只要不属原则问题，都可先执行，然后利用适当时机，采取适当方式加以说明或解释；对于原则性问题，可采取书面报告等方式说明原委，尽量避免发生误解，以使工程顺利实施。

（2）与承包商的协调

监理工程师对质量、进度和投资的控制都是通过承包商的工作来实现的，所以做好与承包商的协调工作是监理工程师组织协调工作的重要内容。监理人员要严格按照监理规范，依照监理合同对工程项目实施监理。一般应考虑以下几个方面：

- 坚持原则，实事求是，严格按规范、规程办事，讲究科学态度。
- 协调不仅是方法、技术问题，更多的是语言艺术、感情交流和用权适度问题。
- 协调的形式可采用口头交流、会议通告、监理书面通知等。

- 树立"监帮结合、寓监于帮"的观念。

（3）与设计单位的协调

随着监理制的推广和延伸，业主往往会委托监理企业或同监理企业共同参与与设计单位的协调。监理企业必须做好与设计单位的协调工作，以加快工程进度，确保质量，降低消耗。协调设计单位的工作应考虑以下几个方面：

- 尊重设计单位的意见。
- 施工中发现设计问题，应及时向设计单位提出，以免造成大的经济损失。

应注意，监理企业和设计单位都是受业主委托进行工作，两者之间并没有合同关系，所以监理企业主要是和设计单位做好交流工作，协调要靠业主的支持。设计单位应就其设计质量对业主负责。因此，《建筑法》指出：工程监理人员发现工程设计不符合建筑工程质量标准或合同约定的质量要求时，应当报告业主要求设计单位改正。

3. 对远外层关系的组织协调

政府部门、金融组织、社会团体、新闻媒介等对建设工程起着一定的控制、监督、支持、帮助作用，若这些关系协调不好，建设工程的实施也可能受到限制。

（1）与质监部门的协调

为了协调与质监部门的关系，监理工程师应与当地质监站主动取得联系，尊重、支持质检站的质量监督工作，支持质监站对重大质量事故的处理意见和处罚意见。

（2）与政府其他部门和社会团体的协调

主要包括与当地公安消防部门、政府有关部门、卫生环保部门、金融组织、新闻媒介和当地社区等方面的协调工作。

3.4.3 建设工程监理协调的方法

组织协调工作涉及面广，受主观和客观因素影响较大，要求监理工程师能够因地制宜、因时制宜处理问题。

1. 会议协调法

会议协调法是建设工程监理中最常用的一种协调方法，实践中常用的会议协调法有第一次工地会议、监理例会、专业性监理会议等。

（1）第一次工地会议

第一次工地会议是建设工程尚未全面开展之前，为了使各方互相认识，确定联络方式的会议，也是检查开工前各项准备工作是否就绪并明确监理程序的会议。第一次工地会议应在项目总监理工程师下达开工令之前举行，会议由总监理工程师和业主联合主持召开，总承包单位授权代表参加，也可邀请分包单位参加，各方在工程项目中担任主要职务的负责人及高级人员也应参加，必要时还可邀请有关设计单位人员参加。

第一次工地会议是项目开展前的宣传通报会，总监理工程师阐述的要点有监理规划、监理程序、人员分工及业主、承包商和监理企业各方的关系等。例如，介绍各方人员及组织机构；宣布承包商的进度计划；检查承包商的开工准备；检查业主负责的开工条件。监理工程师应根据进度安排提出建议和要求；明确监理工作的例行程序，并提出有关表格和说明；确定工地例会的时间、地点及程序；检查讨论其他与开工条件有关的事项等。

（2）监理工地例会

项目实施期间应定期举行工地例会，会议由总监理工程师主持，参加者有监理工程师代表及有关监理人员、承包商的授权代表及有关人员、业主或业主代表及有关人员。工地例会召开的时间根据工程进展情况安排，一般有周、旬、半月和月度例会等几种。工程监理中的许多信息和决定是在工地会议上产生和决定的，协调工作大部分也是在此进行。因此，开好工地例会是工程监理的一项重要工作。

工地例会主要是对进度、质量、投资的执行情况进行全面检查，交流信息，并提出对有关问题的处理意见，以及今后工作中应采取的措施。此外，还要讨论延期、索赔及其他事项。工地例会的具体议题一般有以下几个方面：

- 检查上次例会议定事项的落实情况，分析未完事项原因。
- 检查分析工程项目进度计划完成情况，提出下一阶段进度目标及其落实措施。
- 检查分析工程项目质量状况，针对存在的质量问题提出改进措施。
- 检查工程量核定及工程款支付情况。
- 解决需要协调的有关事项。
- 其他有关事宜。

实际工作中，提高监理工地例会效率和质量，不仅取决于工地监理的管理水平，也取决于业主和承包商的理解和支持。有效的工地监理会议可以激发与会人员的积极性，使现场监理工作走向良性循环，从而实现对工程施工进度、质量、费用和安全实施有效的控制。

（3）专题现场协调会

对于一些工程中的重大问题，以及不宜在工地例会上解决的问题，根据工程施工需要，可召开由相关人员参加的现场协调会，如设计文件、施工方案或施工组织设计审核，材料供应、复杂技术问题的研讨，重大工程质量事故的分析和处理，对工程延期、费用索赔等进行协调，提出解决办法，并要求各方及时落实。

专题现场协调会议一般由总监理工程师提出，或承包商提出后由总监理工程师确定。参加专题会议的人员应根据会议的内容确定，除业主、承包商与监理方的有关人员外，还可以邀请设计人员与有关部门人员参加。由于专题会议研究的问题重大又较为复杂，会前应与有关单位一起做好充分的准备。有时为了使协调会更好地达成共识，避免在会议上形成冲突或僵局，或为了更快地达成一致意见，可以先将议程打印发给各位参会者，并可以就议程与一些主要人员进行预先磋商，这样能在有限的时间内让有关人员充分地研究并得出结论。

会议过程中主持人应能驾驭会议局势，防止不正常的干扰影响会议的正常秩序。应善于发现和抓住有价值的问题，集思广益，总结解决问题的方案。应通过沟通和协调，使大家意见一致，使会议富有成效。对于专题会议，应有会议记录和会议纪要，作为监理工程师发出的相关指令文件的附件并存档备查。

另外需要注意的是，无论是第一次工地会议、监理工地例会还是专题协调会，都应做好会议纪要的起草和签发工作。会议纪要由监理工程师形成书面文件，经与会各方签认，然后分发给有关单位。

2. 交谈协调法

在实际工作中有时可采用"交谈"的方法进行协调，包括面对面的交谈和电话交谈两种形式。

从管理学和心理学的角度上讲，沟通是指为达到一定的目的，将信息、思想和情感在两个和两个以上主体与客体之间进行传递和交流的过程。沟通的重要性至少有两方面：首先，沟通是各个管理职能得以实施和完成的基础；其次，沟通是管理者最重要的日常工作。可以说，沟通是组织成员联系起来实现共同目标的手段，又是组织同外部环境联系的桥梁，任何组织只有通过必要的沟通才能使系统功能得以实现。而交谈是最直接的沟通方式。

3. 书面协调法

当会议或交谈不方便或不需要时，或者需要精确表达自己的意见时，就要用到书面协调的方法。书面协调方法的特点是具有合同效力，一般常用于以下几个方面：
- 不需要双方直接交流的报告、报表、指令和通知等。
- 需要以书面形式向各方提供详细信息和情况通报的报告、信函和备忘录等。
- 事后对会议记录、交谈内容或口头指令的书面确认等。

监理采用书面协调时，一般都采用正式的监理书面文件形式，监理书面文件形式可根据工程情况和监理要求制定。

4. 访问协调法

有走访和邀访两种形式。访问法主要用于外部协调中。走访是指监理工程师在建设工程施工前或施工过程中，对与工程施工有关的政府部门、公共事业机构、新闻媒介或工程毗邻单位等进行访问，向他们解释工程的情况，了解他们的意见。邀访是指监理工程师邀请上述各单位（包括业主）代表到施工现场对工程进行指导性巡视，了解现场工作。因为在多数情况下，这些有关方面并不了解工程，不清楚现场的实际情况，如果进行一些不恰当的干预，会对工程产生不利影响，这时采用访问形式可能是一个相当有效的协调方法。

5. 情况介绍法

情况介绍法通常是与其他协调方法紧密结合在一起的，它可能是在一次会议前，或是在一次交谈前，或是一次走访和邀访前向对方进行的情况介绍，形式上主要是口头的，有时也伴有书面的。介绍往往作为其他协调的引导，目的是使别人首先了解情况。因此，监理工程师应重视任何场合下的每一次介绍，要使别人能够理解你介绍的内容、问题和困难，以及你想得到的协助等。

总之，组织协调是一门管理艺术和技巧。监理工程师尤其是总监理工程师需要掌握领导科学、心理学、行为科学等方面的理论和技能，如激励、交际、表扬和批评的艺术、开会的艺术、谈话的艺术、谈判的技巧等，以进行有效的协调。

3.5 监理大纲和监理规划

3.5.1 工程建设监理大纲和监理规划的作用

1. 监理大纲的作用

监理大纲的编制是为了让业主了解自己的监理公司，进而使自己的公司被业主选中，为业主的项目建设服务。监理大纲的编制人员应当是监理单位经营部门或技术管理部门人员，也应包括拟定的总监理工程师，总监理工程师参与编制监理大纲有利于监理规划的编制和监理工作的实施。

监理大纲主要有以下两个方面的作用：一是使业主认可监理大纲中的监理方案，从而承揽到监理业务；二是为项目监理机构今后开展监理工作制定基本的方案。监理大纲的内容应当根据业主所发布的监理招标文件的要求制定，主要包括：

- 拟派往项目监理机构的监理人员资质情况介绍。
- 拟采用的监理方案（监理组织方案、各目标控制方案、合同管理方案、组织协调方案等）。
- 将提供给业主的监理阶段性文件。

2. 监理规划的作用

监理规划是在总监理工程师的主持下编制，经监理单位技术负责人批准，用来指导项目监理机构全面开展监理工作的指导性文件，可以使监理工作规范化，标准化。监理规划的具体作用如下。

（1）指导监理单位项目监理组织全面开展监理工作

工程建设监理的中心任务是协助建设单位实现项目总目标，实施目标控制，而监理规划是实施控制的前提和依据。项目监理规划就是对项目监理机构开展的各项监理工作做出全面、系统的组织与安排。

监理规划要真正能够起到指导项目监理机构进行该项目监理工作的作用，监理规划中应有明确具体的、符合项目要求的工作内容、工作方法、监理措施、工作程序和工作制度。监理规划应当明确规定项目监理组织在工程监理实施过程中应当做哪些工作，由谁来做这些工作，在什么时间和什么地点做这些工作，以及如何做好这些工作。监理规划是项目监理组织实施监理活动的行动纲领，项目监理组织只有依据监理规划，才能做到全面的、有序的、规范的开展监理工作。

（2）是工程建设监理主管机构对监理实施监督管理的重要依据

工程建设监理主管机构对社会上的所有监理单位以及监理活动都要实施监督、管理和指导，这些监督管理工作主要包括两个方面：一是一般性的资质管理，即对监理单位的管理水平、人员素质、专业配套和监理业绩等进行核查和考评，以确认它的资质和资质等级；二是通过监理单位的实际监理工作来认定它的水平，而监理单位的实际水平可从监理规划和它的实施中充分地表现出来。因此，工程建设监理主管机构对监理单位进行考核时应当充分重视对监理规划和其实施情况的检查。

（3）是业主确认监理单位是否全面、认真履行工程建设监理委托合同的主要依据

作为监理的委托方，业主需要而且有权对监理单位履行工程建设监理合同的情况进行了解、确认和监督。监理规划是业主确认监理单位是否全面履行监理合同的主要说明性文件，是业主了解、确认和监督监理单位履行监理合同的重要资料，监理规划应当全面地体现监理单位如何落实业主所委托的各项监理工作。

（4）是监理单位重要的存档资料

监理规划的基本作用是指导项目监理组织全面开展监理工作，它的内容随着工程的进展而逐步调整、补充和完善，它在一定程度上真实反映了项目监理的全貌，是监理过程的综合性记录。因此，它是每一家监理单位的重要存档资料。

3．监理大纲、监理规划和监理实施细则的关系和区别

（1）关于监理规划系列性文件

监理规划系列性文件由监理大纲、监理规划、监理实施细则组成，它们之间相互关联，存在着明显的依据性关系。

1）监理大纲。监理大纲又称监理方案，它是监理单位在业主开始委托监理的过程中，特别是在业主进行监理招标过程中，监理公司为了获得监理业务而编写的监理方案性文件，也是监理投标文件的重要组成部分。

中标后的监理大纲是工程建设监理合同的一部分，也是工程建设监理规划编制的直接依据。

2）监理规划。监理规划是监理单位在接受建设单位委托，并签订委托监理合同及收到设计文件后，由总监理工程师负责，根据监理合同，在监理大纲的基础上，结合工程的具体情况，广泛收集工程信息和资料，在项目监理机构充分分析和研究工程项目的目标、技术、管理、环境以及参与工程建设各方等方面的情况后制定的指导工程项目监理工作的实施方案，是指导项目监理组织开展监理工作的指导性文件。

3）监理实施细则。监理实施细则是在监理规划指导下，在落实了各专业监理的责任后，由专业监理工程师编写，并经总监理工程师批准，针对工程项目中某一专业或某一方面监理工作的操作性文件，它起着具体指导监理实务作业的作用。

（2）监理大纲、监理规划和监理实施细则的关系和区别

监理大纲、监理规划和监理实施细则都是监理单位为某一个工程在不同阶段编制

的监理文件，它们是密切联系的，但同时又有区别，简要叙述如下。

监理规划是指导监理机构开展具体监理工作的指导性文件，一定要严格根据监理大纲的有关内容来编写；而监理细则是操作性文件一定要依据监理规划来编制。也就是说，从监理大纲到监理规划再到监理实施细则，是逐步细化的。

三者之间的区别主要是：监理大纲是在投标阶段根据招标文件编制，目的是承揽工程。监理规划是在签订监理委托合同后在项目总监理工程师的主持下编制，是针对具体的工程指导监理工作的指导性文件，目的在于指导监理机构开展监理工作。监理实施细则是在监理规划编制完成后由专业监理工程师针对具体专业的监理工作编制的操作性文件，目的在于指导具体监理业务的开展。

3.5.2 监理规划的基本内容

1. 工程建设监理规划编写依据

（1）建设工程的相关法律、法规

包括中央、地方和部门政策、法律、法规，工程所在地的法律、法规、规定及有关政策等，工程建设的各种规范、标准。

（2）政府批准的工程建设文件

包括可行性研究报告、立项批文，规划部门确定的规划条件、土地使用条件、环境保护要求、市政管理规定等。

（3）工程建设监理合同

工程建设监理合同规定了监理单位和监理工程师的权利和义务，监理工作范围和内容，有关监理规划方面的要求。

（4）其他工程建设合同

其他工程建设合同规定了项目法人的权利和义务，工程承包人的权利和义务。

（5）项目监理大纲

包括项目监理组织计划，拟投入的主要监理人员，投资、进度、质量控制方案，合同管理方案，信息管理方案，安全管理方案，定期提交给业主的监理工作阶段性成果。

2. 监理规划编写要求

（1）监理规划的基本内容构成应当力求统一

监理规划是指导监理组织全面开展监理工作的指导性文件，在总体内容组成上要力求做到统一。

监理规划一般应由以下内容组成：工程项目概况、监理工作范围、监理工作内容、监理工作目标、监理工作依据、项目监理机构的组织形式、项目监理机构的人员配备计划、项目监理机构的人员岗位职责、监理工作程序、监理工作方法及措施、监理工作制度、监理设施。

（2）监理规划的内容应具有针对性

监理规划具体内容具有针对性，是监理规划能够有效实施的重要前提。监理规划用来指导一个特定的项目组织在一个特定的工程项目上的监理工作，它的具体内容要适合于这个特定的监理组织和特定的工程项目，而每个工程项目都不相同，具有单件性和一次性的特点。针对某项工程建设监理活动，有它自己的投资、进度、质量控制目标，有它的项目组织形式和相应的监理组织机构，有它自己的信息管理制度和合同管理措施，有它自己独特的目标控制措施、方法和手段。因此，监理规划只有具有针对性，才能真正起到指导监理工作的作用。

（3）监理规划的表达方式应当标准化、格式化

监理规划的内容表达应当明确、简洁、直观。比较而言，图、表和简单的文字说明应当是采用的基本方式。编写监理规划各项内容时应当采用什么表格、图示，以及哪些内容要采用简单的文字说明应当做出一般规定，以满足监理规划格式化、标准化的要求。

（4）监理规划编写的主持人和决策者应是项目总监理工程师

监理规划在总监理工程师主持下编写制定，是工程建设监理实行项目总监理工程师负责制的要求。总监理工程师是项目监理的负责人，在他主持下编制监理规划，有利于贯彻监理方案。同时，总监理工程师主持编制监理规划，有利于他熟悉监理活动，并使监理工作系统化，有利于监理规划的有效实施。

（5）监理规划应分阶段编写，不断补充、修改和完善

没有规划信息就没有规划内容。整个监理规划的编写需要有一个过程。可以将编写的整个过程划分为若干个阶段，编写阶段可按工程实施的各阶段来划分。监理规划是针对一个具体工程项目来编写的，项目的动态性决定了监理规划的形成过程也有较强的动态性。这就需要对监理规划进行相应的补充、修改和完善，最后形成一个完整的规划，使工程建设监理工作能够始终在监理规划的有效指导下进行。

（6）监理规划的审核

监理规划在编写完成后需要进行审核并批准。监理单位的技术主管部门是内部审核单位，其负责人应当签字认可。监理规划是否要经过业主的认可，由委托监理合同或双方协商确定。

3. 工程建设监理规划的内容

监理规划应包括以下主要内容。

（1）工程项目概况

工程项目概况包括工程项目名称、工程项目建设地点、工程规模、工程投资额、建设目的、建设单位、设计单位、施工单位、工程质量要求等。

（2）监理工作范围

工程项目监理范围是指监理单位所承担的工程项目建设监理的范围。如果监理单位承担全部工程项目的工程建设监理任务，监理范围为全部工程，否则按照监理单位所承担的范围确定工程项目监理范围。

（3）监理工作内容

监理工作内容包括可行性研究及设计阶段监理，施工招标阶段监理；工程材料、构件及设备质量监理；施工阶段监理，包括质量控制、进度控制、投资控制、合同管理、安全管理；其他委托服务，即按业主委托，协助业主办理项目报建手续；协助业主办理项目申请供水、供电、供气、电信线路等协议或批文；协助业主制定商品房营销方案等。

（4）监理工作目标

建设工程监理目标是指监理单位所承担的建设工程的监理控制预期达到的目标。通常以建设工程的投资、进度、质量三大目标的控制值来表示。

（5）监理工作依据

监理工作依据包括国家和地方有关工程建设的法律、法规，国家和地方有关工程建设的技术标准、规范和规程，经有关部门批准的工程项目文件和设计文件，建设单位和监理单位签订的工程建设监理合同，建设单位与承包单位签订的建设工程施工合同。

（6）项目监理机构的组织形式

项目监理机构的组织形式应根据建设工程监理合同规定的内容、工程类别、规模、工程环境等确定。项目监理机构可用组织结构图表示。

（7）项目监理机构的人员配备计划

项目监理机构的人员配备应根据建设工程监理的进程合理安排。

（8）项目监理机构的人员岗位职责

项目监理机构的人员岗位职责包括项目监理组织职能部门的职责分工和各类监理人员的职责分工。

（9）监理工作制度

（10）工程质量控制

工程质量控制包括工程质量控制的工作方法与措施。

（11）工程造价控制

工程造价控制包括工程造价控制的工作方法与措施。

（12）工程进度控制

工程进度控制包括工程进度控制的工作方法与措施。

（13）安全生产管理的监理工作

安全生产管理的监理工作包括施工现场安全监理的内容、安全监理责任的风险分析、安全监理的工作流程和措施。

（14）合同与信息管理

合同与信息管理包括合同与信息管理的工作方法与措施。

（15）组织协调

组织协调包括监理单位与各方关系、对承包方的协调管理手段。

（16）监理设施

业主提供满足监理工作需要的如下设施：办公设施，交通设施，通信设施，生活设施。

案例3.1

某工程项目，于 2003 年 4 月 2 日开工，在开工后约定的时间内，承包单位将编制好的施工组织设计报送建设单位，建设单位在约定的时间内委派总监理工程师负责审核，总监理工程师组织专业监理工程师审查，将审定满足要求的施工组织设计报送当地建设行政主管部门备案。在施工过程中，承包单位提出施工组织设计改进方案，经建设单位技术负责人审查批准后实施改进方案。

【问题】

1. 上述内容中有哪些不妥之处？该如何进行？
2. 审查施工组织设计时应掌握的原则有哪些？
3. 对规模大、结构复杂的工程，项目监理机构对施工组织设计审查后还应怎么做？

【参考答案】

1. 不妥之处和正确做法。

（1）不妥之处：在开工后约定的时间内报送施工组织设计。

正确做法：在开工前报送施工组织设计。

（2）不妥之处：承包单位将编制好的施工组织设计报送建设单位。

正确做法：应报送项目监理机构。

（3）不妥之处：建设单位委派总监理工程师负责审核。

正确做法：不需建设单位委派。

（4）不妥之处：将审定后的施工组织设计报送当地建设行政主管部门备案。

正确做法：将审定后的施工组织设计由项目监理机构报送建设单位。

（5）不妥之处：施工组织设计改进方案经建设单位技术负责人审查批准后实施。

正确做法：施工组织设计改进方案应由项目监理机构负责审查。

2. 审查施工组织设计时应掌握的原则：

（1）施工组织设计的编制、审查和批准应符合规定的程序。

（2）施工组织设计应符合国家的技术政策，突出"质量第一、安全第一"的原则。

（3）施工组织设计的针对性。

（4）施工组织设计的可操作性。

（5）技术方案的先进性。

（6）质量保证措施切实可行。

（7）安全、环保、消防和文明施工措施切实可行。

（8）满足公司和法规要求，尊重承包单位的自主技术决策和管理决策。

3. 对规模大、结构复杂的工程，项目监理机构对施工组织设计审查后应报送监理单位技术负责人审查，提出审查意见后由总监理工程师签发，必要时与建设单位协商，组织有关专业部门和有关专家会审。

思 考 题

1. 什么是组织？组织的构成因素是什么？

2. 组织结构设计应遵循什么样的原则?

3. 组织机构活动的基本原理是什么?

4. 建设工程监理模式有哪些?

5. 建设工程监理实施程序是什么? 实施原则有哪些?

6. 建立工程项目监理机构的步骤是什么? 工程项目监理机构的组织形式有哪些?

7. 如何做好工程项目监理组织机构的人员配备?

8. 组织协调的概念是什么?

9. 工程项目监理机构组织协调的工作内容有哪些?

10. 建设工程监理协调的方法有哪些?

11. 工程建设监理大纲和监理规划的作用是什么? 它们之间的关系如何?

12. 工程建设监理规划的编写要求有哪些?

13. 工程建设监理规划的主要内容是什么?

第4章 建设工程施工阶段的监理工作

● 内容提要

本章介绍监理程序的一般规定和施工准备阶段监理的主要工作，阐述影响工程质量、投资、进度的因素，重点论述了施工阶段监理工作的主要内容，质量发生问题、投资与进度出现偏差时的应对方法及出现安全事故的应对措施。

● 教学目标

1. 了解监理程序的一般规定。
2. 熟悉施工阶段监理工作的主要内容、工地例会制度以及建设主体的安全生产控制责任。
3. 掌握施工阶段质量、进度、投资控制的措施、工作方法，以及监理工程师在安全生产控制中的主要工作。

4.1 简 述

4.1.1 制定监理程序的一般规定

1. 监理工作程序

制定监理工作总程序应根据专业工程特点，并按工作内容分别制定具体的监理工作程序。

监理工作程序根据所针对的工作范围不同可分为总程序、子程序等。针对整个项目总体的监理工作程序称为总程序，它对整个监理工作的"三控制、三管理、一协调"作出总体的规定。子程序则是在总程序的规定之下，针对某一方面监理工作所做的具体规定。子程序之下还可以有针对更具体的监理工作所制订的更具体的程序。例如，项目监理总程序之下可能有质量控制程序、进度控制程序等子程序，而质量控制程序之下又可以有原材料质量控制程序、构配件质量控制程序等。

监理工作程序的制订要有针对性。各类不同的专业工程都有自己的实施规律和特点，同时各类专业工程又都有本专业的管理制度和规定，因此不同专业工程的监理工作程序就会有一定的差别，制订时一定要符合专业工程的特点。

2. 事前控制和主动控制

制订监理工作程序应体现事前控制和主动控制的要求。

控制分为被动控制和主动控制。

所谓被动控制，就是在系统的控制过程中，控制者把跟踪检查中获得的信息与计划进行比较，从而确定实施过程所发生的偏差，然后再对偏差产生原因进行分析，针对原因制定纠偏措施、调整计划，使系统的偏差得到纠正。被动控制是一种反馈控制、事中控制。

所谓主动控制，就是预先分析目标偏离的可能性，并拟订和采取各项预防性措施，以使计划目标得以实现。主动控制是一种面对未来的控制，它可以解决传统控制过程中存在的时滞影响，尽最大可能改变偏差已经成为事实的被动局面，从而使控制更为有效。主动控制是一种前馈式控制，当它根据已掌握的可靠信息分析预测得出系统将要输出偏离计划的目标时，就制定纠正措施并向系统输入，以使系统因此而不发生目标的偏离。主动控制是一种事前控制，它必须在事情发生之前采取控制措施。

虽然被动控制和主动控制一样，都是监理控制不可缺少的控制方式，但是由于被动控制是通过不断纠正偏差来实现的，这种偏差对控制工作来说是一种损失。可以说，监理过程中的被动控制总是以某种程度上的损失为代价。另一方面，主动控制虽然比被动控制好，然而仅仅采取主动控制措施却是不可能的。因为建设工程实施过程中有相当多的风险因素是不可预见的，甚至是无法防范的。从技术经济的角度分析，有时被动控制可能是较好的选择。因此，对于目标控制来讲，两种控制缺一不可，应将两者紧密结合起来。

3. 明确监理任务

制定监理工作程序应结合工程项目的特点，注重监理工作的效果。监理工作程序中应明确工作内容、行为主体、考核标准、工作时限。若程序只是规定了监理工作的开展顺序，而没有规定工作的范围和具体内容，没有规定实施的主体，那么该程序很容易流于形式，无人执行或执行过程中挂一漏万，达不到制定程序的目的。若程序没规定监理工作的考核标准和工作时限，则执行过程中就无法对其进行检查和纠偏，执行完毕也无法进行效果的评价。因此，在制定监理工作程序时，要按照监理工作开展的先后次序，明确每一阶段完成的工作内容、行为主体、工作时限和考核（检查）标准。

4. 监理工作程序应符合规定

当涉及建设单位和承包单位的工作时，监理工作程序应符合委托监理合同和施工合同的规定。

委托监理合同和施工承包合同都是监理工作开展的依据。监理委托合同界定了建设方和监理方双方的责权利，监理工作涉及建设方工作时必须以此为依据来确定工作程序。施工承包合同虽然界定的是建设方和承包商的责权利关系，但由于监理方是受建设方委托而代表建设方对工程建设实施管理的，监理方就可以此为依据与承包商发生工作联系。监理工作程序也应以此为依据进行编制。

    5. 监理工作程序的调整和完善

在监理工作实施过程中，应根据实际情况的变化对监理工作程序进行调整和完善。

在实际监理过程中，由于工程项目的具体情况，可能会产生监理工作内容的增减或工作程序颠倒的现象。如果监理工作程序一成不变，必将导致程序被束之高阁，监理工作的开展就会秩序紊乱、纰漏百出。因此，监理工作程序必须根据项目实施过程中具体情况的变化加以调整和完善。但无论出现何种变化，都必须坚持监理工作"先审核后实施、先验收后施工"的基本原则，而不能迁就有关各方的不正确的要求对监理工作程序进行随意变更。

4.1.2 施工准备阶段的监理工作

    1) 在设计交底前，总监理工程师应组织监理人员熟悉设计文件，并对图纸中存在的问题通过建设单位向设计单位提出书面意见和建议。

    2) 项目监理人员应参加由建设单位组织的设计技术交底会，总监理工程师应对设计技术交底会议纪要进行签认。

    3) 工程项目开工前，总监理工程师应组织专业监理工程师审查承包单位报送的施工组织设计（方案）报审表，提出审查意见，并经总监理工程师审核、签认后报建设单位。

    4) 工程项目开工前，总监理工程师应审查承包单位现场项目管理机构的质量管理体系、技术管理体系和质量保证体系，确能保证工程项目施工质量时予以确认。对质量管理体系、技术管理体系和质量保证体系应审核以下内容：

- 质量管理、技术管理和质量保证的组织机构。
- 质量管理、技术管理制度。
- 专职管理人员和特种作业人员的资格证、上岗证。

    5) 分包工程开工前，专业监理工程师应审查承包单位报送的分包单位资格报审表和分包单位有关资质资料，符合有关规定后，由总监理工程师予以签认。

    6) 对分包单位资格应审核以下内容：

- 分包单位的营业执照、企业资质等级证书、特殊行业施工许可证、国外（境外）企业在国内承包工程许可证。
- 分包单位的业绩。
- 拟分包工程的内容和范围。
- 专职管理人员和特种作业人员的资格证、上岗证。

    7) 专业监理工程师应按以下要求对承包单位报送的测量放线控制成果及保护措施进行检查，符合要求时，专业监理工程师对承包单位报送的施工测量成果报验申请表予以签认：

- 检查承包单位专职测量人员的岗位证书及测量设备检定证书。
- 复核控制桩的校核成果、控制桩的保护措施以及平面控制网、高程控制网和临时水准点的测量成果。

8）专业监理工程师应审查承包单位报送的工程开工报审表及相关资料，具备以下开工条件时，由总监理工程师签发，并报建设单位：

- 施工许可证已获政府主管部门批准。
- 征地拆迁工作能满足工程进度的需要。
- 施工组织设计已获总监理工程师批准。
- 承包单位现场管理人员已到位，机具、施工人员已进场，主要工程材料已落实。
- 进场道路及水、电、通讯等已满足开工要求。

9）工程项目开工前，监理人员应参加由建设单位主持召开的第一次工地会议。第一次工地会议纪要应由项目监理机构负责起草，并经与会各方代表会签。

4.2 工地例会制度

4.2.1 第一次工地会议

第一次工地会议是在建设工程尚未全面展开前，由参与工程建设的各方互相认识、确定联络方式的会议，也是检查开工前各项准备工作是否就绪并明确监理程序的会议。会议由建设单位主持召开，建设单位、承包单位和监理单位的授权代表必须出席会议，必要时分包单位和设计单位也可参加，各方将在工程项目中担任主要职务的负责人及高级人员也应参加。第一次工地会议很重要，是项目开展前的宣传通报会。会议纪要应由项目监理机构负责起草，并经与会各方代表会签。第一次工地会议应包括以下主要内容：

- 建设单位、承包单位和监理单位分别介绍各自驻现场的组织机构、人员及其分工。
- 建设单位根据委托监理合同宣布对总监理工程师的授权。
- 建设单位介绍工程开工准备情况。
- 承包单位介绍施工准备情况。
- 建设单位和总监理工程师对施工准备情况提出意见和要求。
- 总监理工程师介绍监理规划的主要内容。
- 研究确定各方在施工过程中参加工地例会的主要人员，召开工地例会周期、地点及主要议题。

4.2.2 日常监理例会

日常监理例会是由监理工程师组织与主持，按一定程序召开的，研究施工中出现的计划、进度、质量及工程款支付等问题的工地会议。参加者有总监理工程师代表及有关监理人员、承包单位的授权代表及有关人员、建设单位代表及有关人员。

日常监理例会召开的时间根据工程进展情况安排，一般有周、旬、半月和月度例会等几种。工程监理中的许多信息和决定是在监理例会上产生和决定的，协调工作大部分也是在此进行的，因此监理工程师必须重视监理例会。

由于日常监理例会定期召开，一般均按照一个标准的会议议程进行，主要是对进度、质量、投资的执行情况进行全面检查，交流信息，提出对有关问题的处理意见以及今后工作中应采取的措施，此外还要讨论延期、索赔及其他事项。

1. 日常监理例会主要议题

- 对上次会议存在问题的解决和纪要的执行情况进行检查。
- 工程进展情况。
- 对下月（或下周）的进度预测。
- 施工单位投入的人力、设备情况。
- 施工质量、加工订货、材料的质量与供应情况。
- 有关技术问题。
- 索赔工程款支付。
- 业主对施工单位提出的违约罚款要求。

2. 会议纪要内容

- 会议地点及时间。
- 出席者姓名、职务及其代表的单位。
- 会议中发言者的姓名及所发言的主要内容。
- 决定事项。
- 诸事项分别由何人何时执行。

会议记录由监理工程师形成纪要，经与会各方认可，然后分发给有关单位。监理例会举行的次数较多，一定注意要防止流于形式。监理工程师要对每次监理例会进行预先筹划，使会议内容丰富，针对性强，可以真正发挥协调作用。

4.2.3 专题现场协调会

除定期召开工地监理例会以外，还应根据项目工程实施需要组织召开一些专题现场协调会议，如对于一些工程中的重大问题以及不宜在监理例会上解决的问题，根据工程施工需要，可召开有相关人员参加的现场协调会。如对复杂施工方案或施工组织设计审查、复杂技术问题的研讨、重大工程质量事故的分析和处理、工程延期、费用索赔等进行协调，可在会上提出解决办法，并要求相关方及时落实。

专题现场协调会一般由监理单位（或建设单位）或承包单位提出后，由总监理工程师及时组织。参加专题会议的人员应根据会议的内容确定，除建设单位、承包单位和监理单位的有关人员外，还可以邀请设计人员和有关部门人员参加。专题现场协调会研究的问题重大，又比较复杂，因此会前应与有关单位一起，做好充分的准备，如进行调查、收集资料，以便介绍情况。有时为了使协调会达到更好的共识，避免在会议上形成冲突或僵局，或为了更快地达成一致，可以先将会议议程打印发给各位参加者，并可以就议程与一些主要人员进行预先磋商，这样才能在有限的时间内让有关人员充分地研究并得出结论。会议过程中，监理工程师应能驾驭会议局势，防止不正常的干扰影响会议的正常秩序。对于专题现场协调会，也要求有会议记录和纪要，作为监理工程师存档备查的文件。

4.3 建设工程质量控制

4.3.1 建设工程质量控制概述

1. 质量与建设工程质量的概念

（1）质量的概念

质量的定义是：一组固有特性满足要求的程度。质量的主体是"实体"，其实体是广义的，它不仅指产品，也可以是某项活动或过程、某项服务，还可以是质量管理体系的运行情况。质量是由实体的一组固有特性组成的，这些固有特性是指满足顾客和其他相关方要求的特性，并由其满足要求的程度加以表征。

（2）建设工程质量的概念

建设工程质量是指工程满足业主需要的、符合国家现行的有关法律、法规、技术规范标准、设计文件及合同规定的特性的总和。

建设工程质量的主体是工程项目，也包含工作质量。任何建设工程项目都是由分项工程、分部工程和单位工程所组成的，而建设工程项目的建设是通过一道道工序来完成和创造的。所以，建设工程项目质量包含工序质量、分项工程质量、分部工程质量和单位工程质量。

2. 建设工程质量的特点

（1）建设工程的特点

建设工程具有以下特点：产品多样性，生产单件性；一次性与寿命的长期性；高投入性；生产管理方式的特殊性；生产周期长，具有风险性；产品的社会性及生产的外部约束性。

（2）工程质量的特点

上述建设工程项目的特点形成了工程质量本身的特点，即：影响因素多，质量波动大，质量变异大，质量隐蔽性，终检局限大，评价方法特殊。

3. 建设工程质量的影响因素

影响建设工程的因素很多，从建设工程质量形成的过程来分析，项目可行性研究、工程勘察设计、工程施工、工程竣工验收等各阶段对工程质量的形成有着不同的影响。也可以从影响工程质量的几个主要方面来分析，尤其是施工阶段，归纳起来主要有五个方面，即人员（man）、机械（machine）、材料（material）、方法（method）和环境（environment），简称 4M1E 因素。

（1）人员

人是生产经营活动的主体，在建设工程中，项目建设的决策、管理、操作均是通过人来完成的。人员的素质是影响工程质量的第一因素。人员的素质包括：文化水平、技术水平、决策能力、管理能力、组织能力、作业能力、控制能力、身体素质及职业道德等。这些因素都将直接或间接地对工程项目的规划、决策、勘察、设计和施工的质量产生影响。因此，建设工程质量控制中人的因素是质量控制的重点。建筑行业实行经营资质管理和各类专业从业人员持证上岗制度就是保证人员素质的重要管理措施。

（2）机械

机械即机械设备，包括组成工程实体及配套的工艺设备和施工机械设备两大类。工艺设备与建筑设备构成了工业生产的系统和完整的使用功能，是生产与使用的物质基础。施工机具设备包括大型垂直与横向运输设备、各类操作工具、各种施工安全设施、各类测量仪器和计量器具等，是施工生产的重要手段。工艺设备的性能是否先进、质量是否合格直接影响工程使用功能和质量。施工机具的类型是否符合工程施工特点、性能是否先进稳定、操作是否方便安全等，都将影响工程项目的质量。

（3）材料

材料即工程材料，包括工程实体所用的原材料、成品、半成品、构配件，是工程质量的物质基础。材料不符合要求，就不可能有符合要求的工程质量。工程材料选用是否合理、产品是否合格、材质是否符合规范要求、运输与保管是否得当等，都将直接影响建设工程结构的刚度和强度、影响工程外表及观感、影响工程的使用功能、影响工程的使用安全、影响工程的耐久性。

（4）方法

方法是指工艺方法，包括施工组织设计、施工方案、施工计划及工艺技术等。在建设工程施工中，方案是否合理，工艺是否先进，操作是否正确，都将对工程质量产生重大的影响。完善施工组织设计，大力采用新技术、新工艺、新方法，不断提高工艺技术水平，是保证工程质量稳定提高的重要因素。

（5）环境

环境是指对工程质量特性起重要作用的环境因素，包括：管理环境，如工程实施的合同结构与管理关系的确定，组织体制及质量管理制度等；技术环境，如工程地质、水文、气象等；作业环境，如作业面大小、防护设施、通风照明和通信条件等；周边环境，如工程邻近的地下管线、建（构）筑物等；社会环境，如社会秩序的安定与否。

环境条件往往对工程质量产生特定的影响。拟定控制方案、措施时，必须全面考虑，综合分析，才能达到有效控制质量的目的。

4. 建设工程质量控制的概念

(1) 建设工程质量控制的概念

建设工程质量控制，就是为了实现项目的质量满足工程合同、规范标准要求所采取的一系列措施、方法和手段。质量控制有对直接从事质量活动者的控制和对他人质量行为进行监控的控制两种方法。前者称为自控主体，后者称为监控主体。监理单位与政府监督部门为监控主体，承建商如勘测、设计单位与施工单位为自控主体。

建设工程监理的质量控制属于监控，是指监理单位受业主委托，代表建设单位为保证工程合同规定的质量标准对工程项目的全过程进行的质量监督和控制。其目的在于保证工程项目能够按照工程合同规定的质量要求达到业主的建设意图。其控制依据是国家现行的法律、法规、合同和设计图纸。

施工单位属于自控主体，它是以工程合同、设计图纸和技术规范为依据，对施工准备阶段、施工阶段、竣工验收交付阶段等施工全过程的工作质量和工程质量进行控制，以达到合同文件规定的质量要求。

(2) 质量控制的原则

在建筑工程建设的质量控制中，监理工程师起着质量控制的主导作用，因为质量控制的中心工作由监理工程师承担。监理工程师在工程质量控制过程中应遵循以下几条原则：

- 坚持质量第一的原则。
- 坚持以人为核心的原则。
- 坚持以预防为主的原则。
- 坚持质量标准的原则。
- 坚持科学、公正、守法的职业道德规范的原则。

5. 施工单位的质量责任

1) 施工单位应依法取得相应的资质证书，且必须在其资质等级许可的范围内承揽工程，禁止承揽超越其资质等级业务范围以外的任务，不得转包或违法分包，不得以其他施工单位的名义承揽工程，也不得允许其他单位或个人以本单位的名义承揽工程。

2) 施工单位对所承揽的建设工程的施工质量负责。应当建立健全质量管理体系，落实质量责任制，确定工程项目的项目经理、技术负责人和施工管理负责人。实行总承包的工程，总承包单位应对全部建设工程质量负责。建设工程勘察、设计、施工、设备采购中的一项或多项实行总承包的，总承包单位应对其承包的建设工程或采购的设备的质量负责。总包单位依法将建设工程分包给其他单位的，分包单位应按照分包合同约定对其分包工程的质量向总承包单位负责，总承包单位与分包单位对分包工程的质量承担连带责任。

3）施工单位必须按照工程设计图纸和施工技术规范标准组织施工，不得擅自修改工程设计。在施工中，必须按照工程设计要求、施工技术规范标准和合同约定，对建筑材料、构配件、设备和商品混凝土进行检验，不得偷工减料，不得使用不符合设计和强制性技术标准要求的产品，不得使用未经检验和试验或检验和试验不合格的产品。

6. 工程监理单位的质量责任

1）工程监理单位应依法取得相应等级的资质证书，并在其资质等级许可的范围内承担工程监理业务。禁止超越本单位资质等级许可的范围或以其他工程监理单位的名义承担工程监理业务，不允许其他单位或个人以本单位的名义承担工程监理业务，不得转让工程监理业务。

2）工程监理单位应与建设单位签订监理合同，应依照法律、法规以及有关技术标准、设计文件和建设工程承包合同，代表建设单位对工程质量实施监理，并对工程质量承担监理责任。

4.3.2 施工阶段的质量控制

工程施工是使业主及工程设计意图最终实现并形成工程实体的阶段，也是最终形成工程产品质量和工程项目使用价值的重要阶段。因此，施工阶段的质量控制不但是施工监理的核心内容，也是工程项目质量控制的重点。监理工程师对工程施工的质量控制，就是按照监理合同赋予的权利，针对影响工程质量的各种因素，对建设工程项目的施工过程进行有效的监督和管理。

1. 施工质量控制的依据与程序

（1）施工质量控制的依据

施工阶段监理工程师进行质量控制的依据一般有四个类型：

1）工程承包合同文件。工程施工承包合同文件（还包括招标文件、投标文件及补充文件）和委托监理合同中分别规定了工程项目参建各方在质量控制方面的权利和义务，有关各方必须履行在合同中的承诺。

2）设计文件。"按图施工"是施工阶段质量控制的一项重要原则。经过批准的设计图纸和技术说明书等设计文件是质量控制的重要依据。监理单位应组织设计单位及施工单位进行设计交底及图纸会审工作，以便使相关各方了解设计意图和质量要求。

3）国家及政府有关部门颁布的有关质量管理方面的法律、法规性文件，它包括三个层次，第一层次是国家的法律，第二层次是部门的规章，第三个层次是地方的法规与规定。

4）有关质量检验与控制的专门技术标准。这类文件一般是针对不同行业、不同的质量控制对象而制定的技术法规性的文件，包括各种有关的技术标准、技术规范、规程或质量方面的规定。技术标准有国际标准（如 ISO 系列）、国家标准、行业标准和企业标准之分。它是建立和维护正常的生产和工作秩序应遵守的准则，也是衡量工程、设备和材料质量的尺度，如质量检验及评定标准，材料、半成品或构配件的技术检验和验收标准等。技术规程或规范一般是执行技术标准，保证施工有秩序地进行而为有关人员制定的行动准则，通常它们与质量的形成有密切关系，应严格遵守，例如施工技术规程、操作规程、设备维护和检修规程、安全技术规程以及施工及验收规范等。各种有关质量方面的规定一般是有关主管部门根据需要而发布的带有方针目标性的文件，它对于保证标准规程、规范的实施具有指令性的特点。

（2）施工质量控制的程序

在施工阶段监理中，监理工程师的质量控制任务就是要对施工的全过程、全方位进行监督、检查与控制，不仅涉及最终产品的检查、验收，而且涉及施工过程的各环节及中间产品的监督、检查与验收。施工质量控制一般按以下程序进行：

1）开工条件审查（事前控制）。单位工程（或重要的分部、分项工程）开工前，承包商必须做好施工准备工作，然后填报"工程开工/复工报审表"，并附上该项工程的开工报告、施工组织设计（施工方案），特别要注明进度计划、人员及机械设备配置、材料准备情况等，报送监理工程师审查。若审查合格，则由总监理工程师批复，准予施工。否则，承包单位应进一步做好施工准备，具备施工条件时再次填报开工申请。

2）施工过程中督促检查（事中控制）。在施工过程中监理工程师应督促承包单位加强内部质量管理，同时监理人员进行现场巡视、旁站、平行检验、实验室试验等工作。涉及结构安全的试块、试件以及有关材料应按规定进行见证取样检测；对涉及结构安全和使用功能的重要分部工程，应进行抽样检测。承担见证取样及有关结构安全检测的单位应具有相应资质。每道工序完成后，承包单位应进行自检，填写相应质量验收记录表，自检合格后，填报"报验申请表"交监理工程师检验。

3）质量验收（事后控制）。当一个检验批、分项、分部工程完成后，承包单位首先对检验批、分项、分部工程进行自检，填写相应质量验收记录表，确认工程质量符合要求，然后向监理工程师提交"报验申请表"，附上自检的相关资料。监理工程师收到检查申请后应在合同规定的时间内到现场检验，并组织施工单位项目专业质量（技术）负责人等进行验收，现场检查及对相关资料审核，验收合格后由监理工程师予以确认，并签署质量验收证明。反之，则指令承包单位进行整改或返工处理。一定要坚持上道工序被确认质量合格后方能准许下道工序施工的原则，按上述程序完成逐道工序。

2. 施工准备阶段的质量控制

施工准备阶段的质量控制属事前控制，如事前的质量控制工作做得充分，不仅是工程项目施工的良好开端，而且会为整个工程项目质量的形成创造极为有利的条件。

（1）监理工作准备

1）组建项目监理机构，进驻现场。在签订委托监理合同后，监理单位要组建项目监理机构，在工程开工前的3～4周派出满足工程需要的监理人员进驻现场，开始施工监理准备工作。

2) 完善组织体系，明确岗位职责。项目监理机构进驻现场后，应完善组织体系，明确岗位责任。监理机构（监理部）的组织体系一般有两种设置形式：一是按专业分工，可分为土建、水暖、电、试验、测量等；二是按项目分工，建筑工程可按单位工程划分，道路工程按路段划分。在一些情况下，专业和项目也可混合配置。但无论怎样设置，工程监理工作面应全部覆盖，不能有遗漏，确保每个施工面上都应有基层的监理员，做到岗位明确、责任到人。

3) 编制监理规划性文件。监理规划应在签订委托监理合同后开始编制，由总监理工程师主持，专业监理工程师参加。编制完成后须经监理单位技术负责人审核批准，并应在召开第一次工地会议前报送建设单位。监理规划的编制应针对项目实际情况，明确项目监理机构的工作目标，确定具体的监理工作制度、程序、方法和措施，并具有可操作性。

监理部进驻现场后，总监理工程师应组织专业监理工程师编制专业监理细则，编制完成后须经总监理工程师审定后执行，并报送建设单位。监理细则应写明控制目标、关键工序、重点部位、关键控制点以及控制措施等内容。

4) 拟定监理工作流程。要使监理工作规范化，就应在开工之前编制监理工作流程。工程项目的实际情况不同，施工监理流程也有所不同。同一类型工程，由于项目的大小、项目所处的地点、周围的环境等各种因素的不同，其监理工作流程也有所不同。

5) 监理设备仪器准备。在工程开工以前应做好充分准备，有充分的办公生活设施，包括用房、办公桌椅、文件柜、通信工具、交通工具、试验测量仪器等。这些装备中用房、桌椅、生活用具等应由业主提供，也可以折价由承包人提供，竣工之后归业主所有，还可以根据监理合同规定检测仪器等由监理公司自备。

6) 熟悉监理依据，准备监理资料。开工之前总监理工程师应组织监理工程师熟悉图纸、设计文件、施工承包合同；对图纸中存在的问题，通过建设单位向设计单位提出书面意见和建议；准备监理资料所用的各种表格、各种规范及与本工程有关的资料。

(2) 开工前的质量监理工作

1) 参与设计技术交底。设计交底一般由建设单位主持，设计单位、承包单位和监理单位的主要项目负责人及有关人员参加。通过设计交底，设计交底应形成会议纪要，会后由承包单位负责整理，总监理工程师签认。监理工程师应了解以下基本内容：

• 建设单位对本工程的要求，施工现场的自然条件、工程地质与水文地质条件等。
• 设计主导思想，建筑艺术要求与构思，使用的设计规范，抗震烈度，基础设计，主体结构设计，装修设计，设备设计（设备选型）等。工业建筑应包括工艺流程与设备选型。
• 对基础、结构及装修施工的要求，对建材的要求，对使用新技术、新工艺、新材料的要求，对建筑与工艺之间配合的要求以及施工中的注意事项等。
• 设计单位对监理单位和承包单位提出的施工图纸中问题的答复。

2) 审查承包单位的现场项目质量管理体系、技术管理体系和质量管理体系。审查由总监理工程师组织进行。对质量管理体系、技术管理体系和质量保证体系应审核以下内容：

- 质量管理、技术管理和质量保证的组织机构。
- 质量管理、技术管理制度。
- 专职人员和特种作业人员的资格证、上岗证。

3) 审查分包单位的资质。分包工程开工前，专业监理工程师应审查承包单位报送的分包单位资格报审表和分包单位的有关资质资料。审查内容如下：

- 审查分包单位的营业执照、企业资质等级证书、特殊行业施工许可证、国外（境外）企业在国内承包工程许可证等。
- 审查分包单位的业绩。
- 审查拟分包工程的内容与范围。
- 专职人员和特种作业人员如质量员、安全员、资料员、电工、电焊工、塔吊驾驶员等的资格证、上岗证。

4) 审定《施工组织设计（方案）》。工程项目开工之前，总监理工程师应组织专业监理工程师审查承包单位编制的《施工组织设计（方案）》，提出审查意见，并经总监理工程师审核、签认后报建设单位。《施工组织设计（方案）》的审查程序：

- 工程项目开工前约定的时间内，承包单位必须完成施工组织设计的编制及内部自审批准工作，填写"施工组织设计（方案）报审表"，报送项目监理机构审定。
- 总监理工程师组织专业监理工程师审查，提出意见后，由总监理工程师签认同意，批准实施。需要承包单位修改时，由总监理工程师、监理工程师签发书面意见，退回承包单位修改后再报审，重新审查。
- 已审定的施工组织设计由项目监理机构报送建设单位。
- 承包单位应按审定的施工组织设计文件组织施工。

（3）现场施工准备的质量控制

1) 查验承包单位的测量放线。施工测量放线是建设工程产品形成的第一步，其质量好坏直接影响工程产品的质量，并且制约着施工过程中相关工序的质量。因此，工程测量控制是施工中事前质量控制的一项基础工作。监理工程师应将其作为保证工程质量的一项重要的内容，在监理工作中，应进行工程测量的复核控制工作。专业监理工程师应按以下要求对承包单位报送的测量放线成果及保护措施进行检查，符合要求时专业监理工程师对承包单位报送的施工测量成果报验申请予以签认。

- 检查承包单位专职测量人员的岗位证书及测量设备检定证书。
- 复核控制桩的校核成果、控制桩的保护措施以及平面控制网、高程控制网和临时水准点的测量成果。

2) 施工平面布置的检查。为了保证承包单位能够顺利地施工，监理工程师应检查施工现场总体布置是否合理，是否有利于保证施工的顺利进行，是否有利于保证施工质量，特别是要对场区的道路、消防、防洪排水、设备存放、供电、给水、混凝土搅拌及主要垂直运输机械设备布置等进行重点检查。

3）工程材料、半成品、构配件报验的签认。工程中需要的原材料、半成品、构配件等都将构成为工程的组成部分，其质量的好坏直接影响到建筑产品的质量，因此事先对其质量进行严格控制很有必要。

4）检查进场的主要施工设备。施工机械设备是影响施工质量的重要因素，除应检测其技术性能、工作效率，工作质量、安全性能外，还应考虑其数量配置对施工质量的影响与保证条件。

- 监理工程师应审查施工现场主要设备的规格、型号是否符合施工组织设计的要求。例如选择起重机械进行吊装施工时，其起重量、起重高度及起重半径均应满足吊装要求。
- 监理工程师应审查施工机械设备的数量是否足够。例如在大规模的混凝土浇筑时，是否有备用的混凝土搅拌机和振捣设备，以防止由于机械发生故障混凝土浇筑工作中断等。
- 对需要定期检定的设备应检查承包单位提供的检定证明。如测量仪器、检测仪器、磅秤等应按规定进行。

5）审查主要分部（分项）工程施工方案。

- 对某些主要分部（分项）工程，项目监理部可规定在施工前承包单位应将施工工艺、原材料使用、劳动力配置、质量保证措施等情况编写专项施工方案，填"施工组织设计（方案）报审表"，报项目监理部审定。
- 承包单位应将季节性的施工方案（冬施、雨施等）提前填"施工组织设计（方案）报审表"，报项目监理部审定。

（4）审查现场开工条件，签发开工报告

监理工程师应审查承包单位报送的工程开工报审表及相关资料，具备开工条件时由总监理工程师签发，并报建设单位。主要审查的内容为：

- 施工许可证已获政府主管部门批准。
- 征地拆迁工作能满足工程进度的需要。
- 施工组织设计已获总监理工程师批准。
- 承包单位现场管理人员已到位，机具、施工人员已进场，主要工程材料已落实。
- 进场道路及水、电、通信已满足开工条件。

3. 施工过程的质量控制

（1）施工过程质量监理程序

施工阶段的监理是对建设工程产品生产全过程的监控，监理工程师要做到全过程监理、全方位控制，重点部位及重点工序应重点控制，尤其应重点控制各工序之间的交接。过程控制中应坚持上道工序被确认质量合格后才能准许进行下道工序施工的原则，如此循环，直至每一道合格的工序均被确认。当一个检验批、分项工程、分部工程施工完工后，承包单位应自检，自检合格后向监理单位申报验收，由监理单位组织相关单位验收。工程的阶段验收均需参加验收的各方签字确认后方可继续下面的工作，不合格的应停工整改，待再次验收合格后继续施工。当单位工程或施工项目完成后，承包单位提出竣工报告，由建设单位主持勘察单位、设计单位、监理单位、施工单位进行验收并向建设行政管理部门备案。

(2) 施工过程质量控制的方法与手段

1) 利用施工文件控制。

- **审查承包单位的技术文件**　事前控制的主要内容是审查承包单位的技术文件。需要审查的文件有设计图纸、施工方案、分包申请、变更申请、质量问题与质量事故处理方案、各种配合比、测量放线方案、试验方案、验收报告、材料证明文件、开工申请等，通过审查这些文件的正确性、可靠性来保证工程的顺利开展。

- **下达指令性文件**　下达指令性文件是运用监理工程师指令控制权的具体形式。在施工过程中，如发现施工方法与施工方案不符、所使用的材料与设计要求不符、施工质量与规范标准不符、施工进度与合同要求不符等，监理工程师有权下达指令性文件，令其改正。这些指令性文件有"监理通知"、"工程暂停令"等。

- **审核作业指导书**　施工组织设计（方案）是保证工程施工质量的纲领性文件。作业指导书（技术交底）是对施工组织设计或施工方案的具体化，是更细致、明确、具体的技术实施方案，是工序施工或分项工程施工的具体指导性文件。作业指导书要紧紧围绕与具体施工有关的操作者、机械设备、使用的材料、构配件、工艺、工法、施工环境、具体管理措施等方面进行，要明确做什么、谁来做、如何做、作业标准和要求、什么时间完成等。为保证每一道工序的施工质量，每一分项工程开始实施前均要进行交底。技术交底的内容包括施工方法、质量要求和验收标准，施工过程中注意的问题，可能出现意外情况应采取的措施与应急方案。

2) 应用支付手段控制。支付手段是业主按监理委托合同赋予监理工程师的控制权。所谓支付控制权就是：对施工承包单位支付任何工程款项，均需由监理工程师开具支付证明书，没有监理工程师签署的支付证书，业主不得向承包方支付工程款。而工程款支付的条件之一就是工程质量要达到施工质量验收规范以及合同规定的要求。如果承包单位的工程质量达不到要求的标准，又不能按监理工程师的指示予以处理使之达到要求的标准，监理工程师有权采取拒绝开具支付证书的手段，停止对承包单位支付部分或全部工程款，由此造成的损失由承包单位负责。监理工程师可以使用计量支付控制权来保障工程质量，这是十分有效的控制和约束手段。

3) 现场监理的方法。

- **现场巡视**　现场巡视是监理人员最常用的手段之一，通过巡视，一方面掌握正在施工的工程质量情况，另一方面掌握承包单位的管理体系是否运转正常。具体方法是通过目视或常用工具检查施工质量，比如用百格网检查砌砖的砂浆饱满度、用坍落度筒检测混凝土的坍落度、用尺子检测桩机的钻头直径以保证基桩直径等。在施工过程中发现偏差，及时纠正，并指示施工单位处理。

- **旁站监理** 旁站监理也是现场监理人员经常采用的一种检查形式。对房屋建筑工程的关键部位、关键工序，如在基础工程方面包括土方回填，混凝土灌注桩浇筑，地下连续墙、土钉墙、后浇带及其他结构混凝土、防水混凝土浇筑，卷材防水层细部构造处理，钢结构安装；在主体结构工程方面包括梁柱节点钢筋隐蔽过程，混凝土浇筑，预应力张拉，装配式结构安装，钢结构安装，网架结构安装，索膜安装等。

- **平行检验** 平行检验是指项目监理机构利用一定的检查或检测手段，在承包单位自检的基础上，按照一定的比例独立进行检查或检测的活动。

- **见证取样和送检见证试验** 见证取样和送检是指在工程监理人员或建设单位驻工地人员的见证下，由施工单位的现场试验人员对工程中涉及结构安全的试块、试件和材料在现场取样，并送至经过省级以上建设行政主管部门对其计量认证的质量检测单位进行检测的行为。见证试验是指对在现场进行一些检验检测，由施工单位或检测机构进行检测，监理人员全过程进行见证并记录试验检测结果的行为。

4) 现场质量检查的手段：目测法、量测法和试验法。

- **目测法** 目测法即凭借感官进行检查，一般采用看、摸、敲、照等手法对检查对象进行检查。

"看"就是根据质量标准要求进行外观检查，例如钢筋有无锈蚀、批号是否正确，水泥的出厂日期、批号、品种是否正确，构配件有无裂缝，清水墙表面是否洁净，油漆或涂料的颜色是否良好、均匀，工人的施工操作是否规范，混凝土振捣是否符合要求等。

"摸"就是通过触摸手感进行检查、鉴别，例如油漆的光滑度，浆活是否牢固、不掉粉，模板支设是否牢固，钢筋绑扎是否正确等。

"敲"就是运用敲击方法进行声感检查，例如墙面瓷砖、大理石镶贴、地砖铺砌等的质量均可通过敲击检查，根据声音虚实、脆闷判断有无空鼓等质量问题。

"照"就是通过人工光源或反射光照射，仔细检查难以看清的部位，如构件的裂缝宽度、孔隙大小等。

- **量测法** 就是利用量测工具或计量仪表，通过实际量测结果与规定的质量标准或规范的要求相对照，从而判断质量是否符合要求。量测的手法可归纳为靠、吊、量、套。

"靠"是用直尺、塞尺检查诸如地面、墙面的平整度等。一般选用 2m 靠尺，在缝隙较大处插入塞尺，测出平整度差的大小。

"吊"是指用铅直线检查垂直度，如检测墙、柱的垂直度等。

"量"是指用量测工具或计量仪表等检测轴线尺寸、断面尺寸、标高、温度、湿度等数值并确定其偏差，例如室内墙角的垂直度、门窗的对角线、摊铺沥青拌和料的温度等。

"套"是指以方尺套方辅以塞尺，检查诸如踢角线的垂直度、预制构件的方正，门窗口及构件的对角线等。

- **试验法** 通过现场取样，送试验室进行试验，取得有关数据，分析判断质量是否合格。

力学性能试验，如测定抗拉强度、抗压强度、抗弯强度、抗折强度、冲击韧性、硬度、承载力等。

物理性能试验，如测定比重、密度、含水量、凝结时间、安定性、抗渗性、耐磨性、耐热性、隔音性能等。

化学性能试验，如材料的化学成分（钢筋的磷、硫含量等）、耐酸性、耐碱性、抗腐蚀等。

无损测试，如超声波探伤检测、磁粉探伤检测、X 射线探伤检测、γ 射线探伤检测、渗透液探伤检测、低应变检测桩身完整性等。

（3）施工活动前的质量控制（质量预控）

1）质量控制点的设置。质量控制点是指为了保证施工质量而确定的重点控制对象，包括重要工序、关键部位和薄弱环节，就是质量控制人员在分析项目的特点之后，把影响工序施工质量的主要因素、对工程质量危害大的环节等事先列出来，分析影响质量的原因，并提出相应的措施，以便进行预控的关键点。

在国际上质量控制点又根据其重要程度分为见证点（witness point）、停止点（hold point）和旁站点（stand point）。

见证点（或截留点）监督也称为 W 点监督。凡是列为见证点的质量控制对象，在规定的关键工序（控制点）施工前，施工单位应提前通知监理人员在约定的时间内到现场进行见证和对其施工实施监督。如果监理人员未能在约定的时间内到现场见证和监督，则施工单位有权进行该 W 点的相应的工序操作和施工。工程施工过程中的见证取样和重要的试验等应作为见证点来处理。监理工程师收到通知后，应按规定的时间到现场见证。对该质量控制点的实施过程进行认真的监督、检查，并在见证表上详细记录该项工作所在的建筑物部位、工作内容、数量、质量等后签字，作为凭证。如果监理人员在规定的时间未能到场见证，施工单位可以认为已获监理工程师认可，有权进行该项施工。

停止点也称为"待检点"或 H 点监督，是指那些施工过程或工序施工质量不易或不能通过其后的检验和试验而充分得到验证的"特殊工序"，其重要性高于见证点的质量控制点。凡列为停止点的控制对象，要求必须在规定的控制点到来之前通知监理人员对控制点实施监控。如果监理人员未在约定的时间到现场监督、检查，施工单位应停止进入该 H 点相应的工序，并按合同规定等待监理人员，未经认可不能越过该点继续活动。所有的隐蔽工程验收点都是停止点。另外，某些重要的工序如预应力钢筋混凝土结构或构件的预应力张拉工序，某些重要的钢筋混凝土结构在钢筋安装后、混凝浇注之前，重要建筑物或结构物的定位放线后，重要的重型设备基础预埋螺栓的定位等均可设置停止点。

旁站点（或 S 点）是指监理人员在房屋建筑工程施工阶段监理中，对施工质量实施全过程现场跟班监督活动的关键部位、关键工序，如混凝土灌注、回填土等工序。

控制点选择的一般原则：可作为质量控制点的对象涉及面广，它可能是技术要求高、施工难度大的结构部位，可能是影响质量的关键工序、操作或某一环节，也可以是施工质量难以保证的薄弱环节，还可能是新技术、新工艺、新材料的部位，具体包括以下内容：

施工过程中的关键工序或环节以及隐蔽工程，如预应力张拉工序、钢筋混凝土结构中的钢筋绑扎工序；施工中的薄弱环节或质量不稳定的工序、部位或对象，例如地下防水工程、屋面与卫生间防水工程；对后续工程施工或安全施工有重大影响的工序，例如原配料质量、模板的支撑与固定等；采用新技术、新工艺、新材料的部位或环节；施工条件困难或技术难度大的工序，例如复杂曲线模板的放样等。

一般工程的质量控制点设置位置见表 4.1。

表 4.1　质量控制点的设置位置

分项工程	质量控制点
测量定位	标准轴线桩、水平桩、龙门板、定位轴线
地基、基础	基坑（槽）尺寸、标高、土质，地基承载力、基础垫层标高，基础位置、尺寸、标高，预留洞孔、预埋件的位置、规格、数量，基础墙皮数杆及标高、杯底弹线
砌体	砌体轴线，皮数杆，砂浆配合比，预留洞孔、预埋件位置、数量，砌块排列
模板	位置、尺寸、标高，预埋件位置，预留洞孔尺寸、位置，模板强度及稳定性，模板内部清理及润湿情况
钢筋混凝土	水泥品种、强度等级，砂石质量，混凝土配合比，外加剂比例，混凝土振捣，钢筋品种、规格、尺寸、接头，预留洞（孔）及预埋件规格数量和尺寸等、预制构件的吊装等
吊装	吊装设备、吊具、索具、地锚
钢结构	翻样图、放大样、胎模与胎架、连接形式的要点（焊接及残余变形）
装修	材料品质、色彩、各种工艺

一般工程隐蔽验收见表 4.2。

表 4.2　一般工程隐蔽验收

分项工程	质量控制点
土方	基坑（槽或管沟）开挖，排水盲沟设置情况，填方土料，冻土块含量及填土压实试验记录
地基与基础工程	基坑（槽）底土质情况，基底标高及宽度，对不良基土采取的处理情况，地基夯实施工记录，桩施工记录及桩位竣工图

分项工程	质量控制点
砖体工程	基础砌体，沉降缝，伸缩缝和防震缝，砌体中配筋
钢筋混凝土工程	钢筋的品种、规格、形状尺寸、数量及位置，钢筋接头情况，钢筋除锈情况，预埋件数量及其位置，材料代用情况
屋面工程	保温隔热层、找平层、防水层
地下防水工程	卷材防水层及沥青胶结材料防水层的基层，防水层被土、水、砌体等掩盖的部位，管道设备穿过防水层的封固处
地面工程	地面下的基土；各种防护层以及经过防腐处理的结构或连接件
装饰工程	各类装饰工程的基层情况
管道工程	各种给排水、暖、卫暗管道的位置、标高、坡度、试压通水试验、焊接、防腐、防锈、保温及预埋件等情况
电气工程	各种暗配电气线路的位置、规格、标高、弯度、防腐、接头等情况，电缆耐压绝缘试验记录，避雷针的接地电阻试验
其他	完工后无法进行检查的工程，重要结构部位和有特殊要求的隐蔽工程

设置质量控制点是保证达到施工质量要求的必要前提。在工程开工前，监理工程师就明确提出要求，要求承包单位在工程施工前根据施工过程质量控制的要求列出质量控制点明细表，表中详细地列出各质量控制点的名称或控制内容、检验标准及方法等，提交监理工程师审查批准后，在此基础上实施质量预控。监理工程师在拟定质量控制工作计划时应予以详细地考虑，并以制度来保证落实。

影响工程施工质量的因素有许多种，对质量控制点的控制重点有以下几方面：

- **人的行为**　人是影响施工质量的第一因素。如对高空、水下、危险作业等，对人的身体素质或心理应有相应的要求；对技术难度大或精度要求高的作业，如复杂模板放样、精密的设备安装应对人的技术水平均有相应的要求。
- **物的状态**　组成工程的材料性能、施工机械或测量仪器是直接影响工程质量和安全的主要因素，应予以严格控制。
- **关键的操作**　如预应力钢筋的张拉工艺操作过程及张拉力的控制，是可靠地建立预应力值和保证预应力构件质量的关键过程。
- **技术参数**　例如对回填地基土进行压实时，填料的含水量、虚铺厚度与碾压遍数等参数是保证填方质量的关键。
- **施工顺序**　对于某些工作必须严格作业之间的顺序。例如，对于冷拉钢筋应当先对焊、后冷拉，否则会失去冷拉强度；对于屋架固定一般应采取对角同时施焊，以免焊接应力使已校正的屋架发生变形等。
- **技术间歇**　有些作业之间需要有必要的技术间歇时间，例如砖墙砌筑与抹灰工序之间，以及抹灰与粉刷或喷涂之间，均应保证有足够的间歇时间；混凝土浇筑后至拆模之前也应保持一定的间歇时间等。

- **新工艺、新技术、新材料的应用**　由于缺乏经验，施工时可作为重点进行严格控制。
- **易发生质量通病的工序**　例如防水层的铺设，管道接头的渗漏等。
- **对工程质量影响重大的施工方法**　如液压滑模施工中的支承杆失稳问题、升板法施工中提升差的控制等，一旦施工不当或控制不严，即可能引起重大质量事故问题，因此也应作为质量控制的重点。
- **特殊地基或特种结构**　如湿陷性黄土、膨胀土等特殊土地基的处理、大跨度和超高结构等难度大的施工环节和重要部位等都应予以特别重视。

2）审查作业指导书。分项工程施工前，承包单位应将作业指导书报监理工程师审查。无作业指导书或作业指导书未经监理工程师批准，相应的工序或分项工程不得进入正式实施。承包单位强行施工，可视为擅自开工，监理工程师有权令其停止该分项的施工。

3）测量器具精度与实验室条件的控制。

- 施工测量开始前，监理工程师应要求承包单位报验测量仪器的型号、技术指标、精度等级、计量部门的检定证书，测量人员的上岗证明，监理工程师审核确认后，方可进行正式测量作业。在施工过程中，监理工程师也应定期与不定期地检查计量仪器、测量设备的性能、精度状况，保证其处于良好的状态之中。
- 工程作业开始前，监理部应要求承包单位报送实验室（或外委实验室）的资质证明文件，列出本试验室所开展的试验、检测项目、主要仪器、设备，法定计量部门对计量器具的检定证明文件，试验检测人员上岗资质证明，试验室管理制度等。监理工程师也应到实验室考核，确认能满足工程质量检验要求，则予以批准，同意使用，否则承包单位应进一步完善、补充，在未得到监理工程师同意之前，试验室不得从事该工程项目的试验工作。

4）劳动组织与人员资格控制。开工前监理工程师应检查承包单位的人员与组织，其内容包括相关制度是否健全，如各类人员的岗位职责、现场的安全消防规定、紧急情况的应急预案等，并应有措施保证其能贯彻落实。

应检查管理人员是否到位、操作人员是否持证上岗。如技术负责人、专职质检人员、安全员、测量人员、材料员、试验员必须在岗；特殊作业的人员（如电焊工、电工、起重工、架子工、爆破工）是否持证上岗。

（4）施工活动过程中的质量控制

1）坚持质量跟踪监控。在施工活动过程中，监理工程师应对施工现场进行有目的地巡视检查和旁站，必要时进行平行检查。在巡视过程中发现和及时纠正施工中所发生的不符合要求的问题。应对施工过程的关键工序、特殊工序、重点部位和关键控制点进行旁站。对所发现的问题应先口头通知承包单位改正，然后应由监理工程师签发《监理通知》，承包单位应将整改结果书面回复，监理工程师进行复查。

2）抓好承包单位的自检与专检。承包单位是施工质量的直接实施者和责任者，有责任保证施工质量合格。监理工程师的质量检查与验收是对承包单位作业活动质量的复核与确认，但决不能代替承包单位的自检，而且监理工程师的检查必须是在承包单位自检并确认合格的基础上进行的。专职质检员没有检查或检查不合格不能报监理工程师，否则监理工程师有权拒绝进行检查。

3）技术复核与见证取样。为确保工程质量，原建设部规定，在市政工程及房屋建筑工程项目中，对工程材料、承重结构的混凝土试块，承重墙体的砂浆试块、结构工程的受力钢筋（包括接头）实行见证取样。见证取样的频率，国家或地方主管部门有规定的，执行相关规定；施工承包合同中如有明确规定的，执行施工承包合同的规定。见证取样的频率和数量，包括在承包单位自检范围内，一般所占比例为 30%。

4）工程变更控制。施工过程中，勘察设计的原因，或外界自然条件的变化，或施工工艺方面的限制，或建设单位要求的改变，都会引起工程变更。工程变更的要求可能来自建设单位、设计单位或施工承包单位。变更以后，往往会引起质量、工期、造价的变化，也可能导致索赔。所以，无论哪一方提出的工程变更要求，都应持十分谨慎的态度。在工程施工过程中，无论是建设单位还是施工及设计单位提出的工程变更或图纸修改，都应通过监理工程师审查并经有关方面研究，确认其必要性后，由总监理工程师发布变更指令，方能生效并予以实施。

5）工地例会管理。工地例会是施工过程中参建各方沟通情况、解决分歧、达成共识、做出决定的主要方式，通过工地例会，监理工程师检查分析施工过程的质量状况，指出存在的问题，承包单位提出整改的措施，并做出相应的保证。例会应由总监理工程师主持。会议纪要应由项目监理机构负责起草并经与会各方代表会签。

6）暂停令、复工令的应用。根据委托监理合同中建设单位对监理工程师的授权，出现下列情况时，总监理工程师有权行使质量控制权，下达暂停令，及时进行质量控制。

- 建设单位要求暂停施工且工程需要暂停施工的。
- 施工单位未经批准擅自施工或拒绝项目监理机构管理的。
- 施工单位未按审查通过的工程设计文件施工的。
- 施工单位违反工程建设强制性标准的。
- 施工存在重大质量、安全事故隐患或发生质量、安全事故的。

承包单位经过整改具备恢复施工条件时，向项目监理机构报送复工申请及有关材料，证明造成停工的原因已消失。经监理工程师现场复查，认为已符合继续施工的条件，造成停工的原因确已消失，总监理工程师应及时签署"工程复工报审表"，指令承包单位继续施工。

注意：总监理工程师下达停工指令及复工指令，宜事先向建设单位报告。

（5）施工活动结果的质量控制

要保证最终单位工程产品的合格，必须使每道工序及各个中间产品均符合质量要求。施工活动结果在土建工程中一般有基槽（基坑）验收，隐蔽工程验收，工序交接，检验批、分项、分部工程验收，不合格项目处理等。

1）基槽（基坑）验收。基槽（开挖）是地基与基础施工中的一个关键工序，对后续工程质量影响大，一般作为一个检验批进行质量验收，有专用的验收表格。基槽（基坑）开挖质量验收主要涉及地基承载力和地质条件的检查确认，所以基槽开挖验收均要有勘察设计单位的有关人员参加，并请当地或主管质量监督部门参加，经现场检查，测试（或平行检测）确认其地基承载力是否达到设计要求，地质条件是否与设计相符。如相符，则共同签署验收资料；如达不到设计要求或与勘察设计资料不符，则应采取措施进一步处理或变更工程，由原设计单位提出处理方案，经承包单位实施完毕后重新验收。

2）隐蔽验收。隐蔽工程验收是指将被后续工程施工所覆盖的分项、分部工程，在隐蔽前进行的检查验收。检查对象将要被后续工程所覆盖，给以后的检查整改造成障碍，所以它是质量控制的一个关键过程，一般有专用的隐蔽验收表格。

隐蔽验收项目应在监理规划中列出，比如基槽开挖及地基处理，钢筋混凝土中的钢筋工程；埋入结构中的避雷导线、工艺管线、电气管线，设备安装的二次灌浆，基础、厕浴间、屋顶防水，装修工程中吊顶龙骨及隔墙龙骨，预制构件的焊（连）接，隐蔽的管道工程水压试验或闭水试验等。

隐蔽工程施工完毕，承包单位应先进行自检，自检合格后，填写"报验申请表"，附上相应的或隐蔽工程检查记录及有关材料证明、试验报告、复试报告等，报送项目监理机构。监理工程师收到报验申请后首先对质量证明资料进行审查，并按规定时间与承包单位的专职质检员及相关施工人员一起到现场检查，如符合质量要求，监理工程师在"报验申请表"及隐蔽工程检查记录上签字确认，准予承包单位隐蔽、覆盖，进入下一道工序施工，否则指令承包单位整改，整改自检合格后再报监理工程师复验。

3）工序交接。工序交接是指作业活动中一种作业方式的转换及作业活动效果的中间确认，也包括相关专业之间的交接。通过工序交接的检查验收或办理交接手续，保证上道工序合格后方可进入下道工序，使各工序间和相关专业工程之间形成一个有机整体，也使各工序的相关人员担负起各自的责任。

4）检验批、分项、分部工程验收。检验批、分项、分部工程完成后，承包单位应先自行检查验收，确认合格后向监理工程师提交验收申请，由监理工程师予以检查、确认。如确认其质量符合要求，则予以确认验收。如有质量问题则指令承包单位进行处理，待质量合乎要求后再予以检查验收。对涉及结构安全和使用功能的重要分部工程应进行抽样检测。

5）单位工程或整个工程项目的竣工验收。一个单位工程或整个工程项目完成后，承包单位应先进行竣工自检，自验合格后，向项目监理机构提交"单位工程竣工验收报审表"，总监理工程师组织专业监理工程师进行竣工初验，初验合格后，总监理工程师对承包单位的"单位工程竣工验收报审表"予以签认，并上报建设单位，同时提出"工程质量评估报告"。由建设单位组织竣工验收，监理单位参加由建设单位组织的正式竣工验收。

- **初验应检测的内容** 审查施工承包单位所提交的竣工验收资料，包括各种质量控制资料、安全和功能检测资料及各种有关的技术性文件等。审核承包单位提交的竣工图，并与已完工程、有关的技术文件（如图纸、工程变更文件、施工记录及其他文件）对照进行核查。总监理工程师组织专业监理工程师对拟验收工程项目的现场进行检查，如发现质量问题应指令承包单位进行处理。

- **工程质量评估报告**　"工程质量评估报告"是监理单位对所监理的工程的最终评价，是工程验收中的重要资料，它由项目总监理工程师和监理单位技术负责人签署，主要包括以下内容：工程项目建设概况介绍，参加各方的单位名称、负责人；工程检验批、分项、分部、单位工程的划分情况；工程质量验收标准，各检验批、分项、分部工程质量验收情况；地基与基础分部工程中，涉及桩基工程的质量检测结论，基槽承载力检测结论，涉及结构安全及使用功能的检测结论，建筑物沉降观测资料；施工过程中出现的质量事故及处理情况，验收结论；本工程项目（单位工程）是否达到合同约定，是否满足设计文件要求，是否符合国家强制性标准及条款的规定。

4.3.3　建筑工程施工质量验收

工程施工质量验收是工程建设质量控制的一个重要环节，包括工程施工质量的中间验收和工程的竣工验收两个方面。对工程建设中间产出品和最终产品的质量把关验收，以确保达到业主所要求的功能和使用价值，实现建设投资的经济效益和社会效益。

1. 建筑工程质量验收规范体系简介

建筑工程施工质量验收统一标准的编制依据主要是《中华人民共和国建筑法》、《建设工程质量管理条例》、《建筑结构可靠度设计统一标准》及其他有关设计规范等。

2. 施工质量验收的术语与基本规定

(1) 施工质量验收的术语

验收：建筑工程在施工单位自行质量检查评定的基础上，参与建筑活动的有关单位共同对检验批、分项、分部、单位工程的质量进行抽样检查，根据相关标准以书面形式对工程质量达到合格与否做出确认。

检验批：按同一的生产条件或按规定的方式汇总起来供检验用的，由一定数量样本组成的检验体。检验批是施工质量验收的最小单位，是分项工程乃至整个建筑工程质量验收的基础。

主控项目：建筑工程中对安全、卫生、环境保护和公众利益起决定性作用的检验项目。如混凝土工程中"受力钢筋的品种、级别、规格、数量和连接方式必须符合设计要求"，"纵向受力钢筋连接方式应符合设计要求"。

一般项目：除主控项目以外的检验项目。如"钢筋的接头宜设置在受力较小处。同一纵向受力钢筋不宜设置两个或两个以上接头。接头末端至钢筋弯起点的距离不应小于钢筋直径的 10 倍"，"钢筋应平直、无损伤，表面不得有裂纹、油污、颗粒状或片状老锈"等都是一般项目。

观感质量：通过观察和必要的量测所反映的工程外在质量。

返修：对工程不符合标准规定的部位采取整修等措施。

返工：对不合格的工程部位采取重新制作、重新施工等措施。

（2）施工现场质量管理要求

建筑工程的质量控制应为全过程控制。施工现场质量管理应有相应的施工技术标准、健全的质量管理体系、施工质量检验制度和综合施工质量水平评价考核制度，并做好施工现场质量管理检查记录。

施工现场质量管理检查记录应由施工单位按要求填写，总监理工程师（建设单位项目负责人）进行检查，并做出检查结论。

（3）施工质量控制规定

1）建筑工程采用的主要材料、半成品、成品、建筑构配件、器具和设备应进行现场验收。凡涉及安全、功能的有关成品，应按各专业工程质量验收规范规定进行复验，并应经监理工程师（建设单位技术负责人）检查认可。

2）各工序应按施工技术标准进行质量控制，每道工序完成后应进行检查。

3）相关各专业工种之间应进行交接检查，并形成记录。未经监理工程师（建设单位负责人）检查认可，不得进行下道工序施工。

（4）施工质量验收要求

- 建筑工程施工质量应符合《建筑工程施工质量验收统一标准》和相关专业验收规范的规定。
- 建筑工程施工应符合工程勘察、设计文件的要求。
- 参加工程施工质量验收的各方人员应具备规定的资格。
- 工程质量的验收均应在施工单位自行检查评定的基础上进行。
- 隐蔽工程在隐蔽前应由施工单位通知有关单位进行验收，并应形成验收文件。
- 涉及结构安全的试块、试件以及有关材料应按规定进行见证取样检测。
- 检验批的质量应按主控项目和一般项目验收。
- 对涉及结构安全和使用功能的重要分部工程应进行抽样检测。
- 承担见证取样检测及有关结构安全检测的单位应具有相应资质。
- 工程的观感质量应由验收人员进行现场检查，并应共同确认。

3. 建筑工程质量验收的划分

建筑工程施工质量验收涉及建筑工程施工过程控制和竣工（最终）验收控制，均是工程施工质量控制的重要环节。另外，随着经济发展和施工技术进步，建筑规模较大的单体工程和具有综合使用功能的综合性建筑物比比皆是。有时投资者为追求最大的投资效益，在建设期间需要将其中一部分提前建成使用。因此，合理划分建筑工程施工质量验收层次就显得非常必要。

建筑工程质量验收应划分为单位（子单位）工程、分部（子分部）工程、分项工程和检验批。

（1）单位工程的划分

单位工程的划分应按下列原则确定：

- 具备独立施工条件并能形成独立使用功能的建筑物及构筑物为一个单位工程，如一个单位的办公楼、某城市的广播电视塔等。
- 规模较大的单位工程，可将其能形成独立使用功能的部分划分为一个子单位工程。一些具有独立施工条件和能形成独立使用功能的子单位工程划分，在施工前由建设、监理、施工单位自行商议确定，并据此收集整理施工技术资料和验收。

（2）分部工程的划分

分部工程的划分应按下列原则确定：

- 分部工程的划分应按专业性质、建筑部位确定。如建筑工程划分为地基与基础、主体结构、建筑装饰装修、建筑屋面、建筑给水排水及采暖、建筑电气、智能建筑、通风与空调、电梯等九个分部工程。对于大型工业建筑，应根据行业特点来划分。
- 当分部工程较大或较复杂时，可按施工程序、专业系统及类别等划分为若干个子分部工程。如智能建筑分部工程中就包含了火灾及报警消防联动系统、安全防范系统、综合布线系统、智能化集成系统、电源与接地、环境、住宅（小区）智能化系统等子分部工程。

（3）分项工程的划分

分项工程应按主要工种、材料、施工工艺、设备类别等进行划分。如混凝土结构工程中按主要工种分为模板工程、钢筋工程、混凝土工程等分项工程，按施工工艺又分为预应力现浇混凝土结构、装配式结构等分项工程。

（4）检验批的划分

分项工程可由一个或若干个检验批组成，检验批可根据施工及质量控制和专业验收需要按楼层、施工段、变形缝等进行划分，如一栋 6 层住宅建筑主体结构的钢筋分项工程最少按 6 个检验批来进行验收。

（5）室外工程的划分

室外工程可根据专业类别和工程规模划分单位（子单位）工程、分部（子分部工程）。

4. 建筑工程施工质量验收

（1）检验批的质量验收

1）检验批的合格规定。

- 主控项目和一般项目的质量经抽样检验合格。
- 具有完整的施工操作依据、质量检查记录。

2）检验批的验收。检验批的验收是建筑工程验收中最基本的验收单元。质量验收包括了质量资料检查和主控项目与一般项目的检验两个方面的内容：

- **资料检查**　质量控制资料反映了检验批从原材料到验收的各施工工序的施工操作依据，其完整性是检验批合格的前提。检查的资料一般有：图纸会审、设计变更、洽商记录；建筑材料、成品、半成品、建筑构配件、器具和设备的质量证明书及进场检（试）验报告；工程测量、放线记录；按专业质量验收规范规定的抽样检验报告；隐蔽工程检查记录；施工过程记录和施工过程检查记录；新材料、新技术、新工艺的施工记录；质量管理资料和施工单位操作依据等。
- **主控项目与一般项目的检验**　检验批的质量合格与否主要取决于对主控项目和一般项目的检验结果。主控项目是对检验批的质量起决定性影响的检验项目，因此必须全部符合有关专业工程验收规范的规定。主控项目的检查具有否决权，不允许有不符合要求的检验结果。如钢筋安装检验批中"钢筋安装时，受力钢筋的品种、级别、规格和数量必须符合设计要求"，如不符合，仅此一项，本检验批即不符合质量要求，不可验收。一般项目则应满足规范要求。如受力钢筋间距一项，检查10处，其偏差在±10mm以内的点大于80％，其中超差点的超差量小于允许偏差的150％，即本项合格。

（2）分项工程质量验收

1）分项工程质量合格标准。

- 分项工程所含的检验批均应符合合格质量规定。
- 分项工程所含的检验批的质量验收记录应完整。

2）分项工程验收。一般情况下，分项工程与检验批两者性质相同或相近，只是批量的大小不同，分项工程的验收在检验批验收合格的基础上进行。因此，只要构成分项工程的各检验批的验收资料文件完整，并且均已验收合格，则分项工程验收合格。

（3）分部（子分部）工程质量验收

1）分部（子分部）工程质量合格标准。

- 分部（子分部）工程所含分项工程的质量均应验收合格。
- 质量控制资料应完整。
- 地基与基础、主体结构和设备安装等分部工程有关安全及功能的检验和抽样检测结果应符合有关规定。
- 观感质量验收应符合要求。

2）分部（子分部）工程验收。分部工程的验收在其所含各分项工程验收的基础上进行。首先，分部工程的各分项工程必须已验收合格，且相应的质量控制资料文件必须完整，这是验收的基本条件。此外，由于各分项工程的性质不尽相同，作为分部工程不能简单地组合而加以验收，尚须增加以下两类检查。

涉及安全和使用功能的地基基础、主体结构和有关安全及重要使用功能的安装分部工程应进行有关见证取样送样试验或抽样检测。关于观感质量验收，这类检查往往难以定量，只能以观察、触摸或简单量测的方式进行，并由各个人的主观印象判断，检查结果并不给出"合格"或"不合格"的结论,而是综合给出质量评价,如"好"、"一般"、"差"。对于"差"的检查点应通过返修处理等补救。

(4) 单位(子单位)工程质量验收

1) 单位(子单位)质量合格标准。

- 单位(子单位)工程所含分部(子分部)工程的质量应验收合格。
- 质量控制资料应完整。
- 单位(子单位)工程所含分部工程有关安全和功能的检验资料应完整。
- 主要功能项目的抽查结果应符合相关专业质量验收规范的规定。
- 观感质量验收应符合要求。

2) 单位(子单位)工程验收。单位工程质量验收也称质量竣工验收,是建筑工程投入使用前的最后一次验收,也是最重要的一次验收。验收合格的条件有 5 个,除构成单位工程的各分部工程应该合格,并且有关的资料文件应完整以外,还须进行以下 3 个方面的检查:涉及安全和使用功能的分部工程应进行检验资料的复查,不仅要全面检查其完整性(不得有漏检缺项),而且对分部工程验收时补充进行的见证抽样检验报告也要复核。这种强化验收的手段体现了对安全和主要使用功能的重视。此外,对主要使用功能还须进行抽查。使用功能的检查是对建筑工程和设备安装工程最终质量的综合检验,也是用户最为关心的内容。因此,在分项、分部工程验收合格的基础上,竣工验收时再作全面检查。抽查项目是在检查资料文件的基础上由参加验收的各方人员商定,并用计量、计数的抽样方法确定检查部位;检查要求按有关专业工程施工质量验收标准的要求进行。最后,还须由参加验收的各方人员共同进行观感质量检查,检查的方法、内容、结论等应在分部工程的相应部分中阐述,各方人员共同确定是否通过验收。

(5) 施工质量不符合要求时的处理

一般情况下,不合格现象在最基层的验收单位,即检验批时就应发现并及时处理,否则将影响后续检验批和相关的分项工程、分部工程的验收。因此,所有质量隐患必须尽快消灭在萌芽状态,这也是本标准以强化验收促进过程控制原则的体现。非正常情况按下列情况处理:

1) 经返工重做或更换器具、设备检验批,应重新进行验收。在检验批验收时,其主控项目不能满足验收规范规定或一般项目超过偏差限值的子项不符合检验规定的要求时,应及时进行处理。其中,严重的缺陷应推倒重来,一般的缺陷通过翻修或更换器具、设备予以解决。应允许施工单位在采取相应的措施后重新验收。如能够符合相应的专业工程质量验收规范,则应认为该检验批合格。

2) 经有资质的检测单位鉴定达到设计要求的检验批,应予以验收。个别检验批发现试块强度等不满足要求等问题,难以确定是否验收时,应请具有资质的法定检测单位检测。当鉴定结果能够达到设计要求时,该检验批仍应认为通过验收。

3) 经有资质的检测单位鉴定达不到设计要求但经原设计单位核算认可能满足结构安全和使用功能的检验批,可予以验收。一般情况下,规范标准给出了满足安全和功能的最低限度要求，而设计往往在此基础上留有一些余量。不满足设计要求和符合相应规范标准的要求，两者并不矛盾。

4）经返修或加固的分项、分部工程，虽然改变外形尺寸但仍能满足安全使用要求，可按技术处理方案和协商文件进行验收。更为严重的缺陷或者超过检验批的更大范围内的缺陷，可能影响结构的安全性和使用功能。若经法定检测单位检测鉴定以后认为达不到规范标准的相应要求，即不能满足最低限度的安全储备和使用功能，则必须按一定的技术方案进行加固处理，使之能满足安全使用的基本要求。这样会造成一些永久性的缺陷，如改变结构外形尺寸，影响一些次要的使用功能等。为了避免社会财富遭受更大的损失，在不影响安全和主要使用功能条件下可按技术处理方案和协商文件进行验收，但不能作为轻视质量而回避责任的一种出路，这是应该特别注意的。

5）分部工程、单位（子单位）工程存在最为严重的缺陷，经返修或加固处理仍不能满足安全使用要求的，严禁验收。

5. 建筑工程施工质量验收的程序与组织

(1) 检验批及分项工程的验收

检验批及分项工程应由监理工程师（建设单位项目技术负责人）组织施工单位项目专业质量（技术）负责人等进行验收。检验批和分项工程是建筑工程质量基础，因此所有检验批和分项工程均应由监理工程师或建设单位项目技术负责人组织验收。验收前，施工承包单位先填好"检验批和分项工程的质量验收记录"（有关监理记录和结论不填），并由项目专业质量检验员和项目专业技术负责人分别在检验批和分项工程质量检验记录中相关栏目签字，然后由监理工程师组织，严格按规定程序进行验收。

(2) 分部工程的验收

分部工程应由总监理工程师（建设单位项目负责人）组织施工单位项目负责人和项目技术、质量负责人等进行验收。由于地基基础、主体结构技术性能要求严格，技术性强，关系到整个工程的安全，规定与地基基础、主体结构分部工程相关的勘察、设计单位工程项目负责人和施工单位技术、质量部门负责人也应参加相关分部工程验收。

(3) 单位（子单位）工程的验收

一个单位工程竣工后，对满足生产要求或具备使用条件，施工单位已预验，监理工程师已初验通过的单位（子单位）工程，建设单位可组织进行验收。单位（子单位）工程的验收，一般应分为竣工初验与正式验收两个步骤。

1）竣工初验。当单位（子单位）工程达到竣工验收条件后，施工单位应进行自检，自检合格后填写"单位工程竣工验收报审表"，并将全部竣工资料报送项目监理机构，申请竣工验收。

总监理工程师应组织各专业监理工程师对竣工资料及各专业工程的质量情况进行全面检查，对检查出的问题，应督促施工单位及时整改。经项目监理机构对竣工资料及实物全面检查、验收合格后，由总监理工程师签署工程竣工报验单，并向建设单位提出质量评估报告。

2）正式验收。建设单位收到工程验收报告后，应由建设单位（项目）负责人组织施工（含分包单位）、设计、监理等单位（项目）负责人进行单位（子单位）工程验收。单位工程由分包单位施工时，分包单位对所承包的工程项目应按规定的程序检查评定，总包单位应派人参加。分包工程完成后，应将工程有关资料交总包单位。建设工程经验收合格的，方可交付使用。参加验收各方对工程质量验收意见不一致时，可请当地建设行政主管部门或工程质量监督机构协调处理。建设工程竣工验收应当具备下列条件：

- 完成建设工程设计和合同约定的各项内容。
- 有完整的技术档案和施工管理资料。
- 有工程使用的主要建筑材料、建筑构配件和设备的进场试验报告。
- 有勘察、设计、施工、工程监理等单位分别签署的质量合格文件。
- 有施工单位签署的工程保修书。

（4）单位工程竣工验收备案

单位工程质量验收合格后，建设单位应在规定时间内将工程竣工验收报告和有关文件报建设行政管理部门备案。

4.3.4　工程质量问题与质量事故的处理

由于建筑工程具有建设工期长、所用材料品种多、影响因素复杂的特点，建设中往往会出现一些质量问题，甚至是质量事故。监理工程师应学会区分工程质量问题和质量事故，正确处理工程质量问题和质量事故。

1. 工程质量问题与质量事故

根据 1989 年原建设部颁布的第 3 号令《工程建设重大事故报告和调查程序规定》和 1990 年原建设部建工字第 55 号文件《关于第 3 号部令有关问题的说明》，凡是工程质量不合格，必须进行返修、加固或报废处理，由此造成直接经济损失低于 5000 元的称为质量问题；直接经济损失在 5000 元（含 5000 元）以上的称为工程质量事故。

2. 工程质量事故处理

（1）质量事故的分类

国家现行对工程质量通常采用按造成损失严重程度进行分类，其基本分类如下。

1）一般质量事故。

- 直接经济损失在 5000 元（含 5000 元）以上，不满 5 万元的。
- 影响使用功能和工程结构安全，造成永久质量缺陷的。

2）严重质量事故。

- 直接经济损失在 5 万元（含 5 万元）以上，不满 10 万元的。
- 严重影响使用功能或工程结构安全，存在重大质量隐患的。

- 事故性质恶劣或造成 2 人以下重伤的。

3）重大质量事故。

- 工程倒塌或报废。
- 由于质量事故，造成人员死亡或重伤 3 人以上。
- 直接经济损失 10 万元以上。

4）特别重大事故。

凡具备国务院《特别重大事故调查程序暂行规定》所列，发生一次死亡 30 人及以上，或直接经济损失达 500 万元及以上，或其他性质特别严重的事故，上述事故 3 个之一均属特别重大事故。

（2）质量事故的处理程序

工程质量事故发生后，总监理工程师应签发《工程暂停令》，并要求停止进行质量缺陷部位和与其有关联部位及下道工序施工，要求施工单位采取必要的措施，防止事故扩大并保护好现场。同时，要求质量事故发生单位迅速按类别和等级向相应的主管部门上报，并于 24 小时内写出书面报告。

监理工程师在事故调查组展开工作后，应积极协助，客观地提供相应证据。若监理方无责任，监理工程师可应邀参加调查组，参与事故调查；若监理方有责任，则应予以回避，但应配合调查组工作。

当监理工程师接到质量事故调查组提出的技术处理意见后，可组织相关单位研究，并责成相关单位完成技术处理方案，并予以审核签认。必要时，应委托法定工程质量检测单位进行质量鉴定或请专家论证，以确保技术处理方案可靠、可行、保证结构安全和使用功能。技术处理方案核签后，监理工程师应要求施工单位制定详细的施工方案，必要时应编制监理实施细则，对工程质量事故技术处理进行监理。技术处理过程中的关键部位和关键工序应进行旁站，并会同设计、建设等有关单位共同检查认可。

施工承包单位按方案处理完工后，应进行自检并报验结果，监理工程师组织有关各方进行检查验收，必要时应进行处理结果鉴定。要求事故单位整理编写质量事故处理报告，并审核签认，组织将有关技术资料归档。

4.4　建设工程投资控制

4.4.1　建设工程投资控制概述

1. 建设工程项目投资的构成

建设工程项目投资，就是指进行某项建设工程所花费的全部费用。建设工程项目投资包括固定资产投资和流动资产投资两部分。

建设工程项目总投资中固定资产投资的构成由设备及工器具购置费用、建筑安装工程费用、工程建设其他费用、预备费、建设期贷款利息、固定资产投资方向调节税等组成。

流动资产投资指生产经营性项目投产后，为正常生产运营，用于购买材料、燃料、支付工资及其他经营费用所需的周转资金。

（1）设备工器具购置费

设备工器具购置费用是指按照建设工程项目设计文件要求，建设单位或其委托单位购置或自制达到固定资产标准的设备和新建、扩建项目配制的首套工器具及生产家具所需的投资费用，它是由设备购置费和工具、器具及生产家具购置费两部分组成的。在生产性建设项目中，设备及工器具购置费用占总投资费用的比重增大，意味着生产技术的进步和资本有机构成的提高，所以它是固定资产投资中的积极部分，通常称为积极投资。

（2）建筑安装工程费

建筑安装工程费用是指建设单位用于建筑和安装工程方面的投资。

1）建筑工程费用，包括：

- 各类房屋建筑工程和列入房屋建筑工程预算的供水、供暖、卫生、通风、煤气等设备费用及装设、油饰工程的费用，列入建筑工程预算的各种管道、电力、电信和电缆导线敷设工程的费用。
- 设备基础、支柱、工作台、烟囱、水塔、水池、灯塔等建筑工程以及各种炉窑的砌筑工程和金属结构工程的费用。
- 为施工而进行的场地平整，工程和水文地质勘察，原有建筑物和障碍物的拆除以及施工临时用水、电、气、路和完工后的场地清理、环境绿化、美化等工作的费用。
- 矿井开凿、井巷延伸、露天矿剥离，石油、天然气钻井，修建铁路、公路、桥梁、水库、堤坝、灌渠及防洪等工程的费用。

2）安装工程费用，包括：

- 生产、动力、起重、运输、传动和医疗、实验等各种需要安装的机械设备的装配费用，与设备相连的工作台、梯子、栏杆等设施的工程费用，附属于被安装设备的管线敷设工程费用，以及被安装设备的绝缘、防腐、保温、油漆等工作的材料费和安装费。
- 为测定安装工程质量，对单台设备进行单机试运转、对系统设备进行系统联动无负荷试运转工作的调试费。

（3）工程建设其他费用

工程建设其他费用是指从工程筹建起到工程竣工验收交付使用止的整个建设期间，除建筑安装工程费用和设备、工器具购置费用以外的，为保证工程建设顺利完成和交付使用后能够正常发挥效用而发生的各项费用。工程建设其他费用按内容可分为如下三大类：

1）土地使用费。土地征用及迁移补偿费包括土地补偿费、青苗补偿费和被征用土地上的房屋、水井、树木等附着物补偿费、安置补助费、缴纳的耕地占用税和城镇土地使用税、土地登记费及征地管理费、征地动迁费、水利水电工程水库淹没处理补偿费。

2）与项目建设有关的其他费用。与项目建设有关的其他费用包括建设单位管理费、勘察设计费、研究试验费、建设单位临时设施费、工程监理费、工程保险费、引进技术和进口设备其他费用、工程承包费等。

3）与未来企业生产经营有关的其他费用。与未来企业生产经营有关的其他费用包括联合试运转费、生产准备费、办公和生活家具购置费。

（4）预备费

预备费包括基本预备费和涨价预备费。

（5）建设期贷款利息和固定资产投资方向调节税

2. 监理工程师在投资控制中的作用

通过监理工程师实施的投资控制工作，在保证建设项目质量、安全、工期目标实现的基础上，建设项目能够在预定的投资额内建成动用。具体而言就是，可行性研究阶段确定的投资估算额控制在建设单位投资机会、投资意向设定的范围内；设计概算是设计阶段的项目投资控制目标，不得突破投资估算；建安工程承包合同价是施工阶段控制建安工程投资的目标，施工阶段投资额不得突破合同价。在不同的建设阶段将其相应的投资额控制在规定的投资目标限额内。

通过监理工程师实施的投资控制工作，发挥监理工程师提供的高智能技术服务的作用，使建设项目各阶段投资控制工作始终处于受控状态，做到有目标、有计划、有控制措施，使每个阶段的投资发生做到最大可能的合理化。在建设项目实施的各个阶段，合理确定投资控制目标，采取组织、技术、经济、合同与信息等措施，有效控制投资，并应用主动控制原理做到事前控制、事中控制、事后控制相结合，合理地处理投资过程中索赔与反索赔事件，以取得令人满意的效果。

3. 监理工程师在施工阶段投资控制中的任务

（1）施工招投标阶段投资控制的任务

在施工招投标阶段，监理工程师投资控制的主要任务就是通过协助建设单位编制招标文件及合理确定标底价，使工程建设施工发包的期望价格合理化。协助建设单位对投标单位进行资格审查，协助建设单位进行开标、评标、定标，最终选择最优秀的施工承包单位，通过选择完成施工任务的主体，进而达到对投资的有效控制。

（2）施工阶段投资控制的任务

在施工阶段，监理工程师投资控制的主要任务是通过工程付款控制、工程变更费用控制、预防并处理好费用索赔、挖掘节约投资潜力来努力实现实际发生的投资费用不超过计划投资费用。

（3）竣工验收交付使用阶段投资控制的任务

在竣工验收、交付使用阶段，监理工程师投资控制的主要任务是合理控制工程尾款的支付，处理好质量保修金的扣留及合理使用，协助建设单位做好建设项目后评估。

4.4.2 施工阶段的投资控制

建设项目的投资主要发生在施工阶段，而施工阶段投资控制所受的自然条件、社会环境条件等主、客观因素影响又是最突出的。如果在施工阶段监理工程师不严格进行投资控制工作，将会造成较大的投资损失以及出现整个建设项目投资失控现象。

1. 施工阶段投资控制的基本原理

由于建设工程项目管理是动态管理的过程，监理工程师在施工阶段进行投资控制的基本原理也应该是动态控制的原理。监理工程师在施工阶段进行投资控制的基本原理是把计划投资额作为投资控制的目标值，在工程施工过程中定期进行投资实际值与目标值的比较，通过比较找出实际支出额与投资控制目标值之间的偏差，然后分析产生偏差的原因，并采取有效措施加以控制，以保证投资控制目标的实现。施工阶段投资控制应包括从工程项目开工直到竣工验收的全过程。

2. 施工阶段投资控制的措施

在施工阶段，监理工程师应从组织、技术、经济、合同等多方面采取措施控制投资。

（1）组织措施

组织措施是指从投资控制的组织管理方面采取的措施，包括：

- 在项目监理组织机构中落实投资控制的人员、任务分工和职能分工、权利和责任。
- 编制施工阶段投资控制工作计划和详细的工作流程图。

（2）技术措施

从投资控制的要求来看，技术措施并不都是因为发生了技术问题才加以考虑，也可能因为出现了较大的投资偏差而加以应用。不同的技术措施会有不同的经济效果。主要应用的技术措施有：

- 对设计变更进行技术经济比较，严格控制设计变更。
- 继续寻找建设设计方案，挖潜节约投资的可能性。
- 审核施工承包单位编制的施工组织设计，对主要施工方案进行技术、经济分析比较。

（3）经济措施

- 编制资金使用计划，确定、分解投资控制目标。
- 进行工程计量。
- 复核工程付款账单，签发付款证书。
- 对工程实施过程中的投资支出做出分析与预测，定期或不定期地向建设单位提交项目投资控制存在问题的报告。
- 在工程实施过程中，进行投资跟踪控制，定期地进行投资实际值与计划值的比较。若发现偏差，分析产生偏差的原因，采取纠偏措施。

（4）合同措施

合同措施在投资控制工作中主要指索赔管理。在施工过程中，索赔事件的发生是难免的，监理工程师在发生索赔事件后，要认真审查有关索赔依据是否符合合同规定，索赔计算是否合理等。

- 做好建设项目实施阶段质量、进度等控制工作，掌握工程项目实施情况，为正确处理可能发生的索赔事件提供依据，参与处理索赔事宜。
- 参与合同管理工作，协助建设单位合同变更管理，并充分考虑合同变更对投资的影响。

3. 施工阶段投资控制工作流程

施工阶段投资控制工作流程如图 4.1 所示。

4. 施工阶段投资控制的工作内容

(1) 确定投资控制目标，编制资金使用计划

施工阶段投资控制目标，一般是以招投标阶段确定的合同价作为投资控制目标，监理工程师应对投资目标进行分析、论证，并进行投资目标分解，在此基础上依据项目实施进度，编制资金使用计划。做到控制目标明确，便于实际值与目标值的比较，使投资控制具体化、可实施。施工阶段投资资金使用计划的编制方法如下：

1) 按项目结构划分编制资金使用计划。根据工程分解结构的原理，一个建设项目可以由多个单项工程组成，每个单项工程还可以由多个单位工程组成，而单位工程又可分解成若干个分部和分项工程。按照不同子项目的投资比例将投资总费用分摊到单项工程和单位工程中去，不仅包括建筑安装工程费用，而且包括设备购置费用和工程建设其他费用，从而形成单项工程和单位工程资金使用计划。在施工阶段，要对各单位工程的建筑安装工程费用做进一步的分解，形成具有可操作性的分部、分项工程资金使用计划。

2) 按时间进度编制资金使用计划。工程项目的总投资是分阶段、分期支出的，考虑到资金的合理使用和效益，监理工程师有必要将总投资目标按使用计划时间（年、季、月、旬）进行分解，编制工程项目年、季、月、旬资金使用计划，并报告建设单位，据此筹措资金、支付工程款，尽可能减少资金占用和利息支付。在按时间进度编制工程资金使用计划时，必须先确定工程的时间进度计划，通常可用横道图或网络图，根据时间进度计划所确定的各子项目开始时间和结束时间，安排工程投资资金支出，同时对时间进度计划也形成一定的约束作用。资金使用计划表达形式有多种，其中资金需要量曲线和资金累计曲线（S 形曲线）较常见。

(2) 审核施工组织设计

施工组织设计是施工承包单位依据投标文件编制的指导施工阶段开展工作的技术经济文件。监理工程师审核其保证质量、安全、工期、投资的技术组织方案的合理性、科学性，从而判断主要技术、经济指标的合理性，通过设计控制、修改、优化，达到预先控制、主动控制的效果，从而保证施工阶段投资控制的效果。

对施工组织设计的审核，可从施工方案、进度计划、施工现场布置以及保证质量、安全、工期的措施是否合理及可行等方面进行。采取不同的施工方法，选用不同的施

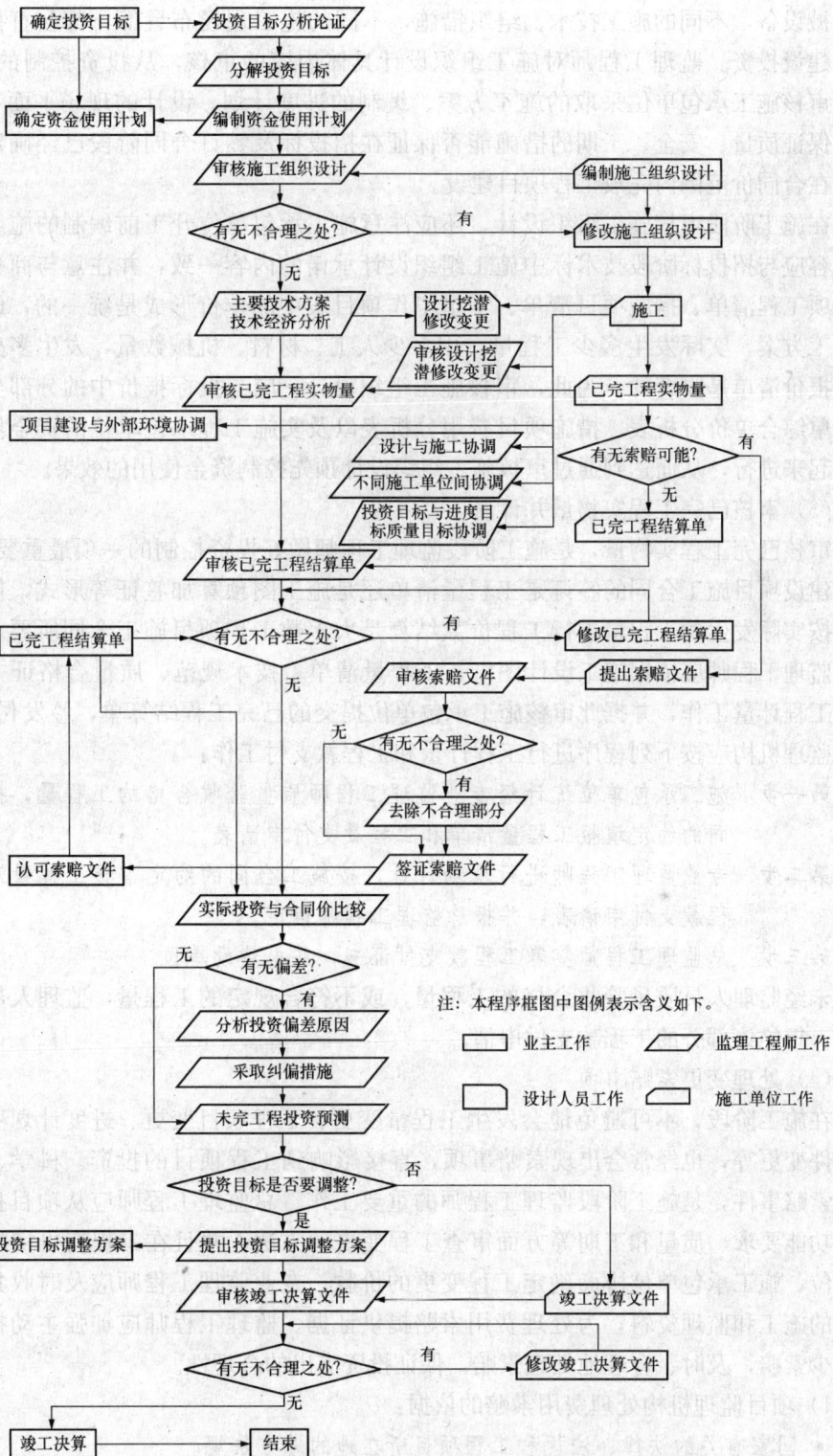

图 4.1　施工阶段投资控制工作流程

工机械设备，不同的施工技术、组织措施，不同的施工现场布置等，都会直接影响到工程建设投资。监理工程师对施工组织设计具体内容的审核，从投资控制的角度讲，就是审核施工承包单位采取的施工方案、编制的进度计划、设计的现场平面布置、采取的保证质量、安全、工期的措施能否保证在招投标及签订合同阶段已经确定的投资额或在合同价范围内完成工程项目建设。

在施工阶段审核施工组织设计，还应注意施工承包单位开工前编制的施工组织设计内容应与招投标阶段技术标中施工组织设计承诺的内容一致，并注意与商务标中分部分项工程清单、措施项目清单、零星工作项目表中的单价形成是统一的，即采取什么施工方案，实际发生多少工程量，用多少人工、材料、机械数量，发生多少费用与投标报价清单是吻合的。为此，审核施工组织设计，应与投标报价中的分部分项工程量清单综合单价分析表、措施项目费用分析表以及实施工程承包单位的资金使用计划结合起来进行，从而达到通过审核施工组织设计预先控制资金使用的效果。

(3) 审核已完工程实物量并计量

审核已完工程实物量，是施工阶段监理工程师做好投资控制的一项最重要的工作。无论建设项目施工合同的签订是工程量清单还是施工图预算加签证等形式，依照合同规定按实际发生的工程量进行工程价款结算是大多数工程项目施工合同所要求的。为此，监理工程师应依据施工设计图纸、工程量清单、技术规范、质量合格证书等认真做好工程计量工作，并据此审核施工承包单位提交的已完工程结算单，签发付款证书。项目监理机构应按下列程序进行工程计量和工程款支付工作：

第一步 施工承包单位统计经专业监理工程师质量验收合格的工程量，按施工合同的约定填报工程量清单和工程款支付申请表。

第二步 专业监理工程师进行现场计量，按施工合同的约定审核工程量清单和工程款支付申请表，并报总监理工程师审定。

第三步 总监理工程师签署工程款支付证书，并报建设单位。

未经监理人员质量验收合格的工程量，或不符合规定的工程量，监理人员应拒绝计量，拒绝该部分的工程款支付申请。

(4) 处理变更索赔事项

在施工阶段，不可避免地会发生工程量变更、工程项目变更、进度计划变更、施工条件变更等，也经常会出现索赔事项，直接影响到工程项目的投资。科学、合理地处理索赔事件，是施工阶段监理工程师的重要工作。总监理工程师应从项目投资、项目的功能要求、质量和工期等方面审查工程变更的方法，并且在工程变更实施前与建设单位、施工承包单位协商确定工程变更的价款。专业监理工程师应及时收集、整理有关的施工和监理资料，为处理费用索赔提供证据。监理工程师应加强主动控制，尽量减少索赔，及时、合理地处理索赔，保证投资支出的合理性。

1) 项目监理机构处理费用索赔的依据：

• 国家有关的法律、法规和工程项目所在地的地方法规。

• 本工程的施工合同文件。

- 国家、部门和地方有关的标准、规范和定额。
- 施工合同履行过程中与索赔事件有关的凭证。

2) 项目监理机构处理费用索赔的程序：

第一步 施工承包单位在施工合同规定的期限内向项目监理机构提交对建设单位的费用索赔意向通知书。

第二步 总监理工程师指定专业监理工程师收集与索赔有关的资料。

第三步 施工承包单位在承包合同规定的期限内向项目监理机构提交对建设单位的费用索赔申请表。

第四步 总监理工程师初步审查费用索赔申请表，符合费用索赔条件（索赔事件造成了施工承包单位直接经济损失、索赔事件是由于非承包单位责任发生的）时予以受理。

第五步 总监理工程师进行费用索赔审查，并在初步确定一个额度后与承包单位和建设单位进行协商。

第六步 总监理工程师应在施工合同规定的期限内签署费用索赔审批表，或在施工合同规定的期限内发出要求施工承包单位提交有关索赔报告的进一步详细资料的通知，待收到施工单位提交的详细资料后，按第四至六步进行。

（5）实际投资与计划投资比较，及时进行纠偏

专业监理工程师应及时建立月完成工程量和工作量统计表，对实际完成量与计划完成量进行比较、分析，定期地将实际投资与计划投资（或合同价）做比较，发现投资偏差，计算投资偏差，分析投资偏差产生的原因，制定调整措施，并应在监理月报中向建设单位报告。

投资偏差是指投资计划值与实际值之间存在的差异，即

投资偏差＝已完工程实际投资－已完成工程计划投资
＝已完工程量×实际单价－已完工程量×计划单价

上式中结果为正表示投资增加，结果为负表示投资节约。需要注意的是，与投资偏差密切相关的是进度偏差，在进行投资偏差分析的时候要同时考虑进度偏差，只有进度计划正常的情况下，投资偏差为正值时表示投资增加；如果实际进度比计划进度超前，单纯分析投资偏差是看不出本质问题的。为此，在进行投资偏差分析时往往同时进行进度偏差计算分析。

引起投资偏差的原因主要包括四个方面：客观原因，包括人工费涨价、材料费涨价、自然因素、地基因素、交通原因、社会原因、法规变化等；建设单位原因，包括投资规划不当、组织不落实、建设手续不齐备、未及时付款、协调不佳等；设计原因，包括设计错误或缺陷、设计标准变更、图纸提供不及时、结构变更等；施工原因，包括施工组织设计不合理、质量事故、进度安排不当等。从偏差产生的原因看，客观原因是无法避免的，施工原因造成的损失由施工承包单位自己负责，因此监理工程师投资纠偏的主要对象是建设单位原因和设计原因造成的投资偏差。

除上述投资控制工作内容外，监理工程师还应协助建设单位按期提供合格的施工现场、符合要求的设计文件以及应由建设单位提供的材料、设备等，避免索赔事件的发生，造成投资费用增加。在工程价款结算时，还应审查有关变更费用的合理性，审查价格调整的合理性等。

4.4.3 竣工验收阶段的投资控制

竣工验收是工程项目建设全过程的最后一个程序，是检验、评价建设项目是否按预定的投资意图全面完成工程建设任务的过程，是投资成果转入生产使用的转折阶段。

1. 工程竣工结算过程中监理工程师的职责

工程项目进入竣工验收阶段，按照我国工程项目施工管理惯例，也就进入了工程尾款结算阶段，监理工程师应在全面检查验收工程项目质量的基础上，对整个工程项目施工预付款、已结算价款、工程变更费用、合同规定的质量保留金等综合考虑分析计算后，审核施工承包单位工程尾款结算报告，符合支付条件的报建设单位进行支付。

工程竣工结算是指施工承包单位按照合同规定的内容全部完成所承包的工程，经验收质量合格，并符合合同要求之后，向建设单位进行的最终工程价款结算。工程价款结算的计算公式为

竣工结算工程价款＝预算（或概算）或合同价＋施工过程中预算或合同价款调整数额
－预付及已结算工程价款－保修金

我国《建设工程施工合同（示范文本）》对竣工结算的规定如下：

1）工程竣工验收报告经建设单位认可后 28 天内，施工承包单位向建设单位递交竣工结算报告及完整的结算资料，双方按照协议书约定的合同价款及专用条款约定的合同价款调整内容，进行工程竣工结算。

2）建设单位收到施工承包单位递交的竣工结算报告及结算资料后 28 天内进行核实，给予确认或者提出修改意见。建设单位确认竣工结算报告后通知经办银行向施工承包单位支付工程竣工结算价款。

3）建设单位收到竣工结算报告及结算资料后 28 天内无正当理由不支付工程竣工结算价款，从第 29 天起按施工承包单位向银行贷款利率支付拖欠工程价款的利息，并承担违约责任。

4）建设单位收到竣工结算报告及结算资料后 28 天内不支付工程竣工结算价款，施工承包单位可以催告建设单位支付结算价款。建设单位在收到竣工结算报告及结算资料 56 天内仍不支付的，施工承包单位可以与建设单位协议工程折价，也可以由施工承包单位申请人民法院将该工程依法拍卖，施工承包单位就该工程折价或拍卖的价款优先受偿。

5）工程竣工验收报告经建设单位认可后 28 天内，施工承包单位未能向建设单位递交竣工结算报告及完整的结算资料，造成工程竣工结算不能正常进行或工程竣工结算价款不能及时支付，建设单位要求交付工程的，施工承包单位应当交付；建设单位

不要求交付工程的，施工承包单位承担保管责任。

6）建设单位和施工承包单位对工程竣工结算价款发生争议时，按争议的约定处理。按照我国现行《建设工程监理规范》（GB/T 50319—2013）的规定和委托建设监理工程项目管理的通常做法，在竣工结算过程中，监理机构及其监理工程师的主要职责是：一方面承发包双方之间的结算申请、报表、报告及确认等资料均通过监理机构传递，监理方起协调、督促作用；另一方面，施工承包单位向建设单位递交的竣工结算报表应由专业监理工程师审核，总监理工程师审定，由总监理工程师与建设单位、施工承包单位协商一致后，签发竣工结算文件和最终的工程款支付证书报建设单位。项目监理机构应及时按施工合同的有关规定进行竣工结算，并应对竣工结算的价款总额与建设单位和施工承包单位进行协商。

2. 竣工结算的审查

对工程竣工结算的审查是竣工验收阶段监理工程师的一项重要工作。经审查核定的工程竣工结算是核定建设工程投资造价的依据，也是建设项目验收后编制竣工决算和核定新增固定资产价值的依据。监理工程师应严把竣工结算审核关。在审查竣工结算时应从以下几方面入手。

（1）核对合同条款

首先，应对竣工工程内容是否符合合同条件要求，工程是否竣工验收合格进行核对。只有按合同要求完成全部工程并验收合格才能进行竣工结算。其次，应按合同约定的结算方法、计价定额、取费标准、主材价格和优惠条款等对工程竣工结算进行审核，若发现合同"开口"或有漏洞，应请建设单位和施工承包单位认真研究，明确结算要求。

（2）检查隐蔽验收记录

所有隐蔽工程均需进行验收，有隐检记录，并经监理工程师签证确认。审核竣工结算时应检查隐蔽工程施工记录和验收签证，做到手续完整、工程量与竣工图一致方可列入结算。

（3）落实设计变更签证

设计修改变更应由设计单位出具设计变更通知单和修改图纸，设计、核审人员签字并加盖公章，经建设单位和监理工程师审查同意、签证，重大设计变更应经原审批部门审批，否则不应列入结算。

（4）按图核实工程数量

竣工结算的工程量应依据竣工图、设计变更单和现场签证等进行核算，并按国家统一的计算规则计算工程量。

（5）认真核实单价

结算单价应按现行的计价原则和计价方法确定，不得违背。

（6）注意各项费用计取

建筑安装工程的取费标准，应按合同要求或项目建设期间与计价定额配套使用的建筑安装工程费用定额及有关规定执行，先审核各项费率、价格指数或换算系数是否正确，价差调整计算是否符合要求，再核实特殊费用和计算程序。要注意各项费用的计取基数，如安装工程间接费是以人工费（或人工费与机械费合计）为基数，此处人工费是直接工程费中的人工费（或人工费与机械费合计）与措施费中人工费（或人工费与机械费合计），再加上人工费（或人工费与机械费）调整部分之和。

（7）防止各种计算误差

工程竣工结算子目多、篇幅大，往往有计算误差，应认真核算，防止因计算误差多计或少算。

3. 协助建设单位编制竣工决算文件

所有竣工验收的项目，在办理验收手续之前，必须对所有财产和物资进行清理，编制竣工决算。一方面竣工决算反映建设项目实际造价和投资效果；另一方面还可以通过竣工决算与概算、预算的对比分析，考核投资控制的工作成效，总结经验教训，积累技术经济方面的基础资料，提高未来建设工程的投资效益。

竣工决算是建设工程从筹建到竣工投产全过程中发生的所有实际支出费用计算，包括设备工器具购置费、建筑安装工程费和其他费用等。竣工决算由竣工决算报表、竣工财务决算说明书、竣工工程平面示意图、工程投资造价比较分析 4 部分组成。

（1）竣工决算的编制依据

- 可行性研究报告、投资估算书、初步设计或扩大初步设计、（修正）总概算及其批复文件。
- 设计变更记录、施工记录或施工签证及其他施工发生的费用记录。
- 经批准的施工图预算或标底造价、承包合同、工程结算等有关资料。
- 历年基建计划、历年财务决算及批复文件。
- 设备、材料调价文件和调价记录。
- 其他有关资料。

（2）竣工决算的编制步骤

第一步　整理和分析有关依据资料。在编制竣工决算文件之前，应系统地收集、整理所有的技术资料、费用结算资料、有关经济文件、施工图纸和各种变更与签证资料，并分析它们的正确性。

第二步　清理各项财务、债务和结余物资。在收集、整理和分析有关资料时，要特别注意建设工程从筹建到竣工投产或使用的全部费用的各项账务、债权和债务的清理，做到工程完毕账目清晰。既要核对账目，又要查点库存实物的数量，做到账与物相等，账与账相符。对结余的各种材料、工器具和设备，要逐项清点核实，妥善管理，并按规定及时处理，收回资金。对各种往来款项要及时进行全面清理，为编制竣工决算提供准确的数据和结果。

第三步　填写竣工决算报表。填写建设工程竣工决算表格中的内容，应按照编制依据中的有关资料进行统计或计算各个项目和数量，并将其结果填到相应表格的栏目内，完成所有报表的填写。

第四步　编制建设工程竣工决算说明。按照建设工程竣工决算说明的内容要求，根据编制依据材料填写在报表中。一般以文字说明表述。

第五步　做好工程造价对比分析。

第六步　清理、装订好竣工图。

第七步　上报主管部门审查。

4. 工程投资造价比较分析

工程投资造价比较分析时，可先对比整个项目的总概算，然后将建筑安装工程费、设备及工器具费和其他工程费用逐一与竣工决算表中所提供的实际数据和相关资料及批准的概算、预算指标、实际的工程投资造价进行对比分析，以确定竣工项目总投资造价是节约还是超支，并在对比的基础上，总结先进经验，找出节约和超支的内容及其原因，提出改进措施。在实际工作中，监理工程师应主要分析以下内容：

- 主要实物工程量。对于实物工程量出入比较大的情况，必须查明原因。
- 主要材料消耗量。考核主要材料消耗量，要按照竣工决算表中所列明的主要材料实际超概算的消耗量，查明是在工程的哪个环节超出量最大，再进一步查明超耗的原因。
- 考核建设单位管理费、建筑及安装工程措施费、间接费等的取费标准。建设单位管理费、建筑及安装工程措施费、间接费等的取费要按照国家有关规定以及工程项目实际发生情况，根据竣工决算报表中所列的数额与概预算或措施项目清单、其他项目清单中所列数额进行比较，依据规定查明是否多列或少列费用项目，确定其节约超支的数额，帮助建设单位查明原因。对整个建设项目建设投资情况进行总结，提出成功经验及应吸取的教训。

4.5　建设工程进度控制

4.5.1　建设工程进度控制概述

1. 进度控制的概念

建设工程监理进度控制指将工程项目建设各阶段的工作内容、工作程序、持续时间和衔接关系，根据进度总目标及优化资源的原则编制成进度计划，并将该计划付诸实施。在实施过程中，监理工程师运用各种监理手段和方法，依据合同文件和法律法规所赋予的权力，监督工程项目任务承揽人采用先进合理的技术、组织、经济等措施，不断检查调整自身的进度计划，在确保工程质量、安全和投资费用的前提下，按照合同规定的工程建设期限加上监理工程师批准的工程延期时间以及预订的计划目标去完成项目建设任务。

对建设工程项目的控制贯穿于项目实施的全过程，而且首先应认识到对项目的控制越早，对计划（标准）的实现越有保障。其次，对控制工作而言，不能只看成是少数人的事情，而应该是全体参与人员的责任。最后应该明确，要尽力提倡主动控制，即在实施前或偏离前已预测到偏离的可能，主动采取措施，提早防止偏离的发生。

2. 进度控制监理的基本工作

（1）项目实施阶段进度控制的主要任务

项目实施阶段进度控制的主要任务有设计前准备阶段的工作进度控制、设计阶段的工作进度控制、招标工作进度控制、施工前准备工作进度控制、施工（土建和安装）进度控制、工程物资采购工作进度控制、项目动用前的准备工作进度控制等。

设计前的准备工作进度控制的任务是搜集有关工期的信息，协助建设单位确定工期总目标；进行项目总进度目标的分析、论证，并编制项目总进度计划；编制准备阶段详细工作计划，并控制该计划的执行；施工现场条件的调查研究和分析等。

设计阶段进度控制的任务是编制设计阶段工作进度计划并控制其执行；编制详细的各设计阶段的出图计划并控制其执行。注意，尽可能使设计工作进度与招标、施工、物资采购等工作进度相协调。

施工阶段进度控制的任务是编制施工总进度计划及单位工程进度计划并控制其执行；编制施工年（或月、季、旬、周）实施计划并控制其执行。

供货进度控制的任务是编制供货进度计划并控制其执行，供货计划应包括供货过程中的原材料采购、加工制造、运输等主要环节。

（2）进度控制监理的基本工作

根据监理合同，监理单位从事的监理工作可以是全过程的监理，也可以是阶段性的监理；可以是整个建设项目的监理，也可以是某个子项目的监理。从某种意义上说，监理的进度控制工作取决于业主的委托要求。

4.5.2 进度控制的主要方法

1. 进度计划的编制方法

（1）横道图进度计划

横道图进度计划法是一种传统方法，它的横坐标是时间标尺，各工程活动（工作）的进度示线与之相对应，这种表达方式简便直观、易于管理使用，依据它直接进行统计计算可以得到资源需要量计划。

横道图的基本形式如图4.2所示。它的纵坐标按照项目实施的先后顺序自上而下表示各工作的名称、编号，为了便于审查与使用计划，在纵坐标上也可以表示出各工作的工程量、劳动量（或机械量）、工作队人数（或机械台数）、工作持续时间等内容。图中的横道线段表示计划任务各工作的开展情况，工作持续时间、开始与结束时间一目了然。横道图实质上是图和表的结合形式，在工程中广泛应用，很受欢迎。

当然，横道图的使用也有局限性，主要是工作之间的逻辑关系表达不清楚，不能确定关键工作，对于计划偏差不能简单而迅速地进行调整，不能充分利用计算机等。

施工过程		施工进度/天						
		4	8	12	16	20	24	28
挖土方	8	1	2	3	4			
垫层	6		2	3	4			
砌基础	14			2	3	4		
回填土	5			1	2	3	4	
劳动力动态曲线		8	14	28	33	25	19	5

图 4.2　分部工程施工进度计划横道指示图表

尤其是当项目包含的工作数量较多时，这些缺点表现得更加突出。所以，它适用于一些简单的小项目，适用于工作划分范围很大的总进度计划，适用于工程活动及其相互关系分析不很清楚的项目初期的总体计划。

（2）网络图进度计划

网络图是由箭线和节点组成的，表示工作流程的网状图形。这种利用网络图的形式来表达各项工作的相互制约和相互依赖关系，并标注时间参数，用以编制计划、控制进度、优化管理的方法统称为网络计划技术。我国《工程网络计划技术规程》（JGJ/T 121—1999）推荐的常用的工程网络计划类型包括双代号网络计划、双代号时标网络计划、单代号网络计划、单代号搭接网络计划。

网络计划有着横道图无法比拟的优点，是目前最理想的进度计划与控制方法。我国目前较多使用的是双代号时标网络计划。国际上，美国较多使用双代号网络计划，欧洲较多使用单代号网络计划，其中德国普遍使用单代号搭接网络计划。双代号网络图是以箭线及两端节点的编号表示工作的网络图，如图 4.3 所示。

2. 进度控制的原理与方法

（1）进度控制的原理

进度控制的原理是在工程项目实施中不断检查和监督各种进度计划执行情况，通过连续地报告、审查、计算、比较，力争将实际执行结果与原计划之间的偏差减少到最低限度，保证进度目标的实现。

图 4.3　双代号网络图

进度控制就其全过程而言，主要工作环节首先是依进度目标的要求编制工作进度计划；其次是把计划执行中正在发生的情况与原计划比较；再次是对发生的偏差分析出现的原因；最后是及时采取措施，对原计划予以调整，以满足进度目标要求。以上4个环节缺一不可，当完成之后再开始下一个循环，直至任务结束。进度控制的关键是计划执行中的跟踪检查和调整。

（2）实际进度与计划进度的比较方法

进度计划的检查方法主要是对比法，即实际进度与计划进度相对比较。通过比较发现偏差，以便调整或修改计划，保证进度目标的实现。计划检查是对执行情况的总结，实际进度都是记录在原计划图上的，故因计划图形的不同而产生了各种检查方法。

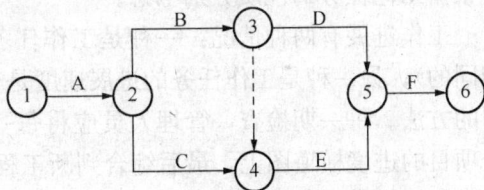

123

　　1）横道图比较法。横道图比较检查的方法就是将项目实施中针对工作任务检查实际进度收集到的信息，经过整理后直接用横道双线（彩色线或其他线型）并列标于原计划的横道单线下方（或上方），进行直观比较的方法。例如，某工程的实际施工进度与计划进度比较如图 4.4 所示。

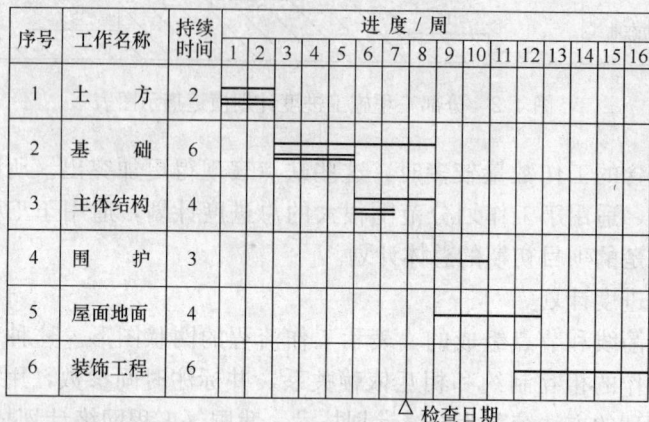

序号	工作名称	持续时间	进度／周														
			1	2	3	4	5	6	7	8	9	10	11	12	13	14	15	16
1	土　　方	2																
2	基　　础	6																
3	主体结构	4																
4	围　护	3																
5	屋面地面	4																
6	装饰工程	6																

△ 检查日期

图 4.4　横道图检查

　　通过这种比较，管理人员能很清晰和方便地观察出实际进度与计划进度的偏差。需要注意的是，横道图比较法中的实际进度可用持续时间或任务量（如劳动消耗量、实物工程量、已完工程价值量等）的累计百分比表示。但计划图中的进度横道线只表示工作的开始时间、持续时间和完成时间，并不表示计划完成量，所以在实际工作中要根据工作任务的性质分别考虑。

　　工作进展有两种情况：一种是工作任务是匀速进行的（单位时间完成的任务量是相同的）；另一种是工作任务的进展速度是变化的。因此，进度比较法就需相应采取不同的方法。每一期检查，管理人员应将每一项工作任务的进度评价结果合理地标在整个项目的进度横道图上，最后综合判断工程项目的进度进展情况。

　　2）实际进度前锋线比较法。前锋线比较法主要适用于双代号时标网络图计划。该方法是从检查时刻的时间标点出发，用点划线依次连接各工作任务的实际进度点（前锋），最后回到计划检查的时点，形成实际进度前锋线，按前锋线判定工程项目进度偏差，如图 4.5 所示。

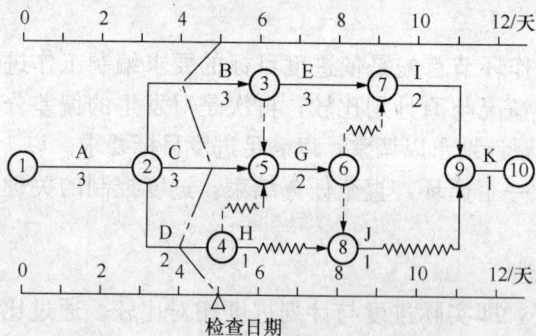

　　简单地讲，前锋线比较法就是通过实际进度前锋线，比较工作实际进度与计划进度偏差，进而判定该偏差对总工期及后续工作影响程度的方法。当某工作前锋点落在检查日期左侧，表明该工作实际进度拖延，拖延时间为两者之差；当该前锋点落在检

图 4.5　时标网络计划前锋线检查

查日期右侧，表明该工作实际进度超前，超前时间为两者之差。进度前锋点的确定可以采用比例法。这种方法形象直观，便于采取措施，但最后应针对项目计划做全面分析（主要利用总时差和自由时差），以判定实际进度情况对应的工期。Project 软件具有

前锋线比较的功能，并可以根据实际进度检查结果，直接计算出新的时间参数，包括相应的工期。

3）双代号网络计划"切割线"检查。这种方法就是利用切割线进行实际进度记录，如图 4.6 所示，点划线为"切割线"。在第 10 天进行记录时，D工作尚需 1 天（方括号内的数）才能完成；G 工作尚需 8 天才能完成；L 工作尚需 2 天才能完成。这种检查可利用

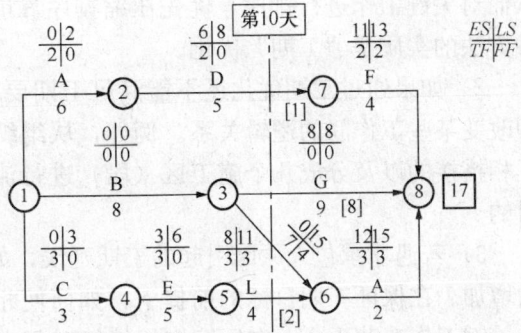

图 4.6　双代号网络计划切割线检查

表 4.3 进行分析。判断进度进展情况是 D、L 工作正常，G 拖期 1 天。由于 G 工作是关键工作，它的拖期将导致整个计划拖期，故应调整计划，追回损失的时间。

表 4.3　网络计划进行到第 10 天的检查结果分析

工作编号	工作名称	检查时尚需时间/天	到计划最后完成前尚有时间	原有总时差/天	尚有时差	情况判断
2—7	D	1	13—10.3	2	3—1.2	正常
3—8	G	8	17—10.7	0	7—8—1	周期/天
5—6	L	2	15—10.5	3	5—2.3	正常

3. 进度计划实施中的调整

工程项目实施过程中工期经常发生延误，发生工期延误后，通常应采取积极的措施赶工，以弥补或部分弥补已经产生的延误。主要通过调整后期计划，采取措施赶工，修改原网络进度计划等方法解决进度延误问题。

（1）分析偏差对工期的影响

当出现进度偏差时，需要分析该偏差对后续工作及总工期产生的影响。偏差所处的位置及其大小不同，对后续工作和总工期的影响是不同的。某工作进度偏差的影响分析方法主要是利用网络计划中工作总时差和自由时差的概念进行判断：若偏差大于总时差，对总工期有影响；若偏差未超过总时差而大于自由时差，对总工期无影响，只对后续工作的最早开始时间有影响；若偏差小于该工作的自由时差，对进度计划无任何影响。如果检查的周期比较长，期间完成的工作比较多，且有不符合计划情况时，往往需要对网络计划做全面的分析才能知道总的影响结果。

（2）进度计划调整

进度计划的调整是利用网络计划的关键线路进行的。

1）关键工作持续时间的缩短，可以减小关键线路的长度，即可以缩短工期，要有目的地压缩那些能缩短工期的关键工作的持续时间。解决此类问题往往要求综合考虑压缩关键工作的持续时间对质量、安全的影响，对资源需求的增加程度等多种因素，从而对关键工作进行排序，优先压缩排序靠前、即综合影响小的工作的持续时间。这种方法的实质是"工期"优化。

2）如果通过工期优化还不能满足工期要求时，必须调整原来的技术或组织方法，即改变某些工作间的逻辑关系。例如，从组织上可以把依次进行的工作改变为平行或互相搭接的以及分成几个施工区（段）进行流水施工的工作，都可以达到缩短工期的目的。

3）若遇非承包人原因引起的工期延误，如果要求其赶工，一般都会引起投资额度的增加。在保证工期目标的前提下，如何使相应追加费用的数额最小呢？关键线路上的关键工作有若干个，在压缩它们持续时间上，显然也有一个次序排列的问题需要解决，其实质就是工期-费用优化。

4.5.3 施工进度控制

1. 工程进度目标的确定

为了提高进度计划的预见性和进度控制的主动性，在确定施工进度控制目标时，必须结合土木工程产品及其生产的特点，全面细致地分析与本工程项目进度有关的各种有利因素和不利因素，以便能制订出一个科学合理的、切合实际的进度控制目标。确定施工进度控制目标的主要依据有：施工合同的工期要求、工期定额及类似工程的实际进度、工程难易程度和施工条件的落实情况等。在确定施工进度分解目标时，还要考虑以下几个方面的问题：

1）对于建筑群及大型工程建筑项目，应根据尽早投入使用、尽快发挥投资效益的原则，集中力量分期分批配套建设。

2）科学合理安排施工顺序。在同一场地上不同工种交叉作业，其施工的先后顺序反映了工艺的客观要求，而平行交叉作业则反映了人们争取时间的主观努力。施工顺序的科学合理能够使施工在时空上得到统筹安排，流水施工是理想的生产组织方式。尽管施工顺序随工程项目类别、施工条件的不同而变化，但还是有其可供遵循的某些共同规律，如先准备、后施工，先地下、后地上，先外、后内，先土建、后安装等。

3）参考同类工程建设的经验，结合本工程的特点和施工条件，制订切合实际的施工进度目标。避免制订进度时的主观盲目性，消除实施过程中的进度失控现象。

4）做好资源配置工作。施工过程就是一个资源消耗的过程，要以资源支持施工。一旦进度确定，则资源供应能力必须满足进度的需要。技术、人力、材料、机械设备、资金统称为资源（生产要素），即5M。技术是第一生产力。在商品生产条件下，一切生产经营活动都离不开资金，它是一种流通手段，是财产、物资、活劳动的货币表现。

5）土木工程的实施具有很强的综合性和复杂性，应考虑外部协作条件的配合情况，包括施工过程中及项目竣工动用所需的水、电、气、通信、道路及其他社会服务对项目的满足程度和满足时间，它们必须与工程项目的进度目标相协调。

6）因为工程项目建设大多都是露天作业，以及建设地点的固定性，应考虑工程项目建设地点的气象、地形、地质、水文等自然条件的限制。

2. 施工进度控制的监理工作

监理工程师对工程项目的施工进度控制从审核承包单位提交的施工进度计划开始，直至工程项目保修期满为止，其工作内容主要有以下几个方面。

(1) 编制施工阶段进度控制工作细则

施工进度控制工作细则的主要内容包括：

- 施工进度控制目标分解图。
- 施工进度控制的主要工作内容和深度。
- 进度控制人员的责任分工。
- 与进度控制有关的各项工作时间安排及其工作流程。
- 进度控制的手段和方法［包括进度检查周期、实际数据的收集、进度报告（表）格式、统计分析方法等］。
- 进度控制的具体措施（包括组织措施、技术措施、经济措施及合同措施等）。
- 施工进度控制目标实现的风险分析。
- 尚待解决的有关问题。

(2) 编制或审核施工进度计划

对于大型工程项目，由于单项工程数量较多、施工总工期较长，若业主采取分期分批发包，没有一个负责全部工程的总承包单位时，监理工程师就要负责编制施工总进度计划；或者当工程项目由若干个承包单位平行承包时，监理工程师也有必要编制施工总进度计划。施工总进度计划应确定分期分批的项目组成，各批工程项目的开工、竣工顺序及时间安排，全场性施工准备工作，特别是首批子项目进度安排及准备工作的内容等。

当工程项目有总承包单位时，监理工程师只需对总承包单位提交的工程总进度计划进行审核即可。而对于单位工程施工进度计划，监理工程师只负责审核而不管编制。施工进度计划审核的主要内容有以下几点：

- 进度安排是否符合工程项目建设总进度计划中总目标和分目标的要求，是否符合施工合同中开竣工日期的规定。
- 施工总进度计划中的项目是否有遗漏，分期施工是否满足分批动用的需要和配套动用的要求。
- 施工顺序的安排是否符合施工程序的原则要求。
- 劳动力、材料、构配件、机具和设备的供应计划是否能保证进度计划的实现，供应是否均衡，需求高峰期是否有足够实现计划的供应能力。
- 业主的资金供应能力是否满足进度需要。

- 施工的进度安排是否与设计单位的图纸供应进度相符。
- 业主应提供的场地条件及原材料和设备，特别是国外设备的到货与施工进度计划是否衔接。
- 总分包单位分别编制的各单位工程施工进度计划之间是否相协调，专业分工与衔接的计划安排是否明确合理。
- 进度安排是否存在造成业主违约而导致索赔的可能。

如果监理工程师在审核施工进度计划的过程中发现问题，应及时向承包单位提出书面修改意见，并协助承包单位修改，其中重大问题应及时向业主汇报。

尽管承包单位向监理工程师提交施工进度计划是为了听取建设性意见，但施工进度计划一经监理工程师确认，即应当视为合同文件的组成部分。它是以后处理承包单位提出的工程延期或费用索赔的一个重要依据。

（3）按年、季、月编制工程综合计划

在按计划期编制的进度计划中，监理工程师应着重解决各承包单位施工进度计划之间、施工进度计划与资源保障计划之间及外部协作条件的延伸性计划之间的综合平衡与相互衔接问题，并根据上期计划的完成情况对本期计划做必要的调整，从而作为承包单位近期执行的指令性（实施性）计划。

（4）下达工程开工令

在 FIDIC 合同条件下，监理工程师应根据承包单位和业主双方关于工程开工的准备情况，选择合适的时机发布工程开工令。工程开工令的发布要尽可能及时，因为从发布工程开工令之日算起，加上合同工期后即为工程竣工日期。如果开工令发布拖延，就等于推迟了竣工时间，甚至可能引起承包单位的索赔。

为了检查双方的准备情况，在一般情况下应由监理工程师组织召开有业主和承包单位参加的第一次工地会议。业主应按照合同规定做好征地拆迁工作，及时提供施工用地，同时还应当完成法律及财务方面的手续，以便能及时向承包单位支付工程预付款。承包单位应当将开工所需要的现场工作及人力、材料、设备准备好，同时还要按合同规定为监理工程师提供各种条件。

（5）协助承包单位实施进度计划

监理工程师要随时了解施工进度计划执行过程中存在的问题，并帮助承包单位予以解决，特别是承包单位无力解决的外层关系协调问题。

（6）监督施工进度计划的实施

这是工程项目施工阶段进度控制的经常性工作。监理工程师不仅要及时检查承包单位报送的施工进度报表和分析资料，同时还要进行必要的现场实地检查，核实所报送的已完成的项目时间及工程量，杜绝虚假现象。

在对工程实际进度资料进行整理的基础上，监理工程师应将其与计划进度相比较，以判定实际进度是否出现偏差。如果出现偏差，监理工程师应进一步分析偏差对进度控制目标的影响程度及其产生的原因，以便研究对策，提出纠偏措施建议，必要时还应对后期工程进度计划做适当的调整。计划调整要及时有效。

(7) 组织现场协调会

监理工程师应每月、每周定期组织召开不同层次的现场协调会议，以解决工程施工过程中的相互协调配合问题。在平行、交叉施工单位多、工序交接频繁且工期紧迫的情况下，现场协调会甚至需要每日召开。在会上通报和检查当天的工程进度，确定薄弱环节，部署当天的赶工任务，以便为次日正常施工创造条件。对于某些未曾预料的突发变故或问题，监理工程师还可以发布紧急协调指令，督促有关单位采取应急措施维护工程施工的正常秩序。

(8) 签发工程进度款支付凭证

监理工程师应对承包单位申报的已完成分项工程量进行核实，在其质量通过检查验收后签发工程进度款支付凭证。

(9) 审批工程延期

1) 工期延误。当出现工期延误时，监理工程师有权要求承包单位采取有效措施加快施工进度。如果经过一段时间后实际进度没有明显改进，仍然落后于计划进度，而且将影响工程按期竣工时，监理工程师应要求承包单位修改进度计划，并提交监理工程师重新确认。

监理工程师对修改后的施工进度计划的确认并不是对工程延期的批准，他只是要求承包单位在合理的状态下施工。因此，监理工程师对进度计划的确认并不能解除承包单位应负的一切责任，承包单位需要承担赶工的全部额外开支和延误工期的损失赔偿。

2) 工程延期。如果由于承包单位以外的原因造成工期拖延，承包单位有权提出延长工期的申请。监理工程师应根据合同规定，审批工程延期时间，应纳入合同工期，作为合同工期的一部分，即新的合同工期应等于原定的合同工期加监理工程师批准的工程延期时间。

监理工程师对于施工进度的拖延是否批准为工程延期，对承包单位和业主都十分重要。如果承包单位得到监理工程师批准的工程延期，不仅可以不赔偿由于工期延长而支付的误期损失费，而且由业主承担由于工期延长所增加的费用。因此，监理工程师应按照合同的有关规定，公正区分工期延误和工程延期，并合理地批准工程延期时间。

(10) 向业主提供进度报告

监理工程师应随时整理进度材料，并做好工程记录，定期向业主提交工程进度报告。

(11) 督促承包单位整理技术资料

监理工程师要根据工程进展情况，督促承包单位及时整理有关技术资料。

(12) 审批竣工申请报告，协助组织竣工验收

当工程竣工后，监理工程师应审批承包单位在自行预验基础上提交的初验申请报告，组织业主和设计单位进行初验。在初验通过后填写初验报告及竣工验收申请书，并协助业主组织工程项目的竣工验收，编写竣工验收报告书。

（13）处理争议和索赔

在工程结算过程中，监理工程师要处理有关争议和索赔问题。

（14）整理工程进度资料

在工程完工以后，监理工程师应将工程进度资料收集起来，进行归类、编目和建档，以便为今后类似工程项目的进度控制提供参考。

（15）工程移交

监理工程师应督促承包单位办理工程移交手续，颁发工程移交证书。在工程移交后的保修期内，还要处理使用中（验收后出现）的质量缺陷或事故的原因等争议问题，并督促责任单位及时修理。当保修期满且再无争议时，工程项目进度控制的任务即告完成。

4.6　安全管理工作

4.6.1　建设工程安全生产控制的概念

安全生产是社会的大事，它关系到国家的财产和人员生命安全，甚至关系到经济的发展和社会的稳定，因此在建设工程生产过程中必须贯彻"安全第一，预防为主"的方针，切实做好安全生产管理工作。

1. 基本概念

安全生产：指在生产过程中保障人身安全和设备安全，有两方面的含义，一是在生产过程中保护职工的安全和健康，防止工伤事故和职业病危害；二是在生产过程中防止其他各类事故的发生，确保生产设备的连续、稳定、安全运转，保护国家财产不受损失。

劳动保护：指国家采用立法、技术和管理等一系列综合措施，消除生产过程中的不安全、不卫生因素，保护劳动者在生产过程中的安全和健康，保护和发展生产力。

施工现场安全生产保证体系：由建设工程承包单位制订的，实现安全生产目标所需的组织机构、职责、程序、措施、过程、资源和制度。

安全生产管理目标：建设工程项目管理机构制订的施工现场安全生产保证体系所要达到的各项基本安全指标，包括：

- 杜绝重大人身伤亡、财产损失和环境污染等事故。
- 一般事故频率控制目标。
- 安全生产标准化工地创建目标。
- 文明施工创建目标。
- 其他目标。

安全检查：指对施工现场安全生产活动和结果的符合性和有效性进行常规的检测和测量活动。其目的是：

- 通过检查，可以发现施工中人的不安全行为和物的不安全状态、不卫生问题，从而采取对策，消除不安全因素，保障安全生产。
- 利用安全生产检查，进一步宣传、贯彻、落实国家安全生产方针、政策和各项安全生产规章制度。
- 安全检查实质上也是群众性的安全教育。通过检查，增强领导和群众的安全意识，纠正违章指挥、违章作业，提高搞好安全生产的自觉性和责任感。
- 通过检查可以互相学习、总结经验、吸取教训、取长补短，有利于进一步促进安全生产工作。
- 通过安全生产检查，了解安全生产状态，为分析安全生产形势，研究加强安全管理提供信息和依据。

危险源：指可能导致死亡、伤害、职业病、财产损失、工作环境破坏或这些情况组合的因素或状态。

隐患：指未被事先识别或未采取必要防护措施，可能导致事故发生的各种因素。

事故：指任何造成疾病、伤害、死亡，财产、设备、产品或环境的损坏或破坏。施工现场安全事故包括物体打击、车辆伤害、机械伤害、起重伤害、触电事故、淹溺、灼烫、火灾、高处坠落、坍塌、放炮、火药爆炸、化学爆炸、物理性爆炸、中毒和窒息及其他伤害。

应急救援：指在安全生产措施控制失效情况下，为避免或减少可能引发的伤害或其他影响而采取的补救措施和抢救行为。它是安全生产管理的内容，是项目经理部实行施工现场安全生产管理的具体要求，也是监理工程师审核施工组织设计与施工方案中安全生产的重要内容。

2. 建设工程安全生产管理的意义

(1) 建设工程安全生产的特点

- 工程建设的产品具有产品固定、体积大、生产周期长的特点。
- 工程建设活动大部分是在露天空旷的场地上完成的，严寒酷暑都要作业，劳动强度大，工人的体力消耗大，尤其是高空作业，如果工人的安全意识不强，在体力消耗的情况下经常会造成安全事故。
- 施工队伍流动性大。
- 建筑产品的多样性决定了施工过程变化大。

综上所述，安全事故很容易发生，因此"安全第一、预防为主"的指导思想就显得非常重要。做到"安全第一、预防为主"就可以减少安全事故的发生，提高生产效率，顺利达到工程建设的目标。

(2) 建设工程安全生产控制的意义

《建设工程安全生产管理条例》针对建设工程安全生产中存在的主要问题，确立了建设企业安全生产和政府监督管理的基本制度，规定了参与建设活动各方主体的安全责任，明确了建筑工人安全与健康的合法权益，是一部全面规范建设工程安全生产的专门法规，可操作性强，对规范建设工程安全生产必将起到重要的作用，对提高工程建设领域安全生产水平、确保人民生命财产安全、促进经济发展、维护社会稳定都具有十分重要的意义。

3. 安全生产控制的原则

- 安全第一，预防为主的原则。
- 以人为本、关爱生命，维护作业人员合法权益的原则。
- 职权与责任一致的原则。

4. 安全生产管理的任务

建设工程安全生产管理的任务主要是贯彻落实国家有关安全生产的方针、政策，督促施工承包单位按照建筑施工安全生产的法规和标准组织施工，落实各项安全生产的技术措施，消除施工中的冒险性、盲目性和随意性，减少不安全的隐患，杜绝各类伤亡事故的发生，实现安全生产。

4.6.2 建设主体的安全生产控制责任

建设工程安全生产管理的范围包括：土木工程、建筑工程、线路管道和设备安装工程及装修工程的新建、扩建、改建和拆除等有关活动及对安全生产的监督管理。《建设工程安全生产管理条例》规定：建设单位、勘察单位、设计单位、施工承包单位、工程监理单位及其他与建设工程安全生产有关的单位，必须遵守安全生产法律、法规的规定，保证建设工程安全生产，依法承担建设工程安全生产责任。

1. 建设主体单位的安全责任

(1) 建设单位的安全责任

建设单位应当向施工承包单位提供施工现场与毗邻区域的供水、排水、供电、供气、供热、通信、广播电视等地下管线资料、气象和水文观测资料、相邻建筑物和构筑物及地下工程的有关资料，并保证资料的真实、准确、完整。建设单位不得对勘察、设计、施工、工程监理等单位提出不符合建设工程安全生产法律、法规和强制性标准规定的要求；不得压缩合同约定的工期。建设单位在编制工程概算时，应当确定建设工程安全作业环境及安全施工措施所需费用。建设单位不得明示或暗示施工承包单位购买、租赁、使用不符合安全施工要求的安全防护用具、机械设备、施工机具及配件、消防设施和器材。建设单位在申请领取施工许可证时，应当提供建设工程有关安全施工措施的资料。依法批准开工报告的建设工程，建设单位应当自开工报告批准之日起15日内，将保证安全施工的措施报送建设工程所在地的县级以上地方人民政府建设行政主管部门或者其他有关部门备案；建设单位应当将拆除工程发包给具有相应资质的施工承包单位。建设单位应当在拆除工程施工15日前，将下列资料报送建设工程所在地的县级以上地方人民政府建设行政主管部门或其他有关部门备案：施工承包单位资质等级证明，拟拆除建筑物、构筑物及可能危及毗邻建筑的说明，拆除施工组织方案，堆放、消除废弃物的措施，实施爆破作业的应当遵守国家有关民用爆破物品管理的规定。

（2）施工承包单位的安全责任

1）施工承包单位从事建设工程的新建、扩建、改建和拆除等活动，应当具备国家规定的注册资本、专业技术人员、技术装备和安全生产等条件，依法取得相应等级的资质证书，并在其资质等级许可的范围内承揽工程。

2）施工承包单位主要负责人要依法对本单位的安全生产工作全面负责。施工承包单位应当建立健全安全生产责任制度和安全生产教育培训制度，制订安全生产规章制度和操作规程，保证本单位安全生产条件所需资金的投入，对所承担的建设工程定期进行专项安全检查，并做好安全检查记录。

3）施工承包单位对列入建设工程概算的安全作业环境及安全施工措施所需费用，应当用于施工安全防护工具及设施的采购和更新，安全施工措施的落实，安全生产条件的改善，不得挪作他用。

4）施工承包单位应当设立安全生产管理机构，配备专职安全生产管理人员。专职安全生产管理人员负责对安全生产进行现场监督检查。发现安全事故隐患，应当及时向项目负责人和安全生产管理机构报告；对违章指挥、违章操作的，应当立即制止。专职安全生产管理人员的配备办法由国务院建设行政主管部门会同国务院其他有关部门确定。

5）建设工程实行施工总承包的，由总承包单位对施工现场的安全生产负总责。总承包单位应当自行完成建设工程主体结构的施工。总承包单位依法将建设工程分包给其他单位的，分包合同中应当明确各自在安全生产方面的权利、义务。总承包单位和分包单位对分包工程的安全生产承担连带责任。分包单位应当服从总承包单位的安全生产管理。分包单位不服从管理导致生产安全事故的，由分包单位承担主要责任。

6）垂直运输机械作业人员、安装拆卸工、爆破作业人员、起重信号工、登高架设作业人员等特种作业人员，必须按照国家有关规定经过专门的安全作业培训，并取得特种作业操作资格证书后方可上岗作业。

7）施工承包单位应当在施工组织设计中编制安全技术措施和施工现场临时用电方案，对下列达到一定规模的危险性较大的分部分项工程编制专项施工方案，并附具安全验算结果，经施工承包单位技术负责人、总监理工程师签字后实施，由专职安全生产管理人员进行现场监督。这些分部分项工程包括：基坑支护与降水工程；土方开挖工程；模板工程；起重吊装工程；脚手架工程；拆除、爆破工程；国务院建设行政主管部门或者其他有关部门规定的其他危险性较大的工程。对前面各款所列工程中涉及深基坑、地下暗挖工程、高大模板工程的专项施工方案，施工承包单位还应当组织专家进行论证、审查。

8）建设工程施工前，施工承包单位负责项目管理的技术人员应当对有关安全施工的技术要求向施工作业班组、作业人员作出详细说明，并由双方签字确认。

9）施工承包单位应当在施工现场入口处和施工起重机械、临时用电设施、脚手架、出入通道口、楼梯口、电梯井口、孔洞口、桥梁口、隧道口、基坑边沿、爆破物及有害危险气体和液体存放处等危险部位设置明显的安全警示标志。

10）施工承包单位应当将施工现场的办公、生活区与作业区分开设置，并保持安全距离；办公、生活区的选址应当符合安全性要求。

11）施工承包单位对因建设工程施工可能造成损害的毗邻建筑物、构筑物和地下管线等应当采取专项防护措施。施工承包单位应当遵守有关环境保护法律、法规的规定，在施工现场采取措施防止或者减少粉尘、废气、废水、固体废物、噪声、振动和施工照明对人和环境的危害和污染。在城市市区内的建设工程，施工承包单位应当对施工现场实行封闭围挡。

12）施工承包单位应当在施工现场建立消防安全责任制度，确定消防安全责任人，制订用火、用电、使用易燃易爆材料等各项消防安全管理制度和操作规程，设置消防通道、消防水源、配备消防设施和灭火器材，并在施工现场入口处设置明显标志。

13）施工承包单位应当向作业人员提供安全防护用具和安全防护服装，并书面告知危险岗位的操作规程和违章操作的危害。作业人员有权对施工现场的作业条件、作业程序和作业方式中存在的安全问题提出批评、检举和控告，有权拒绝违章指挥和强令冒险作业。在施工中发生危及人身安全的紧急情况时，作业人员有权立即停止作业或者在采取必要的应急措施后撤离危险区域。

14）作业人员应当遵守安全施工的强制性标准、规章制度和操作规程，正确使用安全防护用具、机械设备等。

15）施工承包单位采购、租赁的安全防护用具、机械设备、施工机具及配件，应当具有生产（制造）许可证、产品合格证，并在进入施工现场前进行查验。施工现场的安全防护工具、机械设备、施工机具及配件必须由专人管理，定期进行检查、维修和保养，建立相应的资料档案，并按照国家有关规定及时报废。

16）施工承包单位在使用施工起重机械和整体提升脚手架、模板等自升式架设设施前，应当组织有关单位进行验收，也可以委托具有相应资质的检验检测机构进行验收；使用承租的机械设备和施工机具及配件的，由施工总承包单位、分包单位、出租单位和安装单位共同进行验收，验收合格的方可使用。《特种设备安全监察条例》规定的施工起重机械，在验收前应当经有相应资质的检验检测机构检验合格。

施工承包单位应当自施工起重机械和整体提升脚手架、模板等自升式架设设施验收合格之日起 30 日内向建设行政主管部门或者其他有关部门登记，登记标志应当置于或者附着于该设备的显著位置。

17）施工承包单位的主要负责人、项目负责人、专职安全生产管理人员应当经建设行政主管部门或者其他有关部门考核合格后方可任职；施工承包单位应当对管理人员和作业人员每年至少进行一次安全生产教育培训，其教育培训情况记入个人工作档案。安全生产教育培训考核不合格的人员不得上岗。

18）作业人员进入新的岗位或者新的施工现场前，应当接受安全生产教育培训。

未经教育培训或者教育培训考核不合格的人员不得上岗作业。施工承包单位在采用新技术、新工艺、新设备、新材料时，应当对作业人员进行相应的安全生产教育培训。

19）施工承包单位应当为施工现场从事危险作业的人员办理意外伤害保险，意外伤害保险费由施工承包单位支付。实行施工总承包的，由总承包单位支付意外伤害保险费。意外伤害保险期限自建设工程开工之日起至竣工验收合格止。

（3）勘察单位的安全责任

勘察单位应该认真执行国家有关法律、法规和工程建设强制性标准，在进行勘察作业时，应当严格执行操作规程，采取措施保证各类管线、设施和周边建筑物、构筑物的安全，提供真实、准确、满足建设工程安全生产需要的勘察资料。

（4）设计单位在工程建设活动中的安全责任

设计单位和注册建筑师等注册执业人员应当对其设计负责。设计单位应当严格按照有关法律、法规和工程建设强制性标准进行设计，防止因设计不合理导致生产安全事故的发生；在设计中应当考虑施工安全操作和防护的需要，对涉及施工安全的重点部位和环节在设计文件中注明，并对防范生产安全事故提出指导意见。对于采用新结构、新材料、新工艺的建设工程和特殊结构的建设工程，设计单位应当在设计中提出保障施工作业人员安全和预防生产安全事故的措施建议。

（5）工程监理单位的安全责任

工程监理单位应当审查施工组织设计中的安全技术措施或者专项施工方案是否符合工程建设强制性标准。工程监理单位在实施监理过程中，发现存在安全事故隐患的，应当要求施工承包单位整改；情况严重的，应当要求施工承包单位暂时停止施工，并及时报告建设单位。施工承包单位拒不整改或者不停止施工的，工程监理单位应当及时向有关主管部门报告。工程监理单位和监理工程师应当按照法律、法规和工程建设强制性标准实施监理，并对建设工程安全生产承担监理责任。

2. 建设主体单位的法律责任

按主体违反法律规范的不同，其违法的法律责任可分为刑事责任、民事责任、行政责任三大类，具体承担方式可以是人身责任、财产责任、行为能力责任等。

（1）建设单位的违法行为及法律责任

1）违法行为。

- 对勘察、设计、施工、工程监理等单位提出不符合安全生产法律、法规和强制性标准规定的要求的。
- 要求施工承包单位压缩合同约定的工期的。
- 将拆除工程发包给不具有相应资质等级的施工承包单位的。

2）法律责任。建设单位有以上行为之一的，责令限期改正，处 20 万元以上 50 万元以下的罚款；造成重大安全事故，构成犯罪的，对直接责任人员，依照刑法有关规定追究刑事责任；造成损失的，依法承担赔偿责任。

（2）勘察设计单位的违法行为及法律责任

1）违法行为。

- 未按照法律、法规和工程建设强制性标准进行勘察、设计的。
- 采用新结构、新材料、新工艺的建设工程和特殊结构的建设工程，设计单位未在设计中提出保障施工作业人员安全和预防生产安全事故的措施建议的。

2）法律责任。勘察单位、设计单位有以上行为之一的，责令限期改正，处 10 万元以上 30 万元以下的罚款；情节严重的，责令停业整顿，降低资质等级，直至吊销资质证书；造成重大安全事故，构成犯罪的，对直接责任人员，依照刑法有关规定追究刑事责任；造成损失的，依法承担赔偿责任。

（3）施工承包单位的违法行为及法律责任

《建设工程安全生产管理条例》关于施工承包单位法律责任的条款较多，此处只以第六十五条来加以说明。

1）违法行为。

- 安全防护用具、机械设备、施工机具及配件在进入施工现场前未经查验或者查验不合格即投入使用的。
- 使用未经验收或者验收不合格的施工起重机械和整体提升脚手架、模板等自升式架设设施的。
- 委托不具有相应资质的单位承担施工现场安装、拆卸施工起重机械和整体提升脚手架、模板等自升式架设设施的。
- 在施工组织设计中未编制安全技术措施、施工现场临时用电方案或者专项施工方案的。

2）法律责任。施工承包单位有以上行为之一的，责令限期改正；逾期未改正的，责令停业整顿，并处 10 万元以上 30 万元以下的罚款；情节严重的，降低资质等级，直至吊销资质证书；造成重大安全事故，构成犯罪的，对直接责任人员，依照刑法有关规定追究刑事责任；造成损失的，依法承担赔偿责任。

（4）监理单位的违法行为与法律责任

1）违法行为。

- 未对施工组织设计中的安全技术措施或者专项施工方案进行审查的。此规定包含了三方面的含义：一是没有对施工组织设计进行审查；二是没有进行认真的审查；三是可能没有审查出导致安全事故发生的重要原因。因此，监理工程师对施工组织设计的审查应该是能够通过自己所掌握的专业知识进行详细的审查，应该做到满足《条例》和技术规定的要求，否则将会承担法律责任。
- 发现安全事故隐患未及时要求施工承包单位整改或者暂时停止施工的。此条规定有两方面的含义：一是监理单位是否及时发现在施工中存在的安全事故隐患，包括不安全状态、不安全行为等；另一方面是发现了安全隐患是否及时要求施工承包单位整改或暂时停止施工。发现隐患，及时整改，可以避免或减少损失。
- 施工承包单位拒不整改或者不停止施工的，未及时向有关主管部门报告的。发现安全隐患，及时要求施工承包单位立即整改或停止施工，而施工承包单位拒不执行的，应当立即向建设单位或者有关主管部门报告，否则监理单位依然要承担法律责任。具体操作以监理通知或工作纪要等书面文字为依据。

- 未依照法律、法规和工程建设强制性标准实施监理的。监理单位是建设单位在施工现场的监管者，不仅要对质量、进度和投资进行控制，还要增加对安全的控制，即对建设工程安全生产承担监理责任。监理单位未能依照法律、法规和工程建设强制性标准对建设工程安全生产进行监理的，也要承担相应的法律责任。

2）监理单位和监理工程师的法律责任。

- **行政责任** 对于监理单位的上述违法行为，首先应当责令限期改正；逾期未改正的，责令停业整顿，并处 10 万元以上 30 万元以下的罚款；情节严重的，降低资质等级，直至吊销资质证书；对于注册执业人员未执行法律、法规和工程建设强制性标准的，责令停止执业 3 个月以上 1 年以下；情节严重的，吊销执业资格证书，5 年内不予注册；造成重大安全事故的，终身不予注册；构成犯罪的，依照刑法有关规定追究刑事责任。

- **民事责任** 监理单位基于建设单位委托合同参加到工程建设中来，由于自身的违法行为，往往也是违约行为，损害了建设单位的利益，如果给建设单位造成损失，监理单位应当对建设单位承担赔偿责任。

- **刑事责任** 《中华人民共和国刑法》第一百三十七条规定：建设单位、设计单位、施工承包单位、工程监理单位违反国家规定，降低工程质量标准，造成重大安全事故的，对直接责任人员处 5 年以下有期徒刑或者拘役，并处罚金；后果特别严重的，处 5 年以上 10 年以下有期徒刑，并处罚金。

3. 政府主管部门对建设工程安全生产的监督管理

（1）各级建设行政主管部门对建设工程安全生产的监督管理职责

1）国务院建设行政主管部门的主要职责有：贯彻执行国家有关安全生产的法规、政策，起草或者制定建设工程安全生产管理的法规、标准，并监督实施；制定建设工程安全生产管理的中、长期规划和近期目标，组织建设工程安全生产技术的开发与推广应用；指导和监督检查省、自治区、直辖市人民政府建设行政主管部门对建设工程安全生产的监督管理工作；统计全国建筑职工因工伤亡人数，掌握并发布全国建设工程安全生产动态；负责对企业申报资质时安全条件的审查，行使安全生产否决权；组织建设工程安全大检查，总结交流安全生产管理经验，并表彰先进；检查和督促工程建设重大事故的调查。

2）县级以上地方人民政府建设行政主管部门的主要职责有：贯彻执行国家和地方有关安全生产的法规、标准和政策，起草或者制定本行政区内建设工程安全生产管理的实施细则或者实施办法；制定本行政区域内建设工程安全生产管理的中、长期规划和近期目标，组织建设工程安全生产技术的开发与推广应用；建立建设工程安全生产的监督管理体系，制定本行政区域内建设工程安全生产监督管理工作制度，组织落实安全生产责任制；负责本行政区域内建筑职工因工伤亡的统计和上报工作，掌握和发布本行政区域建设工程安全生产动态，制定事故应急救援预案，并组织实施；负责对企业申报资质时安全条件的审查，行使安全生产否决权；组织开展本行政区域内建设工程安全大检查，总结交流安全生产管理经验，并表彰先进；组织检查施工现场、构配件生产车间等处的安全管理和防护措施，纠正违章指挥和违章作业；组织开展本行政区域内施工承包单位的生产管理人员、作业人员的安全生产教育、培训工作，监督检查施工承包单位对安全施工措施费的使用；领导和管理建设工程安全管理机构的工作。

（2）严格监督、检查安全生产，依法及时进行纠正和处理

《条例》规定了政府建设行政主管部门在其职责范围内有权检查有关单位安全生产的文件和资料，有权进入施工现场进行检查，对违反安全生产要求的行为进行纠正和对存在的安全隐患和危险情况责令处置，必要时责令立即撤出人员或者暂时停止施工。

4.6.3　监理工程师在安全生产控制中的主要工作

1. 建设前期的安全控制

（1）安全生产控制体系

搞好安全生产的控制，首先要建立安全生产的控制体系。

（2）安全事故防范措施

在施工开始前，项目监理部应组织有关单位分析本工程的特点以及一般的安全事故类型和安全事故的影响，有针对性地采取措施，做好安全事故的事前预控。

1）坚持"安全第一、预防为主"的原则。建立健全生产安全责任制；完善安全控制机构、组织制度和报告制度；保证施工环境、树立文明施工意识；安全经费及时到位，专款专用；做好安全事故救助预案并进行演练。

2）建立完善的安全检查验收制度。生产部门应该在安全制度的基础上，设专人定期或者不定期地对生产过程的安全状况进行检查，发现隐患及时纠正。存在隐患不能施工，改正合格后，向监理工程师报验，监理工程师应及时检查验收，对不符合安全要求的部位提出整改要求，经整改验收合格后签字，方可继续施工。

2. 安全生产控制的审查

（1）施工承包单位安全生产管理体系的检查

1）施工承包单位应具备国家规定的安全生产资质证书，并在其等级许可范围内承揽工程。

2）施工承包单位应成立以企业法人代表为首的安全生产管理机构，依法对本单位的安全生产工作全面负责。

3）施工承包单位的项目负责人应当由取得安全生产相应资质的人担任，在施工现

场应建立以项目经理为首的安全生产管理体系，对项目的安全施工负责。

4）施工承包单位应当在施工现场配备专职安全生产管理人员，负责对施工现场的安全施工进行监督检查。

5）工程实行总承包的，应由总包单位对施工现场的安全生产负总责，总包单位和分包单位应对分包工程的施工安全承担连带责任，分包单位应当服从总包单位的安全生产管理。

（2）施工承包单位安全生产管理制度的检查

1）安全生产责任制。这是企业安全生产管理制度中的核心，是上至总经理下至每个生产工人对安全生产所应负的职责。

2）安全技术交底制度。施工前由项目的技术人员将有关安全施工的技术要求向施工作业班组、作业人员作出详细说明，并由双方签字落实。

3）安全生产教育培训制度。施工承包单位应当对管理人员、作业人员每年至少进行一次安全教育培训，并把教育培训情况记入个人工作档案。

4）施工现场文明管理制度。

5）施工现场安全防火、防爆制度。

6）施工现场机械设备安全管理制度。

7）施工现场安全用电管理制度。

8）班组安全生产管理制度。

9）特种作业人员安全管理制度。

10）施工现场门卫管理制度。

（3）工程项目施工安全监督机制的检查

1）施工承包单位应当制定切实可行的安全生产规章制度和安全生产操作规程。

2）施工承包单位的项目负责人应当落实安全生产的责任制和有关安全生产的规章制度和操作规程。

3）施工承包单位的项目负责人应根据工程特点，组织制订安全施工措施，消除安全隐患，及时如实报告施工安全事故。

4）施工承包单位应对工程项目进行定期与不定期的安全检查，并做好安全检查记录。

5）在施工现场应采用专检和自检相结合的安全检查方法、班组间相互安全监督检查的方法。

6）施工现场的专职安全生产管理人员在施工现场发现安全事故隐患时，应当及时向项目负责人和安全生产管理机构报告，对违章指挥、违章操作的应当立即制止。

（4）施工承包单位安全教育培训制度落实情况的检查

1）施工承包单位主要负责人、项目负责人、专职安全管理人员应当经建设行政主管部门进行安全教育培训，并经考核合格后方可上岗。

2）作业人员进入新的岗位或新的施工现场前应当接受安全生产教育培训，未经培训或培训考核不合格的不得上岗。

3）施工承包单位在采用新技术、新工艺、新设备、新材料时应当对作业人员进行相应的安全生产教育培训。

4）施工承包单位应当向作业人员以书面形式，告之危险岗位的操作规程和违章操作的危害，制订出保障施工作业人员安全和预防安全事故的措施。

5）垂直运输机械作业人员，安装拆卸、爆破作业人员，起重信号、登高架设作业人员等特种作业人员，必须按照国家有关规定，经过专门的安全作业培训，并取得特种作业操作资格证书，方可上岗作业。

（5）文明施工的检查

1）施工承包单位应当在施工现场入口处和起重机械、临时用电设施、脚手架、出入通道口、电梯井口、楼梯口、孔洞口、基坑边沿，爆破物及有害气体和液体存放处等危险部位设置明显的安全警示标志。在市区内施工，应当对施工现场实行封闭围挡。

2）施工承包单位应当在施工现场建立消防安全责任制度，确定消防安全责任人，制订用火、用电，使用易燃、易爆材料等各项消防安全管理制度和操作规程，设置消防通道、消防水源，配备消防设施和灭火器材，并在施工现场入口处设置明显防火标志。

3）施工承包单位应当根据不同施工阶段和周围环境及季节气候的变化，在施工现场采取相应的安全施工措施。

4）施工承包单位对施工可能造成损害的毗邻建筑物、构筑物和地下管线应当采取专项防护措施。

5）施工承包单位应当遵守环保法律、法规，在施工现场采取措施，防止或减少粉尘、废水、废气、固体废物、噪声、振动和施工照明对人和环境的危害和污染。

6）施工承包单位应当将施工现场的办公、生活区和作业区分开设置，并保持安全距离。办公生活区的选址应当符合安全性要求。职工膳食、饮水应当符合卫生标准，不得在尚未完工的建筑物内设员工集体宿舍。临建必须在建筑物 20m 以外，不得建在管道煤气和高压架空线路下方。

（6）其他方面安全隐患的检查

1）施工现场的安全防护用具、机械设备、施工机具及配件必须有专人保管，定期进行检查、维护和保养，建立相应的资料档案，并按国家有关规定及时报废。

2）施工承包单位应当向作业人员提供安全防护用具和安全防护服装。

3）作业人员有权对施工现场的作业条件、作业程序和作业方式中存在的安全问题提出批评、检举和控告，有权拒绝违章指挥和强令冒险作业。

4）施工中发生危及人身安全的紧急情况时，作业人员有权立即停止作业或者采取必要的紧急措施后撤离危险区域。

5）作业人员应当遵守安全施工的强制性标准、规章制度和操作规程，正确使用安全防护用具、机械设备。

6）施工现场临时搭建的建筑物应当符合安全使用要求，施工现场使用的装配式活动房应有产品合格证。

3. 安全生产技术措施的审查

主要检查施工组织设计中有无安全措施，对下列达到一定规模的危险性较大的分部分项工程编制专项施工方案，并附具安全验算结果，经施工承包单位技术负责人、总监理工程师签字后实施，由专项安全生产管理人员进行现场监督，包括：

- 基坑支护与降水工程专项措施。
- 土方开挖工程专项措施。
- 模板工程专项措施。
- 起重吊装工程专项措施。
- 脚手架工程专项措施。
- 拆除、爆破工程专项措施。
- 高处作业专项措施。
- 施工现场临时用电安全专项措施。
- 施工现场的防火、防爆安全专项措施。
- 国务院建设行政主管部门或者其他有关部门规定的其他危险性较大的工程安全施工措施。对上述所列工程中涉及深基坑、地下暗挖工程、高大模板工程的专项施工方案，施工承包单位还应当组织专家进行论证、审查。

4. 施工过程中的安全生产控制

(1) 安全生产的巡视检察
巡视检查是监理工程师在施工过程中进行安全与质量控制的重要手段。在巡视检查中应该加强对施工安全的检测，防止安全事故的发生。

1) 高空作业情况。为防止高空坠落事故的发生，监理工程师应重点巡视现场，看施工组织设计中的安全措施是否落实，包括：

- 架设是否牢固。
- 高空作业人员是否系保险带。
- 是否采用防滑、防冻、防寒、防雷等措施，遇到恶劣天气不得高空作业。
- 有无尚未安装栏杆的平台、雨篷、挑檐。
- 孔、洞、口、沟、坎、井等部位是否设置防护栏杆，洞口下是否设置防护网。
- 作业人员从安全通道上下楼，不得从架子攀登，不得随提升机、货运机上下。
- 梯子底部坚实可靠，不得垫高使用，梯子上端应固定。

2) 安全用电情况。为防止触电事故的发生，监理工程师应该对用电情况予以重视，不合格的要求整改，如：

- 开关箱是否设置漏电保护。
- 每台设备是否一机一闸。
- 闸箱三相五线制连接是否正确。
- 室内、室外电线、电缆架设高度是否满足规范要求。

- 电缆埋地是否合格。
- 检查、维修是否带电作业，是否挂标志牌。
- 相关环境下用电电压是否合格。
- 配电箱、电气设备之间的距离是否符合规范要求。

3）脚手架、模板情况。为防止脚手架坍塌事故的发生，监理工程师对脚手架的安全应该引起足够重视，对脚手架的施工工序应该进行验收，主要有：

- 脚手架用材料（钢管、卡子）质量是否符合规范要求。
- 节点连接是否满足规范要求。
- 脚手架与建筑物连接是否牢固、可靠。
- 剪刀撑设置是否合理。
- 扫地杆安装是否正确。
- 同一脚手架用钢管直径是否一致。
- 脚手架安装、拆除队伍是否具有相关资质。
- 脚手架底部基础是否符合规范要求。

4）机械使用情况。由于使用过程中违规操作、机械故障等会造成人员的伤亡，对于机械安全使用情况，监理工程师应该进行验收。对于不合格的机械设备，应令施工承包单位清出施工现场，不得使用；对没有资质的操作人员停止其操作行为。验收检查内容主要有：

- 具有相关资质的操作人员身体情况、防护情况是否合格。
- 机械上的各种安全防护装置和警示牌是否齐全。
- 机械用电连接等是否合格。
- 起重机载荷是否满足要求。
- 机械作业现场是否合格。
- 塔吊安装、拆卸方案是否编制合理。
- 机械设备与操作人员、非操作人员的距离是否满足要求。

5）安全防护情况。有了必要的防护措施，就可以大大减少安全事故的发生。监理工程师对安全防护情况的检查验收内容主要有：

- 防护是否到位，不同的工种应该有不同的防护装置，如安全帽、安全带、安全网、防护罩、绝缘服等。
- 自身安全防护是否合格，如头发、衣服、身体状况等。
- 施工现场周围环境的防护措施是否健全，如高压线、地下电缆、运输道路以及沟、河、洞等对建设工程的影响。
- 安全管理费用是否到位，能否保证安全防护的设置需求。

（2）安全生产事故的救援与调查处理

安全事故发生后，应急救援工作至关重要。应急救援工作做得好可以最大限度地减少损失，及时挽救事故受伤人员的生命，尽快使事故得到妥善的处理与处置。

1）生产安全事故的应急救援预案。

- 县级以上地方人民政府建设行政主管部门应当根据本级人民政府的要求制订本行政区域内建设工程特大生产安全事故的应急救援预案。
- 施工承包单位应当制定本单位生产安全事故应急救援预案，建立应急救援组织或者配备应急救援人员，配备必要的应急救援器材、设备，并定期组织演练；应当根据本工程的特点、范围，对施工现场易发生重大事故的部位、环节进行监控，制定施工现场生产安全事故救援预案。实行施工总承包的，由总承包单位统一组织编制建设工程生产安全事故救援预案，工程总承包单位和分包单位按照应急救援预案各自建立应急救援组织或者配备应急救援人员，配备应急救援器材、设备，并定期组织演练。

2）生产安全事故的应急救援。安全事故发生后，监理工程师积极协助、督促施工承包单位按照应急救援预案进行紧急救助，以最大限度地减少损失，挽救事故受伤人员的生命。

3）生产安全事故报告制度。监理单位在生产安全事故发生后，应督促施工承包单位及时、如实地向有关部门报告，应下达停工令，并报告建设单位，防止事故的进一步扩大和蔓延。施工承包单位发生安全事故，应当按照国家有关伤亡事故报告和调查处理的规定，及时、如实地向负责安全生产的监督管理部门、建设行政主管部门或者其他有关部门报告。特种设备发生事故的，还应当同时向特种设备安全监督管理部门报告。

4）生产安全事故的调查处理。

- 事故的调查。特别是对于重大事故的调查，应由事故发生地的市、县级以上建设行政主管部门或者国务院有关主管部门组成调查组负责进行，调查组可以聘请有关方面的专家协助进行技术鉴定、事故分析和财产损失的评估工作。调查的主要内容有：与事故有关的工程情况；事故发生的详细情况，如发生的地点、时间、工程部位、性质、现状及发展变化等；事故调查中的有关数据和资料；事故原因分析和判断；事故发生后所采取的临时防护措施；事故处理的建议方案及措施；事故涉及的有关人员及责任情况。
- 事故的处理。首先必须对事故进行调查研究，收集充分的数据资料，广泛听取专家及各方面的意见和建议，经科学论证，决定该事故是否需要做出处理，并坚持实事求是的科学态度，制订安全、可靠、适用及经济的处理方案。
- 事故处理报告应逐级上报。事故处理报告的内容包括：事故的基本情况；事故调查及检查情况；事故原因分析；事故处理依据；安全、质量缺陷处理方案及技术措施；实施安全、质量处理中的有关数据、记录、资料；对处理结果的检查、鉴定和验收；结论意见。

案例 4.1

某监理单位承担了某工程施工阶段的监理　　任务，监理单位任命了总监理工程师。

项目总监理工程师为了满足业主的要求，拟订了监理规划编写提纲，其内容如下：

1. 收集有关资料。

2. 分解监理合同内容。

3. 确定监理组织。

4. 确定机构人员。

5. 设计要把关，按设计和施工两部分编写规划。

6. 图纸不齐，按基础、主体、装修三阶段编写规划。

总监理工程师提交的监理规划中的部分内容如下：

（一）工程概况

......

（二）监理工作目标

1. 工期目标：控制合同工期 24 个月。

2. 质量等级：控制工程质量达到优良。

3. 投资目标：控制静态投资××万元。

（三）设计阶段监理工作范围

1. 收集设计所需技术经济资料。

2. 配合设计单位开展技术经济分析。

3. 参与主要设备、材料的选型。

4. 组织对设计方案的评审。

5. 审核工程概算。

6. 审核施工图纸。

7. 检查和控制设计进度。

......

（四）施工阶段监理工作范围

1. 质量控制。

（1）事前控制。

1）审核总包单位的资质。

2）审核总包单位质量保证体系。

3）原材料质量预控措施。

原材料质量预控措施表

材料名称	技术要求	质量控制措施与方法
水泥	合格	出厂合格证、进场复试报告
钢筋	机械性能合格	出厂合格证、进场复试报告
机砖	强度等级符合要求	出厂合格证、进场复试报告
......	......	......

---

4) 质量检查项目预控措施。

质量检查项目预控措施表

项 目 名 称	质量预控措施
钢筋焊接质量	1. 焊工应持合格证上岗 2. 施焊前先进行焊接工艺实验 3. 检查焊条型号
模板工程	1. 每层复查轴线标高一次 2. 预埋件、预留孔抽查 3. 模板支撑是否牢固 4. 模板尺寸是否准确 5. 模板内部的清理、湿润情况
……	……

2. 进度控制。

3. 投资控制。

4. 合同管理。

(五) 监理组织

【问题】

1. 你认为提纲中有哪些不妥的内容？为什么？

2. 你认为该监理规划内容有无不正确的地方？为什么？

【参考答案】

1. 提纲中的不妥之处：

(1)"设计要把关，按设计和施工两部分编写规划"不妥。设计阶段的监理规划不需要写，因为业主没有委托设计监理，仅签订了施工阶段工程监理的合同。

(2)"图纸不齐，按基础、主体、装修三个阶段编写规划"不妥。不需要分阶段编写规划，因为监理规划是监理合同执行的细化，施工图纸是否完整对监理规划的内容影响不大。

2. 监理规划中不正确的内容：

(1)"设计阶段监理工作范围"不正确，因为合同没有委托设计监理，内容与实际情况不符。

(2)"审核施工图纸"不正确，应写入质量控制中。

(3)"原材料质量预控措施"和"质量检查项目预控措施"不正确，因为两个事前预控措施表中的内容不应在规划中写，应是监理细则的内容。

(4)"审核总包单位的资质"不正确，因为总包单位的资质不需要审核，施工单位已通过招标选定。

案例4.2

某工程,建设单位委托监理单位承担施工阶段和工程质量保修期的监理工作,建设单位与施工单位按《建设工程施工合同(示范文本)》签订了施工合同。基坑支护施工中,项目监理机构发现施工单位采用了一项新技术,而未按已批准的施工技术方案施工。项目监理机构认为本工程使用该项新技术存在安全隐患,总监理工程师下达了工程暂停令,同时报告了建设单位。

施工单位认为该项新技术通过了有关部门的鉴定,不会发生安全问题,仍继续施工,于是项目监理机构报告了建设行政主管部门。施工单位在建设行政主管部门干预下才暂停了施工。

施工单位复工后,就此事引起的损失向项目监理机构提出索赔。建设单位也认为项目监理机构"小题大做",致使工程延期,要求监理单位对此事承担相应责任。

该工程施工完成后,施工单位按竣工验收有关规定,向建设单位提交了竣工验收报告。建设单位未及时验收,到施工单位提交竣工验收报告后第45天时发生台风,致使工程已安装的门窗玻璃部分损坏。建设单位要求施工单位对损坏的门窗玻璃进行无偿修复,施工单位不同意无偿修复。

【问题】

1. 在施工阶段施工单位的哪些做法不妥?说明理由。

2. 建设单位的哪些做法不妥?

3. 对施工单位采用新的基坑支护施工方案,项目监理机构还应做哪些工作?

4. 施工单位不同意无偿修复是否正确?为什么?工程修复时监理工程师的主要工作内容有哪些?

【参考答案】

1. 施工阶段施工单位的不妥做法。

(1)不妥之处:未按已批准的施工技术方案施工。理由:应执行已批准的施工技术方案;若采用新技术时,相应的施工技术方案应经项目监理机构审批。

(2)不妥之处:总监理工程师下达工程暂停令后施工单位仍继续施工。理由:施工单位应当执行总监理工程师下达的工程暂停令。

2. 建设单位的不妥做法:

(1)要求监理单位对工程延期承担相应责任。

(2)不及时组织竣工验收。

(3)要求施工单位对门窗玻璃进行无偿修复。

3. 项目监理机构还应做的工作:

(1)要求施工单位报送采用新技术的基坑支护施工方案。

(2)审查施工单位报送的施工方案。

(3)若施工方案可行,总监理工程师签认;若施工方案不可行,要求施工单位仍按原批准的施工方案执行。

4. 施工单位不同意无偿修复是正确的，因为建设单位收到竣工验收报告后未及时组织工程验收，应当承担工程保管责任。

工程修复时监理工程师的主要工作内容：

(1) 进行监督检查，验收合格后予以签认。

(2) 核实工程费用和签署工程款支付证书，并报建设单位。

案例 4.3

某项工程建设单位与施工承包单位签订了施工合同，合同中含有两个子项工程，估算工程量 A 项 2300m³，B 项为 3200m³，经协商合同价 A 项为 180 元/m³，B 项为 160 元/m³。承包合同规定：

开工前建设单位向施工承包单位支付合同价 20% 的预付款；

建设单位自第一月起，从施工承包单位的工程款中，按 5% 的比例扣留保修金；

当子项工程实际工程量超过估算工程量 10% 时，可进行调价，调整系数为 0.9；

根据市场情况规定价格调整系数平均按 1.2 计算；

监理工程师签发月度付款最低金额为 25 万元；

预付款在最后两个月扣除，每月扣 50%。

施工承包单位每月实际完成并经监理工程师签证确认的工程量如表 4.1 所示。

表 4.1 某工程每月实际完成并经监理工程师签证确认的工程量（m³）

月份	1	2	3	4
A 项	500	800	800	600
B 项	700	900	800	600

第一个月，工程量价款为：$500 \times 180 + 700 \times 160 = 20.2$（万元）。

应签证的工程款为：$20.2 \times 1.2 \times (1-5\%) = 23.028$（万元）。

由于合同规定监理工程师签发的最低金额为 25 万元，本月监理工程师不予签发付款凭证。

【问题】

计算预付款、从第二月起每月工程量价款、监理工程师应签证的工程款、实际签发的付款凭证金额各是多少。

【参考答案】

(1) 预付款金额为：$(2300 \times 180 + 3200 \times 160) \times 20\% = 18.52$（万元）。

(2) 第二个月，工程量价款为：$800 \times 180 + 900 \times 160 = 28.8$（万元）。

应签证的工程款为：$28.8 \times 1.2 \times 0.95 = 32.832$（万元）。

本月工程师实际签发的付款凭证金额为：$23.028 + 32.832 = 55.86$（万元）。

(3) 第三个月，工程量价款为：$800 \times 180 + 800 \times 160 = 27.2$（万元）。

应签证的工程款为：$27.2 \times 1.2 \times 0.95 = 31.008$（万元）。

应扣预付款为：$18.52 \times 50\% = 9.26$（万元）。

应付款为：$32.008-9.26=21.748$（万元）。

因本月应付款金额小于 25 万元，故监理工程师不予签发付款凭证。

（4）第四个月，A 项工程累计完成工程量 2700m³，比原估算工程量 2300m³ 超出 400m³，已超过估算工程量的 10%，超出部分其单价应进行调整，则

超过估算工程量 10% 的工程量为：$2700-2300\times(1+10\%)=170(m^3)$。

这部分工程量价款为：$180\times0.9=162$（元/m³）。

A 项工程工程量价款为：$(600-170)\times180+170\times162=10.494$（万元）。

B 项工程累计完成工程量为 3000m³，比原估算工程量 3200m³ 减少 200m³，不超过估算工程量，其单价不予调整。

B 项工程工程量价款为：$600\times160=9.6$（万元）。

本月完成 A、B 两项工程量价款合计为：$10.494+9.6=20.094$（万元）。

应签证的工程款为：$20.094\times1.2\times0.95=22.907$（万元）。

本月监理工程师实际签发的付款凭证金额为：$21.748+22.907-18.52\times50\%=35.395$（万元）。

案例4.4

某工程项目双代号时标网络计划如图 4.7 所示，该计划执行到第 35 天下班时刻检查时，其实际进度如图中前锋线所示。

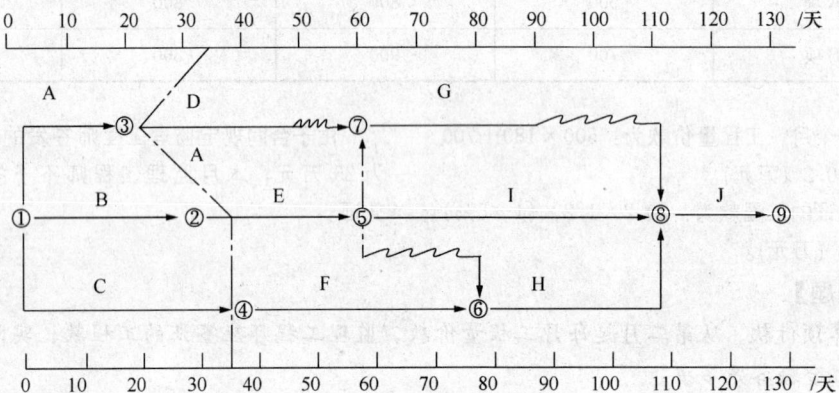

图 4.7　某工程项目时标网络计划

【问题】

试分析目前实际进度对后续工作和总工期的影响，并提出相应的进度调整措施。

【参考答案】

从图中可以看出，目前只有工作 D 的开始时间拖后 15 天，而影响其后续工作 G 的最早开始时间，其他工作的实际进度均正常。工作 D 的总时差为 30 天，故此时工作 D 的实际进度不影响总工期。

该进度计划是否需要调整，取决于工作 D 和 G 的限制条件。

（1）后续工作拖延的时间无限制。如果后续工作拖延的时间完全被允许时，可将拖延后的时间参数带入原计划，并化简网络图（即去掉已执行部分，以进度检查日期为起点，将实际数据带入，绘制出未实施部分的进度计划），即可得调整方案。例如在本例中，以检查时刻第 35 天为起点，将工作 D 的实际进度数据及 G 被拖延后的时间参数带入原计划（此时工作 D、G 的开始时间分别为 35 天和 65 天），可得如图 4.8 所示的调整方案。

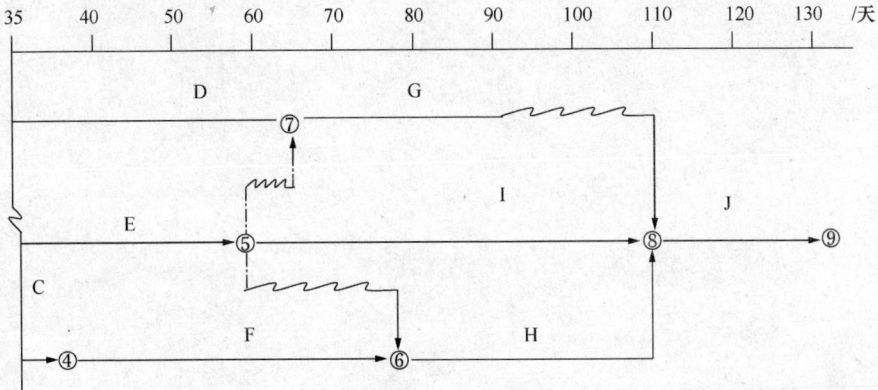

图 4.8　后续工作拖延时间无限制时的网络计划

（2）后续工作拖延的时间有限制。如果后续工作不允许拖延或拖延的时间有限制时，需要根据限制条件对网络计划进行调整，寻求最优方案。例如在本例中，如果工作 G 的开始时间不允许超过第 60 天，则只能将其紧前工作 D 的持续时间压缩为 25 天，调整后的网络计划如图 4.9 所示。如果在工作 D、G 之间还有多项工作，则可以利用工期优化的原理确定应压缩的工作，得到满足 G 工作限制条件的最优调整方案。

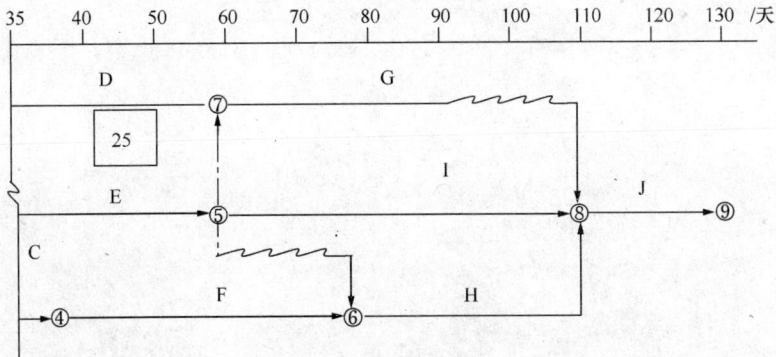

图 4.9　后续工作拖延时间有限制时的网络计划

思　考　题

1. 施工阶段监理工程师进行质量监督控制可以通过哪些手段进行？

2. 对施工图预算的审查内容包括哪些？

3. 简述施工阶段投资控制的措施。

4. 施工阶段投资控制的监理工作主要有哪些？

5. 施工进度控制主要有哪些监理工作？

6. 试简述监理单位和监理工程师在安全生产中的法律责任。

第 5 章　建设工程合同与信息管理

● **内容提要**

　　本章概括了建设工程合同的有关概念，重点介绍施工合同文件与合同条款；介绍建设工程监理信息的相关概念，重点讲述建设工程信息管理和档案资料管理的内容。

● **教学目标**

1. 了解建设工程合同的概念、建设工程中的主要合同体系、监理信息的表现形式。
2. 熟悉施工合同文件与合同条款、建设监理信息的分类。
3. 掌握建设工程信息管理和档案资料管理的主要工作内容。

5.1　建设工程合同管理

5.1.1　建设工程合同的概念

1. 合同

　　合同表述的是民事关系，是对于人与人、人与组织、组织与组织在民事交往与合作中所形成的特定关系的约定，又称契约。

　　我国《民法通则》（1985 年 3 月通过）中对合同关系有如下定义："合同是当事人之间关于设立、变更、终止民事法律关系的协议。"（第 85 条第 1 款）由此可以看出，合同由三部分组成，即权利主体、权利客体、内容。权利主体指签订及履行合同的双方或多方当事人，又称民事权利义务主体；权利客体指权利主体共同指向的对象，包括物、行为、精神产品；内容指权利主体的权利和义务。

　　《中华人民共和国合同法》中对合同有如下描述："合同是平等主体的自然人、法人、其他组织之间设立、变更、终止民事权利、义务关系的协议。"在这一描述中强调以下内容：

　　• 合同的主体是平等的，这种平等关系是法律意义上的平等，是合约确立前合约

双方或多方的基本地位平等，也是合约确立后合约参与方的基本地位关系。

- 合同所确立的是民事关系，所体现的是市场经济社会的缔约自由原则、合约自制原则、利益的自我约束原则。
- 合同法已经将所有民事关系契约化。

2. 建设工程合同的概念

根据《合同法》第 269 条规定，建设工程合同是指承包人进行工程建设，发包人支付价款的合同。建设工程合同包括工程勘察、设计、施工合同。建设工程实行监理的，发包人也应与监理人订立委托监理合同。

建设工程合同是一种诺成合同，合同订立生效后双方应当严格履行。同时，建设工程合同也是一种双务、有偿合同，当事人双方在合同中都有各自的权利和义务，在享有权利的同时必须履行义务。建设工程合同的双方当事人分别称为承包人和发包人。承包人是指在建设工程合同中负责工程的勘察、设计、施工任务的一方当事人，承包人最主要的义务是进行工程建设，即进行工程的勘察、设计、施工等工作。发包人是指在建设工程合同中委托承包人进行工程的勘察、设计、施工任务的建设单位（或业主、项目法人），发包人最主要的义务是向承包人支付相应的价款。

建设工程合同涉及的工程量通常较大，履行周期长，当事人的权利、义务关系复杂，因此《合同法》第 270 条明确规定，建设工程合同应当采用书面形式。

3. 建设工程合同的特征

（1）合同主体的严格性

建设工程的主体一般只能是法人，发包人、承包人必须具备一定的资格，才能成为建设工程合同的合法当事人，否则建设工程合同可能因主体不合格而导致无效。发包人对需要建设的工程，应经过计划管理部门审批，落实投资计划，并且应当具备相应的协调能力。承包人是有资格从事工程建设的企业，而且应当具备相应的勘察、设计、施工等资质，没有资格证书的一律不得擅自从事工程勘察、设计业务，资质等级低的不能越级承包工程。

（2）形式和程序的严格性

一般合同当事人就合同条款达成一致，合同即告成立，不必一律采用书面形式。建设工程合同履行期限长，工作环节多，涉及面广，应当采取书面形式，双方权利、义务通过书面合同形式予以确定。此外，由于工程建设对于国家经济发展、公民工作生活有重大影响，国家对建设工程的投资和程序有严格的管理程序，建设工程合同的订立和履行也必须遵守国家关于基本建设程序的规定。

（3）合同标的的特殊性

建设工程合同的标的是各类建筑产品，建设产品是不动产，与地基相连，不能移动，这就决定了每项工程合同的标的物都是特殊的，相互间不同并且不可替代。另外，建筑产品的类别庞杂，其外观、结构、使用目的、使用人都各不相同，这就要求每一个建筑产品都单独设计和施工，建筑产品单体性生产也决定了建设工程合同标的的特殊性。

(4) 合同履行的长期性

建设工程由于结构复杂、体积大、建筑材料类型多、工作量大，合同履行期限都较长；而且建设工程合同的订立和履行一般都需要较长的准备期，在合同的履行过程中还可能因为不可抗力、工程变更、材料供应不及时等原因而导致合同期限顺延，所有这些情况决定了建设工程合同的履行期限具有长期性。

5.1.2　合同的内容

合同的内容在《经济合同法》中称为合同的主要条款。合同的内容如何确立，是订立合同的一个最重要问题。合同的订立就是要设立、变更、终止民事权利义务关系，涉及享有哪些权利，应当履行什么义务，关系到合同当事人的利益和订立合同的目的，只有对合同的主要内容协商一致，合同才能成立。

由于合同各种各样，性质、种类不同，合同的具体条款是不一样的，但概括起来一般需包含以下内容。

1. 当事人的名称或者姓名和住所

(略)

2. 标的

标的是合同当事人的权利义务指向的对象，表明了当事人订立合同的目的与要求。标的是一切合同的主要条款，也是一切合同的必备条款。没有标的，合同不能成立。不同性质的合同，其标的也不一样，如买卖合同的标的是货物，借款合同的标的是货币，运输合同的标的是承运人所提供的劳务，建设工程合同的标的是承包人承建的工程项目等。

3. 数量

数量是标的量的规定，是对标的的计量，是衡量标的大小、多少、轻重的尺度。合同的数量是必备条款，没有数量，合同是不能成立的。标的数量是通过计量单位和计量方法来衡量的，必须使用国家法定计量单位和统一计算方法。订立合同时，标的数量、计量单位和计量方法必须合法、准确、具体。不要使用一车、一箱、一筐、一堆等含混不清的概念。

4. 质量

质量是标的的质的规定性。质量是指标的内在素质和外观形态的状况。标的质量包括产品质量、工程质量和劳务质量。产品和工程质量可以根据自身的物理、化学、机械和工艺性能等特性，以及形状、外观、色彩、气味等方面来判断。劳务质量可以根据劳动成果、服务态度等来判断。

5. 价款或者报酬

价款是取得标的物一方当事人向对方用货币支付的价金，是有偿合同的主要条款。价款是标的物本身价值的货币表现形式。在某些情况下，价款也包括运费、装卸费、保险费等其他相关费用。报酬是合同一方当事人对提供劳务或者劳动成果的另一方当事人给付的酬金。

6. 履行期限、地点和方式

合同履行期限就是合同当事人实现权利和履行义务的时间界限。履行期限直接关系到合同义务完成的时间，涉及当事人的经济利益，也是确定合同是否按时履行或者迟延履行的客观依据。履行期限一定要规定明确具体，如某年某月某日。

履行地点是指合同当事人一方履行义务和另一方当事人接受履行义务的地方，它关系相关费用的负担，风险的承担，标的物所有权的转移等，也关系到合同当事人责任的承担，是合同是否已经得到适当履行的重要依据。合同必须对履行地点作出明确规定。

履行方式是合同当事人约定的履行合同义务的方法。履行方式包括时间方式和行为方式，如一次履行还是分期、分批履行是时间方式，送货、自提、代办运输是行为方式，结算用汇票、商业汇票托收承付、现金等也是行为方式。凡代办运输的，还要明确规定运输工具、运输路线及到站（港）的准确名称和运杂费的承担。

7. 违约责任

违约责任是指合同一方当事人或双方当事人违反合同规定，不履行或者不全面、适当履行合同义务应承担的法律责任。违约责任是促使当事人履行合同义务，使对方免受或少受损失的法律措施，也是合同的主要条款。在合同中明确规定违约责任，有利于促使当事人自觉履行合同，解决合同争议，保护当事人的合法权益。

8. 解决争议的方法

争议又称纠纷。解决争议的方法是指合同争议的解决方式。解决争议的方式有四种：一是双方通过协商和解；二是由第三人进行调解；三是通过仲裁解决；四是通过诉讼解决。

5.1.3　建设工程中的主要合同体系

工程建设是一个极为复杂的社会生产过程，它分别经历可行性研究、勘察、设计、工程施工和运行等阶段，有土建、水电、机械设备、通信等专业设计和施工活动，需要各种材料、设备、资金和劳动力的供应。由于现代的社会化大生产和专业化分工，一个稍大一点的工程，其参加单位就有十几个、几十个甚至成百上千个，它们之间形成各式各样的经济关系。由于工程中维系这种关系的纽带是合同，就有各式各样的合同。工程项目的建设过程实质上又是一系列经济合同的签订和履行过程。

1. 业主的主要合同关系

业主作为工程或服务的买方，是工程的所有者，他可能是政府、企业、其他投资者、几个企业的组合、政府与企业的组合（例如合资项目、BOT 项目的业主）。业主投资一个项目，通常委派一个代理人（或代表）以业主的身份进行工程的经营管理。

业主根据对工程的需求，确定工程项目的整体目标。这个目标是所有相关工程合同的核心。要实现工程目标，业主必须将建筑工程的勘察设计、各专业工程施工、设备和材料供应等工作委托出去，必须与有关单位签订如下合同。

（1）咨询（监理）合同

咨询（监理）合同即业主与咨询（监理）公司签订的合同。咨询（监理）公司负责工程的可行性研究、设计监理、招标和施工阶段监理等某一项或几项工作。

（2）勘察设计合同

勘察设计合同即业主与勘察设计单位签订的合同。勘察设计单位负责工程的地质勘察和技术设计工作。

（3）供应合同

当由业主负责提供工程材料和设备时，业主与有关材料和设备供应单位签订供应（采购）合同。

（4）工程施工合同

工程施工合同即业主与工程承包商签订的工程施工合同。一个或几个承包商分别承包土建、机械安装、电气安装、装饰、通信等工程施工。

（5）贷款合同

贷款合同即业主与金融机构签订的合同，后者向业主提供资金保证。按照资金来源的不同，可能有贷款合同、合资合同或 BOT 合同等。

按照工程承包方式和范围的不同，业主可能订立几十份合同。例如将工程分专业、分阶段委托，将材料和设备供应分别委托。也可能将上述委托形式合并，如把土建和安装委托给一个承包商，把整个设备供应委托给一个成套设备供应企业。当然，业主还可以与一个承包商订立一个总承包合同，由承包商负责整个工程的设计、供应、施工甚至管理等工作。因此，一份合同的工程范围和内容会有很大区别。

2. 承包商的主要合同关系

承包商是工程施工的具体实施者，是工程承包合同的执行者。承包商通过投标接受业主的委托，签订工程总承包合同。承包商要完成承包合同的责任，包括由工程量表所确定的工程范围的施工、竣工和保修，为完成这些工程提供劳动力、施工设备、材料，有时也包括技术设计。承包商也可能不具备所有的专业工程的施工能力、材料和设备的生产和供应能力，他同样可以将许多专业工作委托出去，所以承包商常常又有自己复杂的合同关系。

（1）分包合同

对于一些大的工程，承包商常常必须与其他承包商合作才能完成总承包合同责任。承包商把从业主那里承接到的工程中的某些分项工程或工作分包给另一承包商来完成，则与其要签订分包合同。

承包商在承包合同下可能订立许多分包合同，而分包商仅完成总承包商分包给自己的工程，向总承包商负责，与业主无合同关系。总承包商仍向业主担负全部工程责任，负责工程的管理和所属各分包商工作之间的协调，以及各分包商之间合同责任界限的划分，同时承担协调失误造成损失的责任，向业主承担工程风险。

在投标书中，承包商必须附上拟定的分包商的名单，供业主审查。如果在工程施工中重新委托分包商，必须经过监理工程师的批准。

（2）供应合同

承包商为工程所进行的必要的材料与设备的采购和供应，必须与供应商签订供应合同。

（3）运输合同

这是承包商为解决材料和设备的运输问题而与运输单位签订的合同。

（4）加工合同

加工合同即承包商将建筑构配件、特殊构件加工任务委托给加工承揽单位而签订的合同。

（5）租赁合同

在建设工程中，承包商需要许多施工设备、运输设备、周转材料，当有些设备、周转材料在现场使用率较低，或购置需要大量资金投入而自己又不具备这个经济实力时，可以采用租赁方式，与租赁单位签订租赁合同。

（6）劳务供应合同

建筑产品往往要花费大量的人力、物力和财力，承包商不可能全部采用固定工来完成该项工程，为了满足任务的临时需要，往往要与劳务供应商签订劳务供应合同，由劳务供应商向工程提供劳务。

（7）保险合同

承包商按施工合同要求对工程进行保险，与保险公司签订保险合同。承包商的这些合同都与工程承包合同相关，都是为了履行承包合同而订的。此外，在许多大型工程中，尤其是在业主要求总承包的工程中，承包商经常是几个企业的联营，即联营承包（最常见的是设备供应商、土建承包商、安装承包商、勘察设计单位的联合投标），这时承包商之间还需订立联营合同。

3. 建设工程合同体系

按照上述的分析和项目任务的结构分解，就得到不同层次、不同种类的合同。

在该合同体系中，这些合同都是为了完成业主的工程项目目标而签订的。由于这些合同之间存在着复杂的内部联系，构成了该工程的合同网络。

其中，建设工程施工合同是最有代表性、最普遍，也是最复杂的合同类型，它在建设工程项目的合同体系中处于主导地位，是整个建设工程项目合同管理的重点。无论是业主、监理工程师或承包商，都将它作为合同管理的主要对象。建设工程项目的合同体系在项目管理中也是一个非常重要的概念，它从一个角度反映了项目的形象，对整个项目管理的运作有很大的影响：

- 它反映了项目任务的范围和划分方式。
- 它反映了项目所采用的管理模式（例如监理制度、总包方式或平行承包方式）。
- 它在很大程度上决定了项目的组织形式，因为不同层次的合同常常决定了该合同的实施者在项目组织结构中的地位。

5.2 施工合同文件与合同条款

5.2.1 施工合同文件

建设工程施工合同具有标的额大、履行时间长、不能即时清结等特点，因此应当采用书面形式。对有些建设工程合同，国家有关部门制定了统一的示范文本，订立合同时可以参照相应的示范文本。合同的示范文本实际上就是含有格式条款的合同文本。采用示范文本或其他书面形式订立的建设工程合同，在组成上并不是单一的，凡能体现招标人与中标人协商一致协议内容的文字材料，包括各种文书、电报、图表等，均为建设工程合同文件。订立建设工程合同时，应当注意明确合同文件的组成及其解释顺序。

采用合同书包括确认书形式订立合同的，自双方当事人签字或者盖章时合同成立。签字或盖章不在同一时间的，最后签字或盖章时合同成立。

建设工程合同文件一般包括以下几个组成部分：

- 合同协议书。
- 中标通知书。
- 投标书及其附件。
- 合同通用条款。
- 合同专用条款。
- 洽商、变更等明确双方权利义务的纪要、协议。
- 工程量清单、工程报价单或工程预算书、图纸。
- 标准、规范和其他有关技术资料、技术要求。

施工合同的所有合同文件应能互相解释、互为说明、保持一致。当事人对合同条款的理解有争议的，应按照合同所使用的词句、合同的有关条款、合同的目的、交易习惯以及诚实信用原则，确定该条款的真实意思。合同文本采用两种以上的文字订立并约定具有同等效力的，对各文本使用的词句推定具有相同含义。各文本使用的词句不一致的，应当根据合同的目的予以解释。

在工程实践中，当发现合同文件出现含糊不清或不一致的情形时，通常按合同文件的优先顺序进行解释。合同文件的优先顺序，除双方另有约定外，应按合同条件中的规定确定，即排在前面的合同文件比排在后面的更具有权威性。因此，在订立建设工程合同时对合同文件最好按其优先顺序排列。

5.2.2　施工合同条款及其标准化

建设工程施工合同应当具备一般合同的条款，如发包人、承包人的名称和住所、标的、数量、质量、价款、履行方式、地点、期限；违约责任、解决争议的方法等。由于建设工程合同标的的特殊性，法律还对建设工程合同中某些内容作出了特别规定，成为建设工程合同中不可缺少的条款。

《合同法》第 275 条规定，施工合同的内容包括工程范围、建设工期、中间交工工程的开工和竣工时间、工程质量、工程造价、技术资料交付时间、材料和设备供应责任、拨款和结算、竣工验收、质量保修范围和质量保证期、双方相互协作等条款。

1. 工程范围

当事人应在合同中附上工程项目一览表及其工程量，主要包括建筑栋数、结构、层数、资金来源、投资总额以及工程的批准文号等。

2. 建设工期

建设工期即全部建设工程的开工和竣工日期。

3. 中间交工工程的开工和竣工日期

所谓中间交工工程，是指需要在全部工程完成期限之前完工的工程。对中间交工工程的开工和竣工日期，也应当在合同中作出明确约定。

4. 工程质量

建设项目是百年大计，必须做到质量第一，因此这是最重要的条款。发包人、承包人必须遵守《建设工程质量管理条例》的有关规定，保证工程质量符合工程建设强制性标准。

5. 工程造价

工程造价或工程价格由成本（直接成本、间接成本）、利润（酬金）和税金构成。工程价格包括合同价款、追加合同价款和其他款项。实行招投标的工程应当通过工程所在地招标投标监督管理机构采用招投标的方式定价；对于不宜采用招投标的工程，可采用施工图预算加变更洽商的方式定价。

6. 技术资料交付时间

发包人应当在合同约定的时间内按时向承包人提供与本工程项目有关的全部技术资料，否则造成的工期延误或者费用增加应由发包人负责。

7. 材料和设备供应责任

材料和设备供应责任即在工程建设过程中所需要的材料和设备由哪一方当事人负责提供，并应对材料和设备的验收程序加以约定。

8. 拨款和结算

拨款和结算即发包人向承包人拨付工程价款和结算的方式和时间。

9. 竣工验收

竣工验收是工程建设的最后一道程序，是全面考核设计、施工质量的关键环节，合同双方还将在该阶段进行结算。竣工验收应当根据《建设工程质量管理条例》第 16 条的有关规定执行。

10. 质量保修范围和质量保证期

合同当事人应当根据实际情况确定合理的质量保修范围和质量保证期，但不得低于《建设工程质量管理条例》规定的最低质量保修期限。

除了上述 10 项基本合同条款以外，当事人还可以约定其他协作条款，如施工准备工作的分工、工程变更时的处理办法等。

5.2.3 《建设工程施工合同（示范文本）》简介

为了指导建设工程施工合同当事人的签约行为，维护合同当事人的合法权益，依据《中华人民共和国合同法》、《中华人民共和国建筑法》、《中华人民共和国招标投标法》以及相关法律法规、住房城乡建设部、国家工商行政管理总局对《建设工程施工合同（示范文本）》（GF—1999—0201）进行了修订，制定了《建设工程施工合同（示范文本）》（GF—2013—0201）（以下简称《示范文本》）。

《示范文本》由合同协议书、通用合同条款和专用合同条款三部分组成。

《示范文本》合同协议书共计 13 条，主要包括工程概况、合同工期、质量标准、签约合同价和合同价格形式、项目经理、合同文件构成、承诺以及合同生效条件等重要内容，集中约定了合同当事人基本的合同权利义务。

通用合同条款是合同当事人根据《中华人民共和国建筑法》、《中华人民共和国合同法》等法律法规的规定，就工程建设的实施及相关事项，对合同当事人的权利义务作出的原则性约定。通用合同条款共计 20 条。

　　专用合同条款是对通用合同条款原则性约定的细化、完善、补充、修改或另行约定的条款。合同当事人可以根据不同建设工程的特点及具体情况，通过双方的谈判、协商对相应的专用合同条款进行修改补充。

　　《示范文本》为非强制性使用文本，它适用于房屋建筑工程、土木工程、线路管道和设备安装工程、装修工程等建设工程的施工承发包活动。

　　组成合同的各项文件应互相解释、互为说明。除专用合同条款另有约定外，解释合同文件的优先顺序如下：

- 合同协议书。
- 中标通知书（如果有）。
- 投标函及其附录（如有）。
- 专用合同条款及其附件。
- 通用合同条款。
- 技术标准和要求。
- 图纸。
- 已标价工程量清单或预算书。
- 其他合同文件。

　　上述各项合同文件包括合同当事人就该项合同文件所作出的补充和修改，属于同一类内容的文件，应以最新签署的为准。在合同订立及履行过程中形成的与合同有关的文件均构成合同文件组成部分，并根据其性质确定优先解释顺序。

　　因合同及合同有关事项产生的争议，可以采用和解、调解、争议评审、仲裁或诉讼的形式予以解决。合同有关争议解决的条款独立存在，合同的变更、解除、终止、无效或者被撤销均不影响其效力。

5.2.4　FIDIC 合同条件简介

1. 概述

　　合同条件是合同文件最为重要的组成部分。在国际工程发承包中，业主和承包商在订立工程合同时，常参考一些国际性的知名专业组织编制的标准合同条件，FIDIC 条款是国际惯例。所谓国际惯例，是国际习惯和国际通例的总称，是一种国际行为规范。

　　FIDIC 是国际咨询工程联合会，该联合会是被世界银行认可的咨询服务机构，最初由欧洲三个国家的咨询工程师协会于 1913 年发起成立，总部设在瑞士洛桑，其会员在每个国家只有一个，现已有 80 多个国家和地区的成员。中国于 1996 年正式加入。

　　FIDIC 下设五个长期的专业委员会，即业主咨询工程师关系委员会（CCRCK）、合同委员会（CCK）、风险管理委员会（RMC）、质量管理委员会（QMCK）、环境委员会（EN-VC）。FIDIC 的各专业委员会编制了许多规范性的文件，这些文件不仅 FIDIC 成员国采用，世界银行、亚洲开发银行、非洲开发银行的招标样本也常常采用，其中最常用的有《土木工程施工合同条件》、《电气和机械工程合同条件》、《业主咨询工程师标准服务协议书》、《设计——建造与交钥匙工程合同条件》（国际上分别通称为 FID-IC "红皮书"、"黄皮书"、"白皮书" 和 "橘皮书"）以及《土木工程施工分包合同条件》。1999 年，FIDIC 又出版了新的《施工合同条件》、《工程设备和设计施工合同条件》等详尽的合同文件范本。但这些是不够的，具体到某一工程，有些条款应进一步明确，有些条款还必须考虑工程的具体特点和所在地区的情况予以必要的变动，FIDIC 专用合同条件就可实现这一目的。

2. FIDIC 合同条件的构成

FIDIC 合同条件由通用合同条件和专用合同条件两部分构成，且附有合同协议书、投标函和争端仲裁协议书。

（1）FIDIC 通用合同条件（general conditions）

FIDIC 通用合同条件是固定不变的，从建筑工程、水电工程、路桥工程、港口工程到河流疏浚、农田水利等建设项目都可适用。因通用条件可适用于所有的土木工程，条款也非常具体明确，规定了一般土木工程建设过程的一般原则、责权利构成方式等，已经成为国际通用的国际惯例。

FIDIC 通用合同条件可以划分为权利义务的条款、费用管理的条款、工程进度控制的条款、质量控制的条款和法规性的条款等五大部分。这种划分只能是大致的，还有相当多的条款很难准确地将其划入某一部分，它可能同时涉及费用管理、工程进度控制等几个方面的内容。

（2）FIDIC 专用合同条件（special conditions）

当具体到某一工程项目时，仅仅只有通用条件是不够的，有些条款应当进一步明确，有些条款还必须考虑工程的具体特点和所在地区的情况予以必要的变动。FIDIC 专用合同条件就能实现这一目的。通用条件与专用条件一同构成了决定一个具体工程项目各方的权利、义务及对工程施工的具体要求的合同条件。

专用条件的作用有以下几个方面：

- 在通用条件的措辞中专门要求在专用条件中包含进一步信息，如没有这些信息，合同条件则不完整。
- 在通用条件中说到在专用条件中可能包含补充材料的地方，如果没有这些补充条件，合同条件仍不失其完整性，但通过专用条件的补充可使其更加完善。
- 工程类型、环境或所在地区要求必须增加的条款。
- 工程所在国法律或特殊环境要求通用条件所含条款有所变更。此类变更这样进行：在专用条件中说明通用条件的某条或某条的一部分予以删除，并根据具体情况给出适用的替代条款或条款部分。

3. FIDIC 合同条件的具体应用

（1）FIDIC 合同条件适用的工程类别

FIDIC 合同条件适用于房屋建筑和各种工程，其中包括工业与民用建筑工程、疏浚工程、土壤改善工程、道桥工程、水利工程、港口工程等。

（2）FIDIC 合同条件适用的合同性质

FIDIC 合同条件在传统上主要适用于国际工程——多国合作工程的施工，但对其合同条件进行适当修改后，同样适用于国内合同。

（3）应用 FIDIC 合同条件的前提

FIDIC 合同条件注重业主、承包商、工程师三方的关系协调，强调工程师在项目管理中的作用。在土木工程施工中应用 FIDIC 合同条件应具备以下前提：

- 通过竞争性招标确定承包商。
- 委托工程师对工程施工进行监理。
- 按照单价合同方式编制招标文件（但也可以有些子项采用包干方式）。

4. FIDIC 合同条件下合同文件的组成及优先次序

在 FIDIC 合同条件下，合同文件除合同条件外，还包含其他对业主、承包商都有约束力的文件。构成合同的这些文件应该是互相说明、互相补充的，但是这些文件有时会产生冲突或含义不清，此时应由工程师进行解释，其解释应按构成合同文件的如下先后次序进行：

- 合同协议书。
- 中标函。
- 投标书。
- 合同条件第二部分专用条件。
- 通用条件。
- 技术规程。
- 图纸。
- 标价的工程量表。

5.3 建设工程监理信息

5.3.1 建设工程监理的信息及其重要性

1. 监理信息的概念和特点

（1）信息的概念和特征

信息是对事物不确定性的量度。信息是内涵和外延不断变换和发展的一个概念。随着信息在各个领域得到广泛的应用，其含义往往各不相同。信息的客观存在，使人们有可能由表及里、由浅入深地认识事物发展的内在和外在的规律，进而使人们在社会活动中作出正确而有效的决策。

一般认为，信息具备以下特征：

1）客观性。信息是对客观实际的现实反映，因而它必须真实地反映客观情况，项目执行过程中如果没有一套有效地保证项目信息客观性的机制，会给项目的实施活动带来负面影响。

2）可存储性。信息可以储存。通过各种记录或者采用电子计算机都可以存储信息，储存信息的目的是方便以后查找、使用。

3）可加工性。所谓信息的可加工性，是指信息可以进行形式上的转换，例如信息可以从一种语言转换成另外一种语言，从一种载体转换到另一种载体下。另外，数据信息可以通过数学统计的方法进行加工处理，形成新的信息，以适合利用。

4）可传递性。信息通过传播媒体可以进行传递和传播。信息传递可以说是进行任何管理的基础。广播、电视、电话等通信工具的发展加强了信息传递范围，缩短了信息传递的时滞，并提高了信息传递的质量。

5）共享性。信息可以为不同的使用者加以利用，而信息本身并不因此有损耗。项目中信息的共享问题对于项目管理者来说非常重要。

6）等级性。管理系统是分级的，不同级别的管理者对同一事物所需的信息也不同。信息也是分级的，不同级别的信息有不同的属性，一般分为战略级、战术级和作业级。

7）滞后性。信息是在建设和管理的过程中产生的，信息反馈一般要经过整理、传递，然后达到决策者手中，所以往往迟于物流，反馈不及时，容易影响信息作用的发挥而造成失误。

8）不完全性。人们对信息的收集、转换、利用等不可能是完全的、绝对的。这是由于人们的感官以及各种采集信息的办法和测试手段有局限性，对信息资源的开发和认识难以做到全面。在监理过程中，即使是有经验的监理工程师，也会不同程度地得到不完全的信息。但是如果经验丰富，相对地会减少信息不完全性造成的不完善的决策，准确度相对要高一些。

（2）监理信息的概念与特点

监理信息是在整个工程建设监理过程中发生的、反映着工程建设状态和规律的信息，它具有一般信息的特征，同时也有其本身的特点：

1）来源广、信息量大。在建设监理制度下，工程建设是以监理工程为中心，项目监理组织自然成为信息生成的中心、信息流入和流出的中心。监理信息来自两个方面：一是项目监理组织内部进行项目控制和管理而产生的信息；二是在实施监理的过程中从项目监理组织外流入的信息。由于工程建设的长期性和复杂性，涉及的单位众多，从这两方面来的信息来源广，信息量大。

2）动态性强。由于工程项目自身的特点，监理工程师在监理过程中要实施动态控制，大量的监理信息也是动态的，这就需要及时地收集和处理这些信息，对监理信息进行动态管理。

3）有一定的范围和层次。业主委托监理的范围不一样，监理信息也不一样。监理信息不等同于工程建设信息。工程建设过程中会产生很多信息，这些信息并非都是监理信息，只有那些与监理工作有关的信息才是监理信息。不同的工程建设项目，所需的信息既有共性又有个性。另外，不同的监理组织和监理组织的不同部门，所需的信息也不一样。

监理信息的这些特点要求监理工程师必须加强信息管理，把信息管理作为工程建设监理的一项主要内容。

2. 建设监理信息的作用

建设监理（咨询）行业属于信息产业，监理工程师是信息工作者，生产、使用和处理的都是信息，主要体现监理成果的也是各种信息。建设监理信息对监理工程师开展监理工作，对监理工程师进行决策具有重要的作用。

（1）建设监理信息是监理工程师开展监理工作的基础

1）工程建设监理的目标是按计划的投资、质量、进度和安全完成工程项目建设。监理目标控制系统内部各要素之间、系统和环境之间都靠信息进行联系，信息贯穿在目标控制的环节性工作之中。投入过程包括信息的投入；转换过程是产生工程状况、环境变化等信息的过程；反馈过程则主要是这些信息的反馈；对比过程是将反馈的信息与已知的信息进行比较，并判断是否有偏差产生；纠正过程则是信息的应用过程。主动控制和被动控制也都是以信息为基础。至于目标控制的前提工作——组织和规划，也不能离开信息。所以说，建设监理信息是监理工程师实施目标控制的基础。

2）监理工程师的中心工作是按合同进行管理，这就需要充分地掌握合同信息，熟悉合同内容，掌握合同双方所应承担的权力、义务和责任。为了掌握合同双方履行合同的情况，必须在监理工作时收集各种信息；对合同出现的争议必须在大量的信息的基础上作出判断和处理；对合同的索赔需要审查、判断索赔的依据，分清责任原因，确定索赔数额，这些工作都必须以掌握的大量、准确的信息为基础。建设监理信息是监理工程师进行合同管理的基础。

3）工程项目的建设是一个复杂和庞大的系统，涉及的单位很多，需要进行大量的协调工作，监理组织内部也要进行大量的协调工作，这都要靠大量的信息。协调一般包括人际关系的协调、组织关系的协调和资源需求的协调。人际关系的协调需要了解人员专长、能力、性格方面的信息，需要岗位职责和目标的信息，需要全面工作绩效的信息；组织关系的协调需要组织机构设置、目标职责、权限的信息，需要通过开工作例会、业务碰头会、发会议纪要、采用工作流程等方式沟通信息；资源需求的协调需要掌握人员、材料、设备、能源动力等资源方面的计划信息、储备状况以及现场使用情况等信息。建设管理信息是监理工程师进行组织协调的基础。

（2）信息是监理工程师决策的重要依据

监理工程师在开展监理工作时要经常进行决策，决策是否正确，直接影响着工程项目建设总目标的实现及监理单位和监理工程师的信誉。监理工程师作出正确的决策，必须建立在准确的信息基础之上。没有可靠的、充分的信息作为依据，就不可能作出正确的决策。例如，监理对工程质量行使否决权时，就必须对有质量问题的工程进行认真细致的调查、分析，还要进行相关的试验和检测，以大量可靠信息作基础。

5.3.2　监理信息的表现形式及内容

监理信息的表现形式就是信息内容的载体，也就是各种各样的数据。在工程建设监理过程中，各种情况层出不穷，这些情况包含了各种各样的数据。这些数据可以是文字，可以是数字，可以是各种表格，也可以是图形、图像和声音。文字图形信息包括勘察、测绘、设计图纸及说明书、计算书、合同，工作条例及规定，施工组织设计，情况报告，原始记录，统计图表、报表，信函等信息。语言信息包括口头分配任务、作指示、汇报、工作检查、介绍情况、谈判交涉、建议、批评、工作讨论研究、会议等信息。技术信息包括通过网络、电话、电报、电传、计算机、电视、录像、录音、广播等手段收集及处理的一部分信息。

文字数据形式是监理信息的一种常见的表现方式。文件是最常见的用文字数据表现的信息。工程建设各方通常规定以书面形式进行交流。即使是口头上的指令，也要在一定时间内形成书面的文字，这也会形成大量的文件。文字文件包括国家、地区、部门、行业、国际组织颁布的有关工程建设的法律法规文件，如经济合同法、政府建设监理主管部门下发的通知和规定、行业主管部门下发的通知和规定等；还包括国际、国家和行业等制定的标准规范，如合同标准、设计及施工规范、材料标准、图形符号标准、产品分类及编码标准等。具体到每一个工程项目，还包括合同及招投标文件、工程承包（分包）单位情况资料、会议纪要、监理月报、洽商及变更资料、监理通知、隐蔽及预检记录资料等。这些文件中包含了大量的信息。

数字数据也是监理信息的最常见的一种表现形式。在工程建设中，监理工作的科学性要求"用数字说话"，为了准确地说明各种情况，必然有大量数据产生，各种计算成果和试验检测数据也反映了工程项目的质量、投资和进度等情况。用数据表现的信息常见的有设备与材料价格，工程概预算定额，调价指数，工期、劳动、机械台班的施工定额，地区地质数据，项目类型及专业和主材投资的单位指标，大宗主要材料的配合数据等。具体到每个工程项目，还包括材料台账，材料、设备检验数据，工程进度数据，进度工程量签证及付款签证数据，专业图纸数据，质量评定数据，施工人力和机械数据等。

各种报表是监理信息的另一种表现形式，工程建设各方都用这种直观的形式传播信息。承包商需要提供反映工程建设状况的多种报表，这些报表有开工申请单、施工技术方案申报表、进场原材料报验单、进场设备报验单、施工放样报验单、分包申请单、合同外工程单价申报表、计日工单价申报表、合同工程月计量申报表、额外工程月计量申报表、人工与材料价格调整申报表、付款申报表、索赔申报书、索赔损失计算清单、延长工期申报表、复工申请、事故报告单、工程验收申请单、竣工报告单等。监理工程师向业主反映工程情况也往往用报表形式传递工程信息，这类报表有工程质量月报表、项目月支付总表、工程进度月报表、进度计划与实际完成情况表、监理月报、工程情况报告表等。

监理信息的形式还有图形、图像和声音等。这些信息包括工程项目立面图、平面及功能布置图形、项目位置及项目所在区域环境实际或图形、图像等。对每一个项目，还包括分专业隐检部位图形（数据）、分专业管线平（立）面走向及跨越伸缩缝部图形（数据）、分专业管线系统图形（数据）、质量问题和工程进度形象（数据），在施工中还有设计变更图等。图形、图像信息还包括工程录像、照片等。这些信息直观、形象地反映了工程情况，特别是能有效反映隐蔽工程的情况。声音信息主要包括会议录音、电话录音以及其他的讲话录音等。

以上这些只是监理信息的一些常见形式，监理信息往往是这些形式的组合。了解监理信息的各种形式及其特点，对收集、整理信息很有帮助。

5.3.3 建设监理信息的分类

1. 建设工程项目信息的分类原则和方法

（1）信息分类的原则
对建设项目的信息进行分类必须遵循以下基本原则：

1）稳定性。信息分类应选择分类对象最稳定的本质属性或特征作为信息分类的基础和标准。信息分类体系应建立在对基本概念和划分对象透彻理解的基础上。

2）兼容性。项目信息分类体系必须考虑到项目各参与方所应用的编码体系的情况，项目信息分类体系应能满足不同项目参与方高效信息交换的需要。同时，与有关国际、国内标准的一致性也是兼容性应考虑的内容。

3）可扩展性。项目信息分类体系应具备较强的灵活性，可以在使用过程中进行方便的扩展。在分类中通常应设置收容类目（或称为"其他"），以保证增加新的信息类型时不至于打乱已建立的分类体系。同时，一个通用的信息分类体系还应为具体环境中信息分类体系的拓展和细化创造条件。

4）逻辑性原则。项目信息分类体系中信息类目的设置有着极强的逻辑性，如要求同一层面上各个子类互相排斥。

5）综合实用性。信息分类应从系统工程的角度出发，放在具体的应用环境中进行整体考虑，这体现在信息分类的标准与方法的选择上，应综合考虑项目的实施环境和信息技术工具。确定具体应用环境中的项目信息分类体系，应避免对通用信息分类体系的生搬硬套。

（2）项目信息分类基本方法
根据国际上的发展和研究，建设工程项目信息分类有两种基本方法：

1）线分类法。线分类法又名层级分类法或树状结构分类法。它是将分类对象按所选定的若干属性或特征逐次地分成若干个层级目录，并排列成一个有层次的、逐级展开的树状信息分类体系。

2）面分类法。面分类法是将所选定的分类对象的若干属性或特征视为若干个"面"，每个"面"又可以分成许多彼此独立的若干个类目。面分类法具有良好的适应性，而且十分利于计算机处理信息。

2. 建设工程项目信息的分类

不同的监理范畴，需要不同的信息划分，可按照不同的标准将监理信息进行归类，来满足不同监理工作的信息需求，并有效地进行管理。

监理信息的分类通常有以下几种。

(1) 按建设监理控制目标划分

工程建设监理的目的是对工程进行有效的控制，按控制目标将信息进行分类是一种重要的分类方法。按这种方法，可将监理信息划分如下：

1) 投资控制信息，是指与投资控制直接有关的信息。属于这类信息的有投资标准，如工程造价、物价指数、概算定额、预算定额等；有工程项目计划投资的信息，如施工阶段的支付账单、投资调整、原材料价格、机械设备台班费、人工费、运杂费等；还有对以上这些信息进行分析比较得出的信息，如投资分配信息、合同价格与投资分配的对比分析信息、实际投资与计划投资的动态比较信息、实际投资统计信息、项目投资变化预测信息等。

2) 质量控制信息，是指与质量控制直接有关的信息。属于这类信息的有与工程质量有关的标准信息，如国家有关的质量政策、质量法规、质量标准、工程项目建设标准等；有与计划工程质量有关的信息，如工程项目的合同标准信息、材料设备的合同质量信息、质量控制工作流程、质量控制的工作制度等；有项目进展中实际质量信息，如工程质量检验信息、材料的质量抽样检查信息、设备的质量检验信息、质量和安全事故信息；还有由这些信息加工后得到的信息，如质量目标的分解结果信息、质量控制的风险分析信息、工程质量统计信息、工程实际质量与质量要求及标准的对比分析、安全事故统计信息、安全事故预测信息等。

3) 进度控制信息，是指与进度控制直接有关的信息。这类信息有与工程进度有关的标准信息，如工程施工进度定额信息等；有与工程计划进度有关的信息，如工程项目总进度计划；有与工程实际进度有关的信息；还有上述信息加工后产生的信息，如工程实际进度与合同进度对比分析、实际进度统计分析、进度变化预测信息等。

(2) 按照工程建设不同阶段分类

1) 项目建设前期的信息。项目建设前期的信息包括可行性研究报告提供的信息、设计任务书提供的信息、勘察与测量的信息、初步设计文件的信息、招投标方面的信息等，其中大量的信息与监理工作有关。

2) 工程施工中的信息。施工中由于参加的单位多，现场情况复杂，信息量最大。其中，有从业主方来的信息，业主作为工程项目建设的负责人，对工程建设中的一些重大问题不时要表达意见和看法，下达某些指令；业主对合同规定由其供应的材料、设备需提供品种、数量、质量、试验报告等资料。有承包商方面的信息，承包商作为施工的主体，必须收集和掌握施工现场大量的信息，其中包括经常向有关方面发出的各种文件，向监理工程师报送的各种文件、报告等。有设计方面来的信息，如设计合同及按供图协议发送的施工图纸，在施工中发出的满足设计意图施工的各种要求，根据实际情况对设计进行的调查等。项目管理内部也会产生许多信息，有直接从施工现场获得有关投资、质量、进度和合同管理方面的信息，还有经过分析整理后对各种问题的处理意见等，以及来自其他部门如政府、环保、交通等部门的信息。

3）工程竣工阶段的信息。在工程竣工阶段，需要大量的竣工验收资料，其中包含了大量的信息，这些信息一部分是在整个施工过程中长期积累形成的，一部分是在竣工验收期间根据积累的资料整理分析而形成的。

（3）按照监理信息的来源划分

1）来自工程项目监理组织的信息，如监理记录、各种监理报表、工地会议纪要、各种指令、监理试验检测报告等。

2）来自承包商的信息，如开关申请报告、质量事故报告、形象进度报告、索赔报告等。

3）来自业主的信息，如业主对各种报告的批复意见。

4）来自其他部门的信息，如政府有关的文件、市场价格、物价指数、气象资料等。

（4）其他的一些分类方法

1）按照信息范围的不同，把建设监理信息分为精细的信息和重要的信息两类。

2）按照信息时间的不同，把建设监理信息分为历史性的信息和预测性的信息两类。

3）按照监理阶段的不同，把建设监理信息分为计划的、作业的、核算的及报告的信息。在监理工作开始时，要有计划的信息；在监理过程中，要有作业的、核算的信息；在某一工程项目的监理工作结束时，要有报告的信息。

4）按照对信息的期待性不同，把建设监理信息分为预知的和突发的信息两类。

5）按照信息的性质不同，把建设监理信息划分为生产信息、技术信息、经济信息和资源信息。

6）按照信息的稳定程度，划分为固定信息和流动信息等。

5.4 建设工程信息管理

5.4.1 信息资料的收集

1.收集监理信息的基本原则

（1）主动及时

监理工程师要取得对工程控制的主动权，就必须积极主动地收集信息，善于及时发现、及时取得、及时加工各类工程信息。只有工作主动，获得信息才会及时。监理工作的特点和监理信息的特点都决定了收集信息要主动及时。监理是一个动态控制的过程，实时信息量大，时效性强，稍纵即逝，工程建设又具有投资大、工期长、项目分散、管理部门多、参与建设的单位多等特点，如果不能及时获得工程中大量发生的变化极快的数据，不能及时把不同的数据传递给需要相关数据的不同单位、部门，势必影响各部门工作，影响监理工程师作出正确的判断，影响监理的质量。

（2）全面系统

监理信息贯穿在工程项目建设的各个阶段及全部过程。各类监理信息和每一条信息都是监理内容的反映或表现。所以，收集监理信息不能挂一漏万，以点代面，把局部当成整体，或者不考虑事物之间的联系。同时，工程建设不是杂乱无章的，而是有着内在的联系。因此，收集信息不仅要注意全面性，还要注意系统性和连续性。全面系统就是要求收集到的信息具有完整性，以防决策失误。

（3）真实可靠

收集信息的目的在于对工程项目进行有效的控制。由于工程建设中人们的经济利益关系和工程建设的复杂性，信息在传输中会发生失真现象，产生不能真实反映工程建设实际情况的假信息。因此，必须严肃认真地进行信息收集，要将收集到的信息进行严格核实、检测、筛选，去伪存真。

（4）重点选择

收集信息要全面系统和完整，不等于不分主次、缓急和价值大小，收集信息必须有针对性，坚持重点收集的原则。针对性首先是指有明确的目的性或目标；其次是指有明确的信息源和信息内容；还要做到适用，即所取信息符合监理工程的需要，能够应用并产生好的监理效果。所谓重点选择，就是根据监理工作的实际需要，根据监理的不同层次、不同部门、不同阶段对信息需求的侧重点，从大量的信息中选择使用价值大的主要信息，如业主委托施工阶段监理则以施工阶段为重点进行信息收集。

2. 各阶段信息收集的内容

建设工程参建各方对数据和信息的收集是不同的，有不同的来源，不同的角度，不同的处理方法，但要求各方相同的数据和信息应该规范。建设工程参建各方在不同时期对数据和信息收集也是不同的，侧重点不同，但也要有规范信息的行为。从监理的角度，建设工程的信息收集由于介入阶段不同，决定了收集内容的不同。监理单位介入的阶段有项目决策阶段、项目设计阶段、项目施工招投标阶段、项目施工阶段等多个阶段。各不同阶段，与建设单位签订的监理合同内容也不尽相同，因此收集信息要根据具体情况决定。

（1）项目决策阶段的信息收集

在项目决策阶段，国外监理单位已介入，因为该阶段对建设工程的效益影响最大。我国则因为过去管理体制和人才能力的局限，人为地分为前期咨询和施工阶段监理。今后监理单位将同时进行建设工程各阶段的技术服务，进入工程咨询领域，进行项目决策阶段相关信息的收集。该阶段主要收集外部宏观信息，要收集历史、现代和未来三时态的信息，具有较多的不确定性。

在项目决策阶段，信息收集从以下几方面进行：

- 项目相关市场方面的信息，如预计产品进入市场后的市场占有率、社会需求量、预计产品价格变化趋势、影响市场渗透的因素、产品的生命周期等。
- 项目资源相关方面的信息，如资金筹措渠道、方式，原辅料、矿藏来源，劳动力，水、电、气供应等。
- 自然环境相关方面的信息，如城市交通、运输、气象、地质、水文、地形地貌、废料处理可能性等。
- 新技术、新设备、新工艺、新材料，专业配套能力方面的信息。
- 政治环境，社会治安状况，当地法律、政策、教育的信息。

这些信息的收集是为了帮助建设单位避免决策失误，进一步开展调查和投资机会研究，编写可行性报告，进行投资估算和工程建设经济评价。

（2）设计阶段的信息收集

设计阶段是工程建设的重要阶段，决定了工程规模，建筑形式，工程的概算，技术先进性、适用性，标准化程度等一系列具体的要素。目前，监理已经由施工监理向设计监理前移。因此，了解该阶段应该收集什么信息，有利于监理工程师开展好设计监理。

监理单位在设计阶段的信息收集要从以下几个方面进行：

- 可行性研究报告，前期相关文件资料，存在的疑点和建设单位的意图，建设单位前期准备和项目审批完成的情况。
- 同类工程相关信息，如建设规模，结构形式，造价构成，工艺、设备的选型，地质处理方式及实际效果，建设工期，采用新材料、新工艺、新设备和新技术的实际效果及存在的问题，技术经济指标。
- 拟建工程所在地相关信息，如地质、水文情况，地形地貌、地下埋设和人防设施情况，城市拆迁政策和拆迁户数，青苗补偿，周围环境（水电气、道路等的接入点，周围建筑、交通、学校、医院、商业、绿化、消防、排污）。
- 勘察、测量、设计单位相关信息，如同类工程完成情况，实际效果，完成该工程的能力，人员构成，设备投入，质量管理体系完善情况，创新能力，收费情况，施工期技术服务主动性和处理发生问题的能力，设计深度和技术文件质量，专业配套能力，设计概算和施工图预算编制能力，合同履约情况，采用设计新技术、新设备能力等。
- 工程所在地政府相关信息，如国家和地方政策、法律、法规、规范、规程、环保政策、政府服务情况和限制等。
- 设计中的设计进度计划，设计质量保证体系，设计合同执行情况，偏差产生的原因，纠偏措施，专业间设计交接情况，执行规范、规程、技术标准，特别是强制性规范执行的情况，设计概算和施工图预算结果，超限额的原因，各设计工序对投资的控制等。

设计阶段信息的收集范围广泛，来源较多，不确定因素较多，外部信息较多，难度较大，要求信息收集者要有较高的技术水平和较宽的知识面，又要有一定的设计相关经验、投资管理能力和信息综合处理能力，才能完成该阶段的信息收集。

（3）施工招投标阶段的信息收集

在施工招投标阶段的信息收集有助于协助建设单位编写好招标书，有助于帮助建设单位选择好施工单位和项目经理、项目班子，有助于签订好施工合同，为保证施工阶段监理目标的实现打下良好基础。

施工招投标阶段信息收集从以下几方面进行：

- 工程地质、水文地质勘察报告，施工图设计及施工图预算、设计概算，设计、地质勘察、测绘的审批报告等方面的信息，特别是该建设工程有别于其他同类工程的技术要求、材料、设备、工艺、质量要求等有关信息。
- 建设单位建设前期报审文件，如立项文件，建设用地、征地、拆迁文件。
- 工程造价的市场变化规律及所在地区的材料、构件、设备、劳动力差异。
- 当地施工单位管理水平，质量保证体系，施工质量，设备、机具能力。
- 本工程适用的规范、规程、标准，特别是强制性规范。
- 所在地关于招投标有关法规、规定，国际招标、国际贷款指定适用的范本，本工程适用的建筑施工合同范本及特殊条款精髓所在。
- 所在地招投标代理机构能力、特点，所在地招投标管理机构及管理程序。
- 该建设工程采用的新技术、新设备、新材料、新工艺，投标单位对"四新"的处理能力和了解程度、经验、措施。

在施工招投标阶段，要求信息收集人员充分了解施工设计和施工图预算，熟悉法律法规，熟悉招投标程序，熟悉合同示范文本，特别要求在了解工程特点和工程量分解上有一定能力，才能为建设方决策提供必要的信息。

（4）施工阶段的信息收集

目前，我国的监理大部分在施工阶段进行，有比较成熟的经验和制度，各地对施工阶段信息规范化提出了不同的要求，建设工程竣工验收资料已经配套，建设工程档案制度也比较成熟。但是由于我国施工管理水平所限，目前在施工阶段信息收集，建设工程参与各方信息传递，施工信息标准化、规范化等方面都需要加强。

监理工程师主要通过各种方式的记录来收集监理信息，这些记录统称为监理记录，它是与工程项目建设监理相关的各种记录的集合。通常可分为以下几类：

1）现场记录。现场监理人员必须每天利用特定的表式或以日志的形式记录工地上所发生的事情。所有记录应始终保存在工地办公室内，供监理工程师及其他监理人员查阅。这类记录每月由专业监理工程师整理成书面资料上报监理工程师办公室。监理人员在现场上遇到工程施工中不得不采取紧急措施而对承包商所发出的书面指令，应尽快通报上一级监理组织，以征得其确认或修改指令。

现场记录通常包括以下内容：

- 现场监理人员对所监理工程范围内的机械、劳力的配备和使用情况做详细记录，如承包人现场人员和设备的配备是否同计划所列的一致；工程质量和进度是否因某些职员或某种设备不足而受到影响，受到影响的程度如何；是否缺乏专业施工人员或专业施工设备，承包商有无替代方案；承包商施工机械完好率和使用率是否令人满意；维修车间及设施情况如何，是否存储有足够的备件等。

- 记录气候及水文情况，如记录每天的最高、最低气温，降雨和降雪量，风力，河流水位；记录预报的雨、雪、台风及洪水到来之前对永久性或临时性工程所采取的保护措施；记录气候、水文的变化影响施工及造成损失的细节，如停工时间、救灾的措施和财产的损失等。
- 记录承包商每天工作范围，完成工程数量，以及开始和完成工作的时间；记录出现的技术问题，采取了怎样的措施进行处理，效果如何，能否达到技术规范的要求等。
- 对工程施工中每步工序完成后的情况作简单描述，如此工序是否已被认可，对缺陷的补救措施或变更情况等作详细记录。监理人员在现场要特别注意对隐蔽工程的记录。
- 记录现场材料供应和储备情况。每一批材料的到达时间、来源、质量、存储方式和材料的抽样检查情况等。
- 对于一些必须在现场进行的试验，现场监理人员进行记录并分类保存。

2）会议记录。由监理人员所主持的会议应由专人记录，并且要形成纪要，由与会者签字确认，这些纪要将成为今后解决问题的重要依据。会议纪要应包括以下内容：会议地点及时间；出席者姓名、职务以及他们所代表的单位；会议中发言者的姓名及主要内容；形成的决议；决议由何人及何时执行等；未解决的问题及其原因。

3）计量与支付记录，包括所有计量及付款资料。应清楚地记录哪些工程进行了计量，哪些工程没有进行计量，哪些工程已经进行了支付，已同意或确定的费率和价格变更等。

4）试验记录。除正常的试验报告外，试验室应由专人每天以日志形式记录试验室工作情况，包括对承包商的试验的监督、数据分析等。记录内容包括：

- 工作内容的简单叙述，如做了哪些试验，监督承包商做了哪些试验，结果如何等。
- 承包人试验人员配备情况，如试验人员配备与承包商计划所列是否一致，数量和素质是否满足工作需要，增减或更换试验人员的建议。
- 对承包商试验仪器、设备的配备、使用和调动情况的记录，需增加新设备的建议。
- 监理试验室与承包商试验所做同一试验，其结果有无重大差异，原因如何。

5）工程照片和录像。以下情况，可辅以工程照片和录像进行记录：

- 科学试验。重大试验，如桩的承载试验，板、梁的试验以及科学研究试验等；新工艺、新材料的原形及为新工艺、新材料的采用所做的试验等。
- 工程质量。能体现高水平的建筑物的总体或分部，能体现出建筑的宏伟、精致、美观等特色的部位；对工程质量较差的项目，指令承包商返工或须补强的工程的前后对比；能体现不同施工阶段的建筑物照片；不合格原材料的现场和清除现场的照片。

- 能证明或反证未来会引起索赔或工程延期的特征照片或录像；能向上级反映即将影响工程进展的照片。
- 工程试验、试验室操作及设备情况。
- 隐蔽工程。被覆盖前构造物的基础工程；重要项目钢筋绑扎、管道安装的典型照片；混凝土桩头及桩顶混凝土的表面特征情况。
- 工程事故。工程事故处理现场及处理事故的状况；工程事故的处理和补强工艺，能证实保证了工程质量的照片。
- 监理工作。重要工序的旁站监理和验收；现场监理工作实况；参与的工地会议及参与的承包商的业务讨论会，班前、工作会议；被承包商采纳的建议，证明确有经济效益及提高了施工质量的实物。

拍照时要采用专门登记本标识序号、拍摄时间、拍摄内容、拍摄人员等。

5.4.2 监理信息的加工整理

1. 监理信息加工整理的作用和原则

监理信息的加工整理是对收集来的大量原始信息进行筛选、分类、排序、压缩、分析、比较、计算等。

信息加工整理的作用很大。首先，收集来的信息，往往是原始的、零乱的和孤立的，信息资料的形式也可能不同，只有经过加工，使之成为标准的、系统的信息资料，才能进入使用、存储，以及提供检索和传递。其次，经过收集的原始资料，真实程度、准确程度都比较低，甚至还混有一些错误，经过对它们进行分析研究、比较、鉴别乃至计算、校正，使获得的信息准确、真实。另外，原始状态的信息一般不便于使用和存储、检索、传递，经加工后，可以使信息浓缩，以便于进行以上操作。而且，信息在加工过程中，通过对信息的综合、分解、整理、增补，可以得到更多有价值的新信息。

信息加工整理要本着标准化、系统化、准确性、时间性和适用性等原则进行。为了适应信息用户人使用和交换，应当遵守已制定的标准，使来源和适用形态多样的信息标准化。对监理信息分类，系统、有序地加工整理，使之符合信息管理系统的需要。对收集的监理信息进行校正、剔除，使之准确、真实地反映工程建设状况。及时处理各种信息，特别是对那些时效性强的信息。使加工后的监理信息符合实际监理工作的需要。

2. 监理信息加工整理的成果——各种监理报告

监理工程师对信息进行加工整理，形成各种资料，如各种来往信函、来往文件、各种指令、会议纪要、备忘录或协议和各种工作报告等。工作报告是最主要的加工整理成果，这些报告有以下几种。

（1）现场监理日志

现场监理日志是现场监理人员根据每天的现场记录加工整理而成的报告，主要包括如下内容：当天的施工内容；当天参加施工的人员（工种、数量、施工单位等）；当天施工用的机械的名称和数量等；当天发现的施工质量问题；当天的施工进度和计划进度的比较，若发生进度拖延应说明原因；当天天气综合评语；其他说明及应注意的事项等。

（2）现场监理工程师周报

现场监理工程师周报是现场监理工程师根据监理日志加工整理而成的报告，每周向项目总监理工程师汇报一周内所有发生的重大事件。

（3）监理工程师月报

监理工程师月报是集中反映工程实况和监理工作的重要文件，一般由项目总监理工程师组织编写，每月一次上报业主。大型项目的监理月报往往由各合同段或子项目的总监理工程师代表组织编写，上报总监理工程师审阅后报业主。监理月报一般包括以下内容：

- **工程进度**　描述工程进度情况、工程形象进度和累计完成的比例。若计划拖延，应分析其原因及这种原因是否已经消除，就此问题承包商、监理人员所采取的补救措施等。
- **工程质量**　用具体的测试数据评价工程质量，如实反映工程质量的好坏，并分析原因。承包商和监理人员对质量较差项目的改进意见，如有责令承包商返工的项目，应说明其规模、原因以及返工后的质量情况。
- **计量支付**　根据本期支付、累计支付以及必要的分项工作情况，形象地表达支付比例，实际支付与工程进度对照情况等；承包商是否因流动资金短缺而影响了工程进度，并分析造成资金短缺的原因（如是否未及时办理支付等）；有无延迟支付、价格调整等问题，说明其原因及由此而产生的增加费用。
- **安全质量事故**　安全质量事故发生的时间、地点、项目、原因、损失估计（经济损失、时间损失、人员伤亡情况）等；事故发生后采取了哪些补救措施，在今后工作中避免类似事故发生的有效措施；由于事故的发生，影响了单项或整体工程进度情况。
- **工程变更**　对每次工程变更应说明：引起变更的原因，批准机关，变更项目的规模，工程量增减数量，投资增减的估计等；是否因此变更影响了工程进展，承包商是否就此已提出或准备提出延期和索赔。
- **民事纠纷**　说明民事纠纷产生的原因，哪些项目因此被迫停工，停工的时间，造成窝工的机械、人力情况等；承包商是否就此已提出或准备提出延期和索赔。
- **合同纠纷**　合同纠纷情况及产生的原因，监理人员进行调整的措施；监理人员在解决纠纷中的体会；业主或承包商有无要求进一步处理的意向。
- **监理工作动态**　描述本月的主要监理活动，如工地会议、现场重大监理活动、延期和索赔的处理、上级布置的有关工作的进展情况、监理工作中的困难等。

5.4.3　监理信息的储存与传递

1. 监理信息的储存

经过加工处理后的监理信息，按照一定的规定记录在相应的信息载体上，并把这些记录信息的载体按照一定的特征和内容性质组织成为系统的、供人们检索的集合体，这个过程称为监理信息的储存。

信息的储存可汇集信息，建立信息库，有利于进行检索，可以实现监理信息资源的共享，促进监理信息的重复利用，便于信息的更新和剔除。

监理信息储存的主要载体是文件、报告、报表、图纸、音像材料等。监理信息的储存主要就是将这些材料按不同的类别，进行详细的登录、存放，建立资料归档系统。该系统应简单和易于保存，但内容应足够详细，以便很快查出任何已归档的资料。

2. 监理信息的传递

监理信息的传递是指监理信息借助于一定的载体（如纸张、软盘、光盘等）从信息源传递到使用者的过程。

监理信息在传递过程中形成各种信息流，信息流常有以下几种。

（1）自上而下的信息流

自上而下的信息流是指由上级管理机构向下级管理机构流动的信息，上级管理机构是信息源，下级管理机构是信息的接受者。它主要是有关政策法规、合同、各种批文、各种计划信息。

（2）自下而上的信息流

自下而上的信息流是指由下一级管理机构向上一级管理机构流动的信息。它主要是有关工程项目总目标完成情况的信息，即投资、进度、质量、合同完成情况的信息。其中有原始信息，如实际投资、实际进度、实际质量信息，也有经过加工、处理后的信息，如投资、进度、质量对比信息等。

（3）内部横向信息流

内部横向信息流是指在同一级管理机构之间流动的信息。由于建设监理是以四大控制为目标、以合同管理为核心的动态控制系统，在监理过程中，四大控制和合同管理分别由不同的组织进行，由此产生各自的信息，并且相互之间又要为监理目标的实现进行协作、传递信息。

（4）外部环境信息流

外部环境信息流是指在工程项目内部与外部环境之间流动的信息。外部环境指的是气象部门、环保部门等。

为了有效地传递信息，必须使上述各信息流畅通。

5.4.4 工程建设监理信息系统

1. 建设监理信息系统的概念与作用

（1）建设监理信息系统的概念

信息系统是用于获取、组织、存储、处理和传输信息的系统。一个信息系统通常要确定以下主要参数：

- 传递信息的类型的数量，即信息流是由上而下还是由下而上或是横向的等。
- 信息汇总的形成，即如何加工处理信息，使信息浓缩或详细化。
- 传递信息的时间频率，即什么时间传递，多长时间间隔传递一次。
- 传递时间的路线，即哪些信息通过哪些部门等。
- 信息表达的方式，即书面的、口头的还是技术的。

工程建设监理信息系统是以计算机为手段，以系统的思想为依据，收集、传递、处理、分发、存储建设监理各类数据，产生信息的一个信息系统。它的目标是实现信息的系统管理与提供必要的决策支持。

工程建设监理信息系统为监理工程师提供标准化的、合理的数据来源，提供一定要求的、结构化的数据；提供预测、决策所需的信息以及数学、物理模型；提供编制计划、计划调控的必要科学手段及应用程序；保证对随机性问题处理时为监理工程师提供多个可供选择的方案。

（2）监理信息系统的作用

1）规范监理工作行为，提高监理工作标准化水平。监理工作标准化是提高监理工作质量的必由之路，监理信息系统通常是按标准监理工作程序建立的，它带来了信息的规范化、标准化，使信息的收集和处理更及时、更完整、更准确、更统一。监理信息系统的应用促使监理人员行为更规范。

2）提高监理工作人员的工作效率、工作质量和决策水平。监理信息系统实现办公自动化，使监理人员从简单、繁琐的事务性作业中解脱出来，有更多的时间用在提高监理质量和效益方面；系统为监理人员提供有关监理工作的各项法律法规、监理案例、监理常识的咨询功能，能自动处理各种信息，快速生成各种文件和报表；系统为监理单位及各有关单位的各层次收集、传递、存储、处理和分发各类数据和信息，使得下情上报，上情下达，左右信息交流及时、畅通，沟通了与外界的联系渠道。这些都有益于提高监理工作效率、监理质量和监理水平。系统还提供了必要的决策及预测手段，有益于提高监理工程师的决策水平。

3）便于积累监理工作经验。监理成果通过监理资料反映出来，监理信息系统能规范地存储大量监理信息，便于监理人员随时查看工程信息资料，积累监理工作经验。

2. 建设监理信息系统的一般构成和功能

监理信息系统一般由决策支持系统、管理信息系统两部分构成。前者主要借助知识库及模型库的帮助，在数据库大量数据的支持下，运用知识和专家的经验来进行推理，提出监理各层次，特别是高层次决策时所需的决策方案及参考意见。后者主要完成数据的收集、处理、使用及存储，产生信息提供给监理各层次、各部门和各个阶段，起沟通作用。

（1）决策支持系统的构成及功能

决策支持系统一般由人-机对话系统、模型库管理系统、数据管理系统、知识库管理系统和问题处理系统组成。

人-机对话系统主要是人与计算机之间交互的系统，把人们的问题变成抽象的符号，描述所要解决的问题，并把处理的结果转变成人们能接受的语言输出。

模型库系统给决策者提供的是推理、分析、解答问题的能力。模型库需要一个存储模型的库及相应的管理系统。模型则有专用模型和通用模型，提供业务性、战术性、战略性决策所需要的各种模型，同时也能随实际情况变化、修改、更新已有模型。

决策支持系统要求数据库有多重的来源，并经过必要的分类、归并及一定的处理，改变精度、数据量，提高信息含量。

知识库包括工程建设领域所需的一切有关决策的知识。它是人工智能的产物，主要提供问题求解的能力。知识库中的知识是可以是共享的、独立的、系统的，并可以通过学习、授予等方法扩充及更新。

问题处理系统实际完成知识、数据、模型、方法的综合，并输出决策所必需的意见及方案。

决策支持系统的主要功能是：

- 识别问题。判断问题的合法性，发现问题及问题的含义。
- 建立模型。建立描述问题的模型，通过模型库找到相关的标准模型或使用者在该问题基础上输入的新建模型。
- 分析处理。根据数据库提供的数据或信息，根据模型库提供的模型及知识库提供的处理该类问题的相关知识及处理方法进行分析处理。
- 模拟及择优。通过过程模拟找到决策的预期结果及多方案中的优化方案。
- 人-机对话。提供人与计算机之间的交互式交流，一方面输入决策支持系统要求输入的补充信息及决策者主观要求，另一方面也输出决策方案及查询要求，以便作为最终决策时的参考。
- 根据决策者最终决策产生的结果修改、补充模型库及知识库。

（2）监理管理信息系统的构成和功能

监理工程师的主要工作是控制工程建设的投资、进度、质量，实行安全监理，进行工程建设合同管理，协调有关单位间的工作关系。监理管理信息系统的构成应当与这些主要的工作相对应。另外，每个工程项目都有大量的公文、信函，作为一个信息系统，是由合同管理子系统、组织协调子系统、投资控制子系统、质量控制子系统和进度控制子系统构成的。

目前，国内外开发的各种计算机辅助项目管理软件系统多以管理系统为主。

5.5　建设工程监理档案资料管理

5.5.1　建设工程档案资料管理

对与建设工程有关的主要活动、记载建设工程主要过程和现状、具有保存价值的各种载体的文件资料，均应收集齐全、整理立卷后归档。

1. 归档文件的质量要求

1) 归档的工程文件应为原件。工程文件的内容必须齐全、系统、完整、准确，与工程实际相符。

2) 工程文件的内容及深度必须符合国家有关工程勘察、设计、施工、监理等方面的技术规范、标准和规程。

3) 工程文件应采用耐久性强的书写材料，如碳素墨水、蓝黑墨水，不得使用易褪色的书写材料和工具，如红色墨水、纯蓝墨水、圆珠笔、复写纸、铅笔等。

4) 工程文件应字迹清楚，图样清晰，图表整洁，签字、盖章手续完备。

5) 工程文件中文字材料幅面尺寸规格宜为 A4 幅面（297mm×210mm），图纸宜采用国家标准图幅。

6) 工程文件的纸张应采用能够长期保存的韧力大、耐久性强的纸张，图纸一般采用蓝晒图，竣工图应是新蓝图。计算机出图必须清晰，不得使用计算机出的复印件。

7) 所有竣工图应加盖竣工图章。竣工图章的基本内容应包括："竣工图"字样、施工单位、编制人、审核人、技术负责人、编制日期、监理单位、现场监理、总监理工程师。

竣工图章尺寸为：宽×高＝50mm×80mm。竣工图章应使用不易褪色的红印泥，应盖在图标栏上方空白处。

8) 利用施工图改绘成的竣工图，必须标明变更修改依据，凡施工图结构、工艺、平面布置等有重大改变，或变更部分超过图面 1/3 的，应当重新绘制竣工图。不同幅面的工程图纸应按《技术制图复制图的折叠方法》（CB/106010.3—810）统一折叠成 A4 幅面（297mm×210mm），图标栏露在外面。

2. 工程文件的立卷

（1）立卷原则

立卷应遵循工程文件的自然形成规律，保持卷内文件的有机联系，便于档案的保管和利用。一个建设工程由多个单位工程组成时，工程文件应按单位工程组卷。

（2）立卷方法

1) 工程文件可按建设程序划分为工程准备阶段的文件、监理文件、施工文件、竣工图、竣工验收文件五部分。

2）工程准备阶段文件可按建设程序、专业、形成单位等组卷。

3）监理文件可按单位工程、分部工程、专业、阶段等组卷。

4）施工文件可按单位工程、分部工程、专业、阶段等组卷。

5）施工图可按单位工程、专业等组卷。

6）竣工验收文件按单位工程、专业等组卷。

（3）立卷要求

1）立卷不宜过厚，一般不超过 40mm。

2）立卷内不应有重复文件，不同载体的文件一般应分别组卷。

（4）卷内文件的排列

1）文字材料按事项、专业顺序排列，同一事项的请示与批复、同一文件的印本与定稿、主件与附件不能分开，并按批复在前、请示在后，文本在前、草稿在后，主件在前、附件在后的顺序排列。

2）图纸按专业排列，同专业图纸按图号顺序排列。

3）既有文字材料又有图纸的案卷，文字材料排前，图纸排后。

（5）案卷的编目

编制卷内文件页号应符合下列规定：

1）案卷内文件均按有书写内容的页面编号，每卷单独编号，页号从"1"开始。

2）页号编写位置。单面书写的文件在右下角；双面书写的文件，正面在右下角，背面在左下角；折叠后的图纸一律在右下角。

3）成套图纸或印刷成册的科技文件材料，自成一卷的，原目录可代替卷内目录，不必重新编写页码。

4）案卷封面、卷内目录、卷内备考表不编写页码。

卷内目录的编写应符合下列规定：

• 卷内目录的式样见表 5.1，尺寸参见规范。

• 编号。以一份文件为单位，用阿拉伯数字从"1"依次标注。

• 责任者。填写文件的直接形成单位和个人。有多个责任者时，选择两个主要责任者，其余用"等"代替。

• 文件编写号。填写工程文件原有的文号或图号。

• 文件命题。填写文件标题的全称。

• 日期。填写文件形成的日期。

• 页次。填写文件在卷内所排的起始页号和最后一份文件页号。

• 卷内目录排列在卷内文件首页之前。卷内目录、卷内备考表、案卷内封面应采用 70g 以上白色书写纸制作，幅面统一采用 A4 幅面（297mm×210mm）。

（6）工程档案的验收与移交

列入城建档案馆（室）档案接收范围的工程，建设单位在组织工程竣工验收前应提请城建档案管理机构对工程档案进行预验收。建设单位未取得城建档案管理机构出具的认可文件，不得组织工程竣工验收。城建档案管理部门在进行工程档案预验收时

表 5.1 卷内目录

序号	文件编号	责任者	文件题名	日期	页次	备注

重点验收以下内容：

- 工程档案是否齐全、系统、完整。
- 工程档案的内容是否真实、准确地反映建设工程活动和工程实际状况。
- 工程档案的整理、立卷是否符合规范的规定。
- 施工图绘制方法、图式及规格等是否符合专业技术要求，图面是否整洁，是否盖有竣工图章。
- 文件的形成、来源是否符合实际，要求单位或个人签章的文件，其签章手续是否完备。
- 文件材质、幅面、书写、绘图、用墨等是否符合要求。

（7）工程档案的保存

文件保管期限分为永久、长期、短期三种期限。永久是指工程档案需要永久保存；长期是指工程档案的保存期限等于该工程的使用寿命；短期是指工程档案保存 20 年以下。

同一案卷内有不同保管期限的文件时，该案卷保管期限应从长。

密级分为绝密、机密、秘密三种。同一案卷内有不同密级的文件应以高密级为该卷密级。

5.5.2 监理档案资料管理

在工程项目的监理工作中，会涉及并产生大量的信息与档案资料，其中有些是监理工作的依据，如招标投标文件、合同文件、业主针对该项目制定的有关工作制度和规定、监理规划与监理细则、旁站方案；有些是监理工作中形成的文件，表明了工程项目的建设情况，也是今后工作所要查阅的，如监理工程师通知、专项监理工作报告、会议纪要、施工方案审查意见等；有些则是反映工程质量的文件，是今后监理验收或工程项目验收的依据。监理人员在监理工作中应对所有这些文件资料进行管理。

监理工作中档案资料的管理包括两大方面：一方面是对施工单位的资料管理工作进行监督，要求施工人员及时记录、收集、整理、存档并做好档案资料管理工作；另一方面是监理机构本身应该进行的资料与档案管理工作。工程项目档案资料的整理详见《建设工程文件归档整理规范》。

1. 监理资料的归档管理

监理资料是监理单位在工程设计、施工等监理过程中形成的资料，它是监理工作中各项控制与管理的依据与凭证。总工程师为公司的监理档案总负责人，总工办档案资料部负责具体工作。总监理工程师为项目监理部监理资料的总负责人，并指定专职或兼职资料员具体管理。档案资料部对各项目监理部的资料负有指导、检查的责任。

项目监理部监理资料管理的基本要求如下：

1）监理资料应满足"整理及时、真实齐全、分类有序"的要求。

2）各专业监理工程师应随着工程项目的进展负责收集、整理本专业的监理资料，并进行认真检查，不得接受经涂改的报审资料，并于每月编制月报之后次月 5 日前将资料交与资料管理员存放、保管。

3）资料管理员应及时对各专业的监理资料的形成、积累、组卷和归档进行监督、检查，验收各专业的监理资料，并分类、分专业建立案卷盒，按规定编目整理，做到存放有序、整齐。如将不同类资料放在同一盒内，应在脊背处标明。

4）对于已归资料员保管的监理资料，如本项目监理部人员需要借用，必须办理借用手续，用后及时归还；其他人员借用，须经总监同意，办理借用手续，资料员负责收回。

5）在工程竣工验收后三个月内，由总监理工程师组织项目监理人员对监理资料进行整理和归档，监理资料在移交给公司档案资料部前必须由总监理工程师审核并签字。

6）监理资料整理合格后，报送公司档案部门办理移交、归档手续。利用计算机进行资料管理的项目监理部需将存有"监理规划"、"监理总结"的软盘一并交与档案资料部。

7）监理资料各种表格的填写应使用黑色墨水或黑色签字笔，复写时须用单面黑色复写纸。

8）用计算机建立监理管理台账，包括工程物资进场报验台账，施工试验（混凝土、钢筋、水、电、暖通等）报审台账，检验批、分项、分部（子分部）工程验收台账，工程量、工程进度款报审台账，其他。

2. 现场监理资料归档

（1）一般函件

与业主、承包商和其他有关部门来往的函件按日期归档；监理工程师主持或出席的所有会议记录按日期归档。

（2）监理报告

各种监理报告按次序归档。

（3）计量与支付资料

每月计量与支付证书连同其所有资料每月按编号归档；监理工作人员每月提供的计量与支付有关的资料应按月份归档；物价指数的来源等资料按编号归档。

（4）合同管理资料

承包商对延期、索赔和分包的申请、批准的延期、索赔和分包文件按编号归档；变更设计的有关资料按编号归档；现场监理人员应急发出的书面指令及最终指令应按项目归档。

（5）图纸

按分类编号存放归档。

（6）技术资料

现场监理人员每月汇总上报的现场记录及检验报表按月归档，承包商提供的竣工资料分项目归档。

（7）试验资料

监理人员所完成的试验资料分类归档；承包商所报试验资料分类归档。

（8）工程照片

反映工程实际进度的照片按日期归档；反映现场监理工作的照片按日期归档；反映工程质量事故及处理情况的照片按日期归档；其他照片，如工地会议和重要监理活动的照片按日期归档。

以上资料在归档的同时要进行登录，建立详细的目录，以便随时调用、查询。

3. 监理资料归档管理内容

监理资料归档管理内容包括：

- 监理合同。
- 项目监理规划及监理实施细则。
- 监理月报。
- 会议纪要。
- 分部分项工程施工报验表。
- 质量问题和质量事故的处理资料。
- 造价控制资料。
- 工程验收资料。
- 监理通知。
- 其他合同事项管理资料。
- 监理工作总结。

4. 监理档案的组卷

（1）第一卷，合同卷

1）合同文件（包括监理合同、施工承包合同、分包合同、施工招投标文件、各类订货合同）。

2）和合同有关的其他事项（工程延期报告、费用索赔报告与审批资料、合同争议、合同变更、违约报告处理）。

3）资质文件（承包单位资质、分包单位资质、监理单位资质、建设单位项目建设审批文件、各单位参建人员资质、供货单位资质、见证取样试验等单位资质）。

4）建设单位对项目监理机构的授权书。

5) 其他来往信函。

（2）第二卷，技术文件

1) 设计文件（施工图、地质勘察报告、测量基础资料、设计审查文件）。

2) 设计变更（设计交底纪录、变更图、审图汇总资料、洽谈纪要）。

3) 施工组织设计（施工方案、进度计划、施工组织设计报审表）。

（3）第三卷，项目监理文件

该卷包括：监理规划、监理大纲、监理细则；监理月报；监理日志；会议纪要；监理总结；各类通知。

（4）第四卷，工程项目实施过程文件

该卷包括：进度控制文件；质量控制文件；投资控制文件。

（5）第五卷，竣工预验收文件

该卷包括：分部工程验收文件；竣工预验收文件；质量评估报告；现场证物照片；监理业务手册。

5. 监理档案的验收、移交和管理

1) 总监理工程师组织监理资料的归档整理工作，负责审核，并签字验收。

2) 工程竣工验收后三个月内，总监理工程师负责将监理档案送公司总工程师审阅，并与监理单位档案管理人员办理移交手续。

3) 存档的监理档案需要借阅时，应办理借阅和归还手续。

4) 一般工程建设监理档案保存期至少为工程保修期结束后一年；超过保存期的监理档案应经总工程师批准后销毁，但应有记录。

6. 监理月报与监理总结

（1）监理月报

监理月报应由总监理工程师组织编制，签认后报建设单位和本监理单位。监理月报报送时间由监理单位和建设单位协商确定。施工阶段监理月报应包括以下内容：

- 本月工程概况。
- 本月工程形象进度。
- 工程进度。本月实际完成情况与计划进度比较；对进度完成情况及采取措施效果的分析。
- 工程质量。本月工程质量情况分析；本月采取的工程质量措施及效果。
- 工程质量与工程款支付。工程量审核情况；工程款审批情况及月支付情况；工程款支付情况分析；月采取的措施及效果。
- 合同其他事项的处理情况。工程变更，工程延期，费用索赔。
- 本月监理工作小结。对本月进度、质量、工程款支付等方面情况的综合评价；本月监理工作情况；有关本工程的意见和建议；下月监理工作的重点。

（2）监理总结

在监理工作结束后，总监理工程师应编制监理工作总结。监理工作总结应包括以下内容：

- 工程概况。
- 监理组织机构、监理人员和投入的监理设施。
- 监理合同履行情况。
- 监理工作成效。
- 施工过程中出现的问题及其处理情况和建议。
- 工程照片（有必要时）。

案例5.1

某厂房建设场地原为农田。按设计要求在厂房建造时，厂房地坪范围内的耕植土应清除，基础必须埋在老土层下2.00m处，为此，业主在"三通一平"阶段就委托土方施工公司清除了耕植土并用好土回填压实至一定设计标高，故在施工招标文件中指出，施工单位无需再考虑清除耕植土问题。然而，开工后，施工单位在开挖基坑（槽）时发现，相当一部分基础开挖深度虽已达到设计标高，但仍未见老土，且在基础和场地范围内仍有一部分深层的耕植土和池塘淤泥等必须清除。

【问题】

1. 在工程中遇到地基条件与原设计所依据的地质资料不符时，承包商应该怎么办？

2. 根据修改的设计图纸，基础开挖要加深加大，为此承包商提出了变更工程价格和延长工期的要求。请问：承包商的要求是否合理？为什么？

3. 工程施工中出现变更工程价款和工期的事件之后，甲、乙双方需要注意哪些时效性问题？

4. 对合同中未规定的承包商义务，合同实施过程又必须进行的工作，你认为应如何处理？

【参考答案】

1. 承包商应该按以下步骤进行：

第一步，根据《建设工程施工合同（示范文本）》的规定，在工程中遇到地基条件与原设计所依据的地质资料不符时，承包方应及时通知甲方，要求对原设计进行变更。

第二步，在建设工程施工合同文件规定的时限内，向甲方提出价款变更和工期顺延的要求。甲方如确认，则调整合同；如不同意，应由甲方在合同规定的时限内通知乙方就变更价格协商，协商一致后修改合同，若协商不一致，按工程承包合同纠纷处理方式解决。

2. 承包商的要求合理。因为工程地质条件的变化不是一个有经验的承包商能够合理预见到的，属于业主风险，基础开挖加深加大必然增加费用和延长工期。

3. 在出现变更工程价款和工期事件之后，主要应注意的时效性问题有：

（1）乙方提出变更工程价款和工期的时间。

(2) 甲方确认的时间。

(3) 双方对变更工程价款和工期不能达成一致意见时的解决办法和时间。

4. 一般情况下，可按工程变更处理，其处理程序参见问题 1 答案的第二步，也可以另行委托施工。

案例5.2

某监理公司为了使建设工程档案资料准确、齐全地收集和整理，按照《建设工程监理规范》(GB/T 50319—2013) 中的有关要求进行建设工程文件的管理，为此，监理公司制订了如下具体实施内容：

1. 由总监理工程师代表负责，责成负责合同管理的专业监理工程师具体负责监理资料的收集、整理和归档工作。

2. 监理资料要随时归档。

3. 由总监理工程师与当地城建档案管理部门办理移交。

【问题】

1. 监理单位填写的建设工程档案以什么为依据？

2. 指出具体实施内容中的不妥之处，并改正。

【参考答案】

1. 监理单位填写建设工程档案的依据是施工及验收规范、工程合同、设计文件、工程施工质量验收统一标准。

2. 具体实施内容中的不妥之处是：

(1) "责成负责合同管理的专业监理工程师具体负责监理资料的收集、整理和归档工作"不妥。改正："应由专人负责"。

(2) "监理资料要随时归档"不妥。改正："应在每阶段监理工作结束后及时整理归档"。

(3) "与城建档案管理部门办理移交"不妥。改正："应移交建设单位"。

思 考 题

1. 什么是合同？合同的内容包括什么？

2. 什么是建设工程合同？建设工程合同的特征是什么？

3. 建设工程合同的体系构成是什么？

4. 建设工程施工合同文件一般包括那些组成部分？它们之间的解释顺序是怎样的？

5. 建设工程施工合同的条款内容包括什么？

6. 《施工合同文本》由哪几个部分组成？

7. FIDIC 合同条件的构成是什么？

8. 什么是信息？信息的特点是什么？

9. 什么是监理信息？监理信息的特点及作用是什么？

10. 监理信息的表现形式有哪些？

11. 建设工程项目信息的分类原则和方法是什么？

12. 监理信息的分类有哪几种？

13. 建设工程信息管理工作包括哪些内容？

14. 收集监理信息的原则是什么？不同建设阶段收集监理信息的内容是什么？

15. 监理信息加工整理的作用、原则、成果是什么？

16. 什么是监理信息的储存？什么是监理信息的传递？

17. 什么是建设监理信息系统？它的作用是什么？它的一般构成是什么？

18. 什么是建设工程档案资料管理？

19. 建设工程归档文件的质量要求是什么？立卷原则、方法是什么？

20. 监理资料的归档管理的要求是什么？归档内容有哪些？其中现场监理资料的归档内容包括什么？

21. 监理档案如何组卷？

22. 监理月报和监理总结的内容是什么？

第6章 国外工程项目管理

● **内容提要**

本章介绍国际上建设工程监理制度有关的一些情况，主要涉及建设项目管理、工程咨询，包括建设项目管理的概念、发展、类型，工程咨询的概念、作用、发展趋势，工程咨询师的概念、素质，工程咨询公司的服务对象和内容，重点介绍建设工程组织管理的新型模式。

● **教学目标**

1. 了解国际建设项目管理的概念、发展、类型，工程咨询的概念，工程咨询公司的服务对象和内容。
2. 熟悉工程咨询师的概念及素质要求。
3. 掌握国际上建设工程组织管理的几种新型模式。

6.1 建设项目管理

建设项目管理（construction project management）在我国亦称为工程项目管理。从广义上讲，任何时候、任何建设工程都需要相应的管理活动，无论是埃及的金字塔、古罗马的竞技场，还是中国的长城、故宫，都存在相应的建设项目管理活动。但是我们通常所说的建设项目管理，是指以现代建设项目管理理论为指导的建设项目管理活动。工程项目管理是按客观经济规律对工程项目建设全过程进行有效地计划、组织、控制、协调的系统管理活动。美国项目管理学会（PMI）把项目管理的知识领域归纳为九个方面，即项目整体（或集成）管理、项目范围管理、项目进度（或时间）管理、项目费用管理、项目质量管理、项目人力资源管理、项目沟通管理、项目风险管理和项目采购管理（含合同管理）。

6.1.1 建设项目管理的发展

建设项目管理是一门较为"年轻"的学科，从其形成到现在只有50多年的历史，目前仍然在继续发展。因此，这里只能对建设项目管理理论体系做概括性的介绍，主要是其内容的形成和发展过程。

项目管理的历史最早起源于欧美等发达地区和国家，其基本理论体系形成于 20 世纪 50 年代末、60 年代初，它是以当时已经比较成熟的组织论（亦称组织学）、控制论和管理学作为理论基础，结合建设工程和建筑市场的特点而形成的一门新兴学科。建设项目管理理论体系的形成过程与建设项目管理专业化的形成过程大致是同步的，两者是相互促进的，真正体现了理论指导实践，实践又反作用于理论、使理论进一步发展和提高的客观规律。

第二次世界大战以前，在工程建设领域占绝对主导地位的是传统的建设工程组织管理模式，即设计—招标—建造模式（design-bid-build）。采用这种模式时，业主与建筑师或工程师（房屋建筑工程适用建筑师，其他土木工程适用工程师）签订专业服务合同。建筑师或工程师不仅负责提供设计文件，而且负责组织施工招标工作来选择总包商，还要在施工阶段对施工单位的施工活动进行监督并对工程结算报告进行审核和签署。

第二次世界大战以后，世界上大多数国家的建设规模和发展速度都达到了历史上的最高水平，出现了一大批大型和特大型建设工程，其技术和管理的难度大幅度提高，对工程建设管理者水平和能力的要求亦相应提高。在这种新形势下，传统的建设工程组织管理模式已不能满足业主对建设工程目标进行全面控制和对建设工程实施进行全过程控制的新需求，其固有的缺陷日益显得突出，主要表现在：相对于质量控制而言，对投资和进度的控制以及合同管理较为薄弱，效果较差；难以发现设计本身的错误或缺陷，常常因为设计方面的原因而导致投资增加和工期拖延。正是在这样的背景下，一种不承担建设工程的具体设计任务、专门为业主提供建设项目管理服务的咨询公司应运而生，并且迅速发展壮大，成为工程建设领域一个新的专业化方向。

建设项目管理专业化发展的初期仅局限在施工阶段，即由建筑师或工程师为业主提供设计服务，而由建设项目管理公司为业主提供施工招标服务及施工阶段的监督和管理服务。应用这种方式虽然能在施工阶段发现设计的一些错误或缺陷，但是有时对投资和进度造成的损失已无法挽回，因而对设计的控制和建设工程总目标的控制的效果不甚理想。因此，建设项目管理的服务范围又逐渐扩大到建设工程实施的全过程，加强了对设计的控制，充分体现了早期控制的思想，取得了更好的控制效果。建设项目管理的进一步发展是将服务范围扩大到工程建设的全过程，既包括实施阶段也包括决策阶段，最大限度地发挥全过程控制和早期控制的作用。

20 世纪 70 年代，随着计算机技术的发展，计算机辅助管理的重要性日益显露出来，因而计算机辅助建设项目管理或信息管理成为建设项目管理学的新内容。在这期间，原有的内容也在进一步发展，例如有关组织的内容扩大到工作流程的组织和信息流程的组织，合同管理中深化了索赔内容，进度控制方面开始出现商品化软件等。而且，随着网络计划技术理论和方法的发展，开始出现进度控制方面的专著。

20 世纪 80 年代，建设项目管理学在宽度和深度两方面都有重大发展。在宽度方面，组织协调和建设工程风险管理成为建设项目管理学的重要内容。在深度方面，投资控制方面出现一些新的理念，如全面投资控制（total cost control）、投资控制的费用

（cost of cost control）等；进度控制方面出现多平面（又称多阶）网络理论和方法；合同管理和索赔方面的研究日益深入，出现许多专著等。

20 世纪 90 年代和 21 世纪初，建设项目管理学主要是在深度方面发展。例如，投资控制方面的偏差分析形成系统的理论和方法，质量控制方面由经典的质量管理方法向 ISO 9000 和 ISO 14000 系列发展，建设工程风险管理方面的研究越来越受到重视，在组织协调方面出现沟通管理（communication management）的理念和方法等。这一时期，建设项目管理学的各个主要内容都出现了众多的专著，产生了大批研究成果。而且这一时期也是与建设项目管理有关的商品化软件的大发展期，尤其在进度控制和投资控制方面出现了不少功能强大、比较成熟和完善的商品化软件，其在建设项目管理实践中得到广泛运用，提高了建设项目管理实际工作的效率和水平。

应当特别提到的是，美国项目管理学会（PMI）对总结项目管理（注意并不局限于建设项目管理）的理论和扩展项目管理的应用领域发挥了重要作用。PMI 编制的《项目管理知识体系指南》（A Guide to the Project Management Body of Knowledge，简称 PMBOK）被许多国家在不同专业领域进行项目管理培训时广泛采用。在 PMBOK 2008 版中，把项目管理的知识领域归纳为九个方面，即项目整体（或集成）管理、项目范围管理、项目进度（或时间）管理、项目费用管理、项目质量管理、项目人力资源管理、项目沟通管理、项目风险管理和项目采购管理（含合同管理）。

建设项目管理专业化的形成和发展在工程建设领域专业化发展史上具有里程碑意义。因为在此之前，工程建设领域专业化的发展都表现为技术方面的专业化：首先是由设计、施工一体化发展到设计与施工分离，形成设计专业化和施工专业化；设计专业化的进一步发展导致建筑设计与结构设计的分离，形成建筑设计专业化和结构设计专业化，以后又逐渐形成各种工程设备设计的专业化；施工专业化的发展形成了各种施工对象专业化、施工阶段专业化和施工工种专业化。建设项目管理专业化的形成符合建设项目一次性的特点，符合工程建设活动的客观规律，取得了非常显著的经济效果，从而显示出强大的生命力。

我国从 20 世纪 80 年代初期开始引进建设工程项目管理概念，世界银行和一些国际金融机构要求接受贷款的业主方应用项目管理的思想、组织、方法和手段组织实施建设工程项目。1983 年由国家原计划委员会提出推行项目前期项目经理负责制，于 1988 年开始推行建设工程监理制度。2003 年，原国家建设部发出《关于建筑业企业项目经理资质管理制度向建造师执业资格制度过渡的相关问题通知》，鼓励具有工程勘察、设计、施工和监理资质的企业，通过建立与工程项目管理业务相适应的组织机构、项目管理体系，充实项目管理专业人员，按照有关资质管理规定在其资质等级许可的工程项目范围内开展相应的工程项目管理业务。2006 年 12 月 1 日起实施新修订的《建设工程项目管理规范》，该规范从我国的实际情况出发，以工程项目管理过程为主线，总结了我国工程项目管理的最新成果，又借鉴了国外先进项目管理模式，全面系统地阐述了工程项目管理的全部内容。

需要说明的是，虽然专业化的建设项目管理公司得到了迅速发展，其占建筑咨询服务市场的比例也日益扩大，但至今并未完全取代传统模式中的建筑师或工程师。当前，无论是在各国的国内建设工程中，还是在国际工程中，传统的建设工程组织管理模式仍然得到广泛的应用。没有任何资料表明，专业化的建设项目管理与传统模式究竟哪一种方式占主导地位。这一方面是因为传统模式中建筑师或工程师在设计方面的作用和优势是专业化建设项目管理人员所无法取代的，另一方面则是因为传统模式中的建筑师或工程师也在不断提高他们在投资控制、进度控制和合同管理方面的水平和能力，实际上也是以现代建设项目管理理论为指导，为业主提供更全面、效果更好的服务。在一个确定的建设工程上，究竟是采用专业化的建设项目管理还是传统模式，完全取决于业主的选择。

6.1.2　建设项目管理的类型

建设项目管理的类型可从不同的角度划分。

1. 按管理主体分

参与工程建设的各方都有自己的项目管理任务。除了专业化的建设项目管理公司外，参与工程建设的各方主要是指业主、设计单位、施工单位以及材料、设备供应单位。按管理主体分，建设项目管理就可以分为业主方的项目管理、设计单位的项目管理、施工单位的项目管理以及材料、设备供应单位的项目管理。

在大多数情况下，业主没有能力自己实施建设项目管理，需要委托专业化的建设项目管理公司为其服务。另外，除了特大型建设工程的设备系统之外，在大多数情况下，材料、设备供应单位的项目管理比较简单，主要表现在按时、按质、按量供货，一般不做专门研究。与设计单位和施工单位两者相比，施工单位的项目管理所涉及的问题要复杂得多，对项目管理人员的要求亦高得多，因而也是建设项目管理理论研究和实践的重要方面。

2. 按服务对象分

专业化建设项目管理公司的出现是适应业主新需求的产物，但是在其发展过程中并不仅仅局限于为业主提供项目管理服务，也可能为设计单位和施工单位提供项目管理服务。因此，按专业化建设项目管理公司的服务对象分，建设项目管理可以分为为业主服务的项目管理、为设计单位服务的项目管理和为施工单位服务的项目管理。

在三种项目管理中以为业主服务的项目管理最为普遍，所涉及的问题最多，也最复杂，需要系统运用建设项目管理的基本理论。为设计单位服务的项目管理主要是为设计总包单位服务，这是因为发达国家的设计单位通常规模较小、专业性较强，对于房屋建筑来说，往往是由建筑师事务所担任设计总包单位，由结构、工程设备等专业设计事务所担任设计分包单位。如果面对一项大型、复杂的建设工程，作为设计总包单位的某建筑师事务所可能感到难以胜任设计阶段的项目管理工作，就需要委托专业化的建设项目管理公司为其服务。从国际上建设项目管理的实践来看，这种情况很少见。至于为施工单位服务的项目管理，应用虽然较为普遍，但服务范围却较为狭窄。通常施工单位都具有自行实施项目管理的水平和能力，因而一般没有必要委托专业化建设项目管理公司为其提供全过程、全方位的项目管理服务。但是即使是具有相当高的项目管理水平和能力的大型施工单位，当遇到复杂的工程合同争议和索赔问题时，也可能需要委托专业化建设项目管理公司为其提供相应的服务。在国际工程承包中，由于合同争议和索赔的处理涉及适用法律（往往不是施工单位所在国法律）的问题，这种情况较为常见。

3. 按服务阶段分

这种划分主要是从专业化建设项目管理公司为业主服务的角度考虑。根据为业主服务的时间范围，建设项目管理可分为施工阶段的项目管理、实施阶段全过程的项目管理和工程建设全过程的项目管理。其中，实施阶段全过程的项目管理和工程建设全过程的项目管理更能体现建设项目管理基本理论的指导作用，对建设工程目标控制的效果亦更为突出。因此，这两种全过程项目管理所占的比例越来越大，成为专业化建设项目管理公司主要的服务领域。

6.1.3   项目管理专业人员资格认证

项目管理专业人员资格认证是指 PMP（Project Management Professional）。它是由美国项目管理学会（PMI）发起的，在全球范围内推出的针对项目经理的资格认证体系，通过该认证的项目经理叫"PMP"。其目的是给项目管理专业人员提供统一的行业标准，使之掌握科学化的项目管理知识，以提高项目管理专业的工作水平。目前，PMP 考试同时用英语、德语、法语、日语、韩语、西班牙语、葡萄牙语和中文等多种语言进行，很多国家都在效仿美国的项目管理认证制度。

我国自 1999 年开始推行 PMP 认证，由 PMI 授权国家外国专家局培训中心负责在国内进行 PMP 认证的报名和考试组织。

1. PMI 对项目经理职业道德、技能方面的要求

- 具备较高的个人和职业道德标准，对自己的行为承担责任。
- 只有通过培训，获得任职资格，才能从事项目管理。
- 在专业和业务方面，对雇主和客户诚实。
- 向最新专业技能看齐，不断发展自身的继续教育。
- 遵守所在国家的法律。
- 具备相应的领导才能，能够最大限度地提高生产率并最大限度地缩减成本。
- 应用当今先进的项目管理工具和技术，以保证达到项目计划规定的质量、费用和进度等控制目标。
- 为项目团队成员提供适当的工作条件和机会，公平待人。
- 乐于接受他人的批评，善于提出诚恳的意见，并能正确地评价他人的贡献。

- 帮助团队成员、同行和同事提高专业知识。
- 对雇主和客户没有被正式公开的业务和技术工艺信息应予以保密。
- 告知雇主、客户可能会发生的利益冲突。
- 不得直接或间接对有业务关系的雇主和客户行贿、受贿。
- 真实地报告项目质量、费用和进度。

2. PMP 知识结构

1) 掌握项目生命周期：项目启动、项目计划、项目执行、项目控制、项目竣工。
2) 具有以下九个方面的基本能力：整体（或集成）管理、范围管理、进度（或时间）管理、费用管理、质量管理、资源管理、沟通管理、风险管理和采购管理。

3. 报考条件与要求

PMP 认证申请者必须满足以下类别之一规定的教育背景和专业经历：
第一类：申请者需具有学士学位或同等的大学学历或以上者。
申请者需至少连续 3 年以上、具有 4500 小时的项目管理经历。仅在申请日之前 6 年之内的经历有效。需要提交的文件：1 份详细描述工作经历和教育背景的最新简历（需提供所有雇主和学校的名称及详细地址）；1 份学士学位或同等大学学历证书或副本的备份件；能说明至少 3 年以上、4500 小时的经历审查表。
第二类：申请者不具备学士学位或同等大学学历或以上者。
申请者需至少连续 5 年以上、具有 7500 小时的项目管理经历。仅在申请日之前 8 年之内的经历有效。所需提交文件：一份详细描述工作经历和教育背景的最新简历（需提供所有雇主和学校的名称及详细地址）；能说明至少 5 年以上、7500 小时的经历审查表。

4. 考试形式和内容

在我国举办的 PMP 考试为中英文对照形式，共 200 道单项选择题，考试时间为 4 小时，一年开展 4 次。200 道题中，计分题目 175 道，合格的标准为答对 106 道题。相对而言，PMP 考试的审查更为严格，而且是硬性的，没有变通的余地。

6.2 工 程 咨 询

6.2.1 工程咨询概述

1. 工程咨询的概念

到目前为止，工程咨询在国际上还没有一个统一的、规范化的定义。尽管如此，综合各种关于工程咨询的表述，可将工程咨询定义为：适应现代经济发展和社会进步的需要，集中专家群体或个人的智慧和经验，运用现代科学技术和工程技术以及经济、管理、法律等方面的知识，为建设工程决策和管理提供的智力服务。

需要说明的是，如果某项工作的任务主要是采用常规的技术且属于设备密集型的工作，那么该项工作就不应列为咨询服务，在国际上通常将其列为劳务服务，例如卫星测绘、地质钻探、计算机服务等就属于这类劳务服务。

2. 工程咨询的作用

工程咨询是智力服务，是知识的转让，可有针对性地向客户（client）提供可供选择的方案、计划或有参考价值的数据、调查结果、预测分析等，也可实际参与工程实施过程的管理，其作用可归纳为以下几个方面。

（1）为决策者提供科学合理的建议

工程咨询本身通常并不决策，但它可以弥补决策者职责与能力之间的差距。根据决策者的委托，咨询者利用自己的知识、经验和已掌握的调查资料，为决策者提供科学合理的一种或多种可供选择的建议或方案，从而减少决策失误。这里的决策者既可以是各级政府机构，也可以是企业领导或具体建设工程的业主。

（2）保证工程的顺利实施

由于建设工程具有一次性的特点，而且其实施过程中有众多复杂的管理工作，业主通常没有能力自行管理。工程咨询公司和人员则在这方面具有专业化的知识和经验，由他们负责工程实施过程的管理，可以及时发现和处理所出现的问题，大大提高工程实施过程管理的效率和效果，从而保证工程的顺利实施。

（3）为客户提供信息和先进技术

工程咨询机构往往集中了一定数量的专家、学者，拥有大量的信息、知识、经验和先进技术，可以随时根据客户需要提供信息和技术服务，弥补客户在科技和信息方面的不足。从全社会来说，这对于促进科学技术和情报信息的交流和转移，更好地发挥科学技术作为生产力的作用，都起到十分积极的作用。

（4）发挥准仲裁人的作用

由于相互利益关系的不同和认识水平的不同，在建设工程实施过程中，业主与建设工程的其他参与方之间，尤其是与承包商之间往往会产生合同争议，需要第三方来合理解决所出现的争议。工程咨询机构是独立的法人，不受其他机构的约束和控制，只对自己咨询活动的结果负责，因此可以公正、客观地为客户提供解决争议的方案和建议。而且，由于工程咨询公司所具备的知识、经验、社会声誉及其所处的第三方地位，其所提出的方案和建议易于为争议双方所接受。

（5）促进国际间工程领域的交流和合作

随着全球经济一体化的发展，境外投资的数额和比例越来越大，相应地，境外工程咨询（往往又称为国际工程咨询）业务亦越来越多。在这些业务中，工程咨询公司和人员往往表现出他们自己在工程咨询和管理方面的理念和方法以及所掌握的工程技术和建设工程组织管理的新型模式，这对促进国际间在工程领域技术、经济、管理和法律等方面的交流和合作无疑起到十分积极的作用，有利于加强各国工程咨询界的相互了解和沟通。另外，虽然目前在国际工程咨询市场中发达国家工程咨询公司占绝对主导地位，但他们境外工程咨询业务的拓展在客观上也是有利于提高发展中国家工程咨询水平的。

3. 工程咨询的发展趋势

工程咨询是近代工业化的产物，于 19 世纪初首先出现在建筑业。工程咨询从出现伊始就是相对于工程承包而存在的，即工程咨询公司和人员不从事建设工程实际的建造和维修活动。

20 世纪 70 年代以来，尤其是 80 年代以来，建设工程日趋大型化和复杂化，工程咨询和工程承包业务日趋国际化，与此同时，建设工程组织管理模式不断发展，出现了 CM 模式、项目总承包模式、EPC 模式等新型模式；建设工程投融资方式也在不断发展，出现了 BOT、PFI（Private Finance Initiative）、TOT、BT 等方式。国际工程市场的这些变化使得工程咨询和工程承包业务也相应发生变化，两者之间的界限不再像过去那样严格分开，开始出现相互渗透、相互融合的新趋势。从工程咨询方面来看，这一趋势的具体表现主要是以下两种情况：一是工程咨询公司与工程承包公司相结合，组成大的集团企业或采用临时联合方式，承接交钥匙工程（或项目总承包工程）；二是工程咨询公司与国际大财团或金融机构紧密联系，通过项目融资取得项目的咨询业务。

从工程咨询本身的发展情况来看，总的趋势是向全过程服务和全方位服务方向发展。其中，全过程服务分为实施阶段全过程服务和工程建设全过程服务两种情况，全方位服务则比建设项目管理中对建设项目目标的全方位控制的内涵宽得多。除了对建设项目三大目标的控制之外，全方位服务还可能包括决策支持、项目策划、项目融资或筹资、项目规划和设计、重要工程设备和材料的国际采购等。当然，真正能提供上述所有内容全方位服务的工程咨询公司是不多见的。但是如果某工程咨询公司除了能提供常规的建设项目管理服务之外，还能提供其他一个或几个方面的服务，亦可归入全方位服务之列。

此外，还有一个不容忽视的趋势是以工程咨询为纽带，带动本国工程设备、材料和劳务的出口。这种情况通常是在全过程服务和全方位服务条件下才会发生。由于业主最先选定了工程咨询公司（一般是国际著名的有实力的工程咨询公司），出于对该工程咨询公司的信任，在不损害业主利益的前提下，业主会乐意接受该工程咨询公司所推荐的其所在国的工程设备、材料和劳务。

6.2.2 咨询工程师

1. 咨询工程师的概念

咨询工程师（Consulting Engineer）是以从事工程咨询业务为职业的工程技术人员和其他专业（如经济、管理）人员的统称。

国际上对咨询工程师的理解与我国习惯上的理解有很大不同。按国际上的理解，我国的建筑师、结构工程师、各种专业设备工程师、监理工程师、造价工程师、从事工程招标业务的专业人员等都属于咨询工程师，甚至从事工程咨询业务有关工作（如处理索赔时可能需要审查承包商的财务账簿和财务记录）的审计师、会计师也属于咨询工程师之列。因此，不要把咨询工程师理解为"从事咨询工作的工程师"。也许是出于以上原因，1990 年国际咨询工程师联合会（FIDIC）在其出版的《业主/咨询工程师标准服务协议书条件》（简称"白皮书"）中已用"Consultant"取代了"Consulting Engineer"。Consultant 一词可译为咨询人员或咨询专家，但我国对"白皮书"的翻译仍按原习惯译为咨询工程师。

　　2. 咨询工程师的素质

　　工程咨询是科学性、综合性、系统性、实践性均很强的职业。作为从事这一职业的主体，咨询工程师应具备以下素质才能胜任这一职业。

　　（1）知识面宽

　　建设工程自身的复杂程度及其不同的环境和背景，使得工程咨询公司服务内容具有广泛性，要求咨询工程师具有较宽的知识面。除了掌握建设工程的专业技术知识之外，还应熟悉与工程建设有关的经济、管理、金融和法律等方面的知识，对工程建设的管理过程有深入的了解，并熟悉项目融资、设备采购、招标咨询的具体运作和有关规定。

　　在工程技术方面，咨询工程师不仅要掌握建设工程的专业应用技术，而且要有较深的理论基础，并了解当前最新技术水平和发展趋势；不仅掌握建设工程的一般设计原则和方法，而且掌握优化设计、可靠性设计、功能—成本设计等系统设计方法；不仅熟谙工程设计各方面的技术要点和难点，而且熟悉主要的施工技术和方法，能充分考虑设计与施工的结合，从而保证工程顺利地建成。

　　（2）精通业务

　　由于工程咨询公司的业务范围很宽，作为咨询工程师个人来说，不可能从事本公司所有业务范围内的工作。但是每个咨询工程师都应有自己比较擅长的一个或多个业务领域，成为该领域的专家。对精通业务的要求，首先要具有实际动手能力。工程咨询业务的许多工作都需要实际操作，如工程设计、项目财务评价、技术经济分析等，不仅要会做，而且要做得对、做得好、做得快。其次，要具有丰富的工程实践经验。只有通过不断的实践经验积累，才能提高业务水平和熟练程度，才能总结经验，找出规律，指导今后的工程咨询工作。再次，在当今社会，计算机应用和外语已成为必要的工作技能，作为咨询工程师也应在这两方面具备一定的能力和水平。

　　（3）协调、管理能力强

　　在工程咨询业务中，有些工作并不是咨询工程师自己直接去做，而是组织、管理其他人员去做；不仅涉及与本公司各方面人员的协同工作，而且经常与客户、建设工程参与各方、政府部门、金融机构等发生联系，处理各种面临的问题。在这方面，需要的不是专业技术和理论知识，而是组织协调和管理的能力。这表明，咨询工程师不仅要成为技术方面的专家，而且要成为组织、管理方面的专家。

（4）责任心强

咨询工程师的责任心首先表现在职业责任感和敬业精神，同时咨询工程师还负有社会责任，即应在维护国家和社会公众利益的前提下为客户提供服务。

责任心并不是空洞、抽象的，它可以在实际的咨询工作中得到充分的体现。工程咨询业务往往由多个咨询工程师协同完成，每个咨询工程师独立完成其中某一部分工作，这时咨询工程师的责任心就显得尤为重要。因为每个咨询工程师的工作成果都与其他咨询工程师的工作有密切联系，任何一个环节的错误或延误都会给该项咨询业务带来严重后果，因此每个咨询工程师都必须确保按时、按质地完成预定工作，并对自己的工作成果负责。

（5）不断进取，勇于开拓

当今世界，科学技术日新月异，经济发展一日千里，新思想、新理论、新技术、新产品、新方法等层出不穷，对工程咨询不断提出新的挑战。因此，咨询工程师必须及时更新知识，了解、熟悉乃至掌握与工程咨询相关领域的新进展；同时，要勇于开拓新的工程咨询领域（包括业务领域和地区领域），以适应客户的新需求，顺应工程咨询市场发展的趋势。

3. 咨询工程师的职业道德

国际上许多国家（尤其是发达国家）的工程咨询业已相当发达，相应地制定了各自的行业规范和职业道德规范，以指导和规范咨询工程师的职业行为。这些众多的咨询行业规范和职业道德规范虽然各不相同，但基本上是大同小异，其中在国际上最具普遍意义和权威性的是 FIDIC 道德准则。

咨询工程师的职业道德规范或准则虽然不是法律，但是对咨询工程师的行为却具有相当大的约束力。不少国家的工程咨询行业协会都明确规定，一旦咨询工程师的行为违背了职业道德规范或准则，就将终身不得再从事该职业。

4. 我国的注册咨询工程师制度及报考条件

注册咨询工程师是指通过全国统一考试，取得《中华人民共和国注册咨询工程师（投资）执业资格证书》，经注册登记后，在经济建设中从事工程咨询业务的专业技术人员。

2001 年 12 月，原人事部、国家发展计划委员会下发了《人事部、国家发展计划委员会关于印发〈注册咨询工程师（投资）执业资格制度暂行规定〉和〈注册咨询工程师（投资）执业资格考试实施办法〉的通知》（人发［2001］127 号），国家开始实施注册咨询工程师（投资）执业资格制度，考试工作由原人事部、国家发展计划委员会负责，日常工作由设在中国工程咨询协会的全国注册咨询工程师（投资）执业资格管理委员会办公室承担，具体考务工作委托原人事部人事考试中心组织实施。

考试每年举行一次，考试时间一般安排在 4 月，原则上只在省会城市设立考点。

注册咨询工程师报名条件如下。

（1）参加全部科目（考五科）的考试条件

凡中华人民共和国公民，遵守国家法律、法规，并具备下列条件之一者，可以申请参加注册咨询工程师（投资）职业资格考试：

- 工程技术类或工程经济类大专毕业后，从事工程咨询相关业务满 8 年。
- 工程技术类或工程经济类专业本科毕业后，从事工程咨询相关业务满 6 年。
- 获工程技术类或工程经济类专业第二学士学位或研究生班毕业后，从事工程咨询相关业务满 4 年。
- 获工程技术类或工程经济类专业硕士学位后，从事工程咨询相关业务满 3 年。
- 获工程技术类或工程经济类专业博士学位后，从事工程咨询相关业务满 2 年。
- 获非工程技术类、工程经济类专业上述学历或学位人员，其从事工程咨询相关业务年限相应增加 2 年。
- 人事部、国家发展计划委员会规定的其他条件。

（2）参加免试部分科目（考两科）考试条件

具备下列条件之一者，可免试《工程咨询概论》、《宏观经济政策与发展规划》、《工程项目组织与管理》科目：

- 符合考核认定范围，但在考核认定中未获得通过的人员。
- 获国家计委或中国工程咨询协会优秀工程咨询成果奖项目及全国优秀工程勘测设计奖项目的主要完成人。
- 在 2002 年年底前按国家规定取得高级专业技术职务任职资格，并从事工程咨询相关业务满 8 年。
- 通过国家执业资格考试，获得工程技术类执业资格证书，并从事工程咨询相关业务满 8 年。

6.2.3 工程咨询公司的服务对象和内容

工程咨询公司的业务范围很广泛，其服务对象可以是业主、承包商、国际金融机构和贷款银行，工程咨询公司也可以与承包商联合投标承包工程。工程咨询公司的服务对象不同，相应的具体服务内容也有所不同。

1. 为业主服务

为业主服务是工程咨询公司最基本、最广泛的业务，这里所说的业主包括各级政府（此时不是以管理者身份出现）、企业和个人。

工程咨询公司为业主服务既可以是全过程服务（包括实施阶段全过程和工程建设全过程），也可以是阶段性服务。

工程建设全过程服务的内容包括可行性研究（投资机会研究、初步可行性研究、详细可行性研究）、工程设计（概念设计、基本设计、详细设计）、工程招标（编制招标文件、评标、合同谈判）、材料设备采购、施工管理（监理）、生产准备、调试验收、后评价等一系列工作。在全过程服务的条件下，咨询工程师不仅作为业主的受雇人开展工作，而且也代行了业主的部分职责。

阶段性服务，就是工程咨询公司仅承担上述工程建设全过程服务中某一阶段的服务工作。一般来说，除了生产准备和调试验收之外，其余各阶段工作业主都可能单独委托工程咨询公司来完成。阶段性服务又分为两种不同的情况：一种是业主已经委托某工程咨询公司进行全过程服务，但同时又委托其他工程咨询公司对其中某一或某些阶段的工作成果进行审查、评价，例如对可行性研究报告、设计文件都可以采取这种方式。另一种是业主分别委托多个工程咨询公司完成不同阶段的工作，在这种情况下业主仍然可能将某一阶段工作委托某一工程咨询公司完成，再委托另一工程咨询公司审查、评价其工作成果；业主还可能将某一阶段工作（如施工监理）分别委托多个工程咨询公司来完成。

2. 为承包商服务

承包商是指为工程项目提供设备的厂商和负责土建与设备安装工程的施工单位等。业主一般多采用招标的方式选择承包商，以保证在较高技术水平和质量的前提下获得较低的造价。对于大中型项目来说，一般设备制造厂和施工单位都可以和工程咨询公司合作参与工程投标。

工程咨询公司为承包商服务主要有以下几种情况：

1）为承包商提供合同咨询和索赔服务。如果承包商对建设工程的某种组织管理模式不了解，如 CM 模式、EPC 模式，或对招标文件中所选择的合同条件体系很陌生，如从未接触过 AIA 合同条件和 JCT 合同条件，就需要工程咨询公司为其提供合同咨询，以便了解和把握该模式或该合同条件的特点、要点以及需要注意的问题，从而避免或减少合同风险，提高自己合同管理的水平。另外，当承包商对合同所规定的适用法律不熟悉甚至根本不了解，或发生了重大、特殊的索赔事件而承包商自己又缺乏相应的索赔经验时，承包商都可能委托工程咨询公司为其提供索赔服务。

2）为承包商提供技术咨询服务。当承包商遇到施工技术难题，或工业项目中工艺系统设计和生产流程设计方面的问题时，工程咨询公司可以为其提供相应的技术咨询服务。在这种情况下，工程咨询公司的服务对象大多是技术实力不太强的中小承包商。

3）为承包商提供工程设计服务。在这种情况下，工程咨询公司实质上是承包商的设计分包商，其具体表现又有两种方式：一种是工程咨询公司仅承担详细设计（相当于我国的施工图设计）工作。在国际工程招标时，在不少情况下仅达到基本设计（相当于我国的扩大初步设计），承包商不仅要完成施工任务，而且要完成详细设计。如果承包商不具备完成详细设计的能力，就需要委托工程咨询公司来完成。需要说明的是，这种情况在国际上仍然属于施工承包，而不属于项目总承包。另一种是工程咨询公司承担全部或绝大部分设计工作，其前提是承包商以项目总承包或交钥匙方式承包工程，且承包商没有能力自己完成工程设计。这时，工程咨询公司通常在投标阶段完成到概念设计或基本设计，中标后再进一步深化设计。此外，还要协助承包商编制成本估算、投标估价、编制设备安装计划、参与设备的检验和验收、参与系统调试和试生产，等等。

3. 为贷款方服务

这里所说的贷款方包括一般的贷款银行、国际金融机构（如世界银行、亚洲开发银行等）和国际援助机构（如联合国开发计划署、粮农组织等）。

工程咨询公司为贷款方服务的常见形式有两种：一是对申请贷款的项目进行评估。工程咨询公司的评估侧重于项目的工艺方案、系统设计的可靠性和投资估算的准确性，并核算项目的财务评价指标，进行敏感性分析，最终提出客观、公正的评估报告。由于申请贷款项目通常都已完成了可行性研究，工程咨询公司的工作主要是对该项目的可行性研究报告进行审查、复核和评估。二是对已接受贷款的项目的执行情况进行检查和监督。国际金融或援助机构为了了解已接受贷款的项目是否按有关的贷款规定实施，为了确保工程和设备在国际招标过程中的公开性和公正性，保证贷款资金的合理使用、按项目实施的实际进度拨付，并能对贷款项目的实施进行必要的干预和控制，就需要委托工程咨询公司为其服务，对已接受贷款的项目的执行情况进行检查和监督，提出阶段性工作报告，以及时、准确地掌握贷款项目的动态，从而能作出正确的决策（如停贷、缓贷）。

4. 联合承包工程

在国际上，一些大型工程咨询公司往往与设备制造商和土木工程承包商组成联合体，参与项目总承包或交钥匙工程的投标，中标后共同完成项目建设的全部任务。在少数情况下，工程咨询公司甚至可以作为总承包商，承担项目的主要责任和风险，而承包商则成为分包商。工程咨询公司还可能参与 BOT 项目，甚至作为这类项目的发起人和策划公司。

虽然联合承包工程的风险相对较大，但可以给工程咨询公司带来更多的利润，而且在有些项目上可以更好地发挥工程咨询公司在技术、信息、管理等方面的优势。采用多种形式参与联合承包工程，已成为国际上大型工程咨询公司拓展业务的一个趋势。

6.3 建设工程组织管理新型模式

随着社会技术经济水平的发展，建设工程业主的需求也在不断变化和发展，与此相适应，国际上出现了许多新型建设工程组织管理模式。这里仅介绍 CM 模式、EPC 模式、Partnering 模式和 Project Controlling 模式。本节所介绍的四种新型模式，除 CM 模式形成时间较早之外（20 世纪 60 年代），其余模式形成时间均较迟（20 世纪 80 年代以后），且至今在国际上应用尚不普遍。尽管如此，这些新型模式反映了业主需求和建筑市场的发展趋势，而且均难以用简单的词汇直接译成中文，因而有必要了解其基本概念和有关情况。

6.3.1　CM 模式

1. CM 模式的概念和产生背景

CM 是英文 construction management 的缩写。所谓 CM 模式，就是在采用快速路径法时，从建设工程的开始阶段就雇佣具有施工经验的 CM 单位（或 CM 经理）参与到建设工程实施过程中来，以便为设计人员提供施工方面的建议，且随后负责管理施工过程。这种安排的目的是将建设工程的实施作为一个完整的过程来对待，并同时考虑设计和施工的因素，力求使建设工程在尽可能短的时间内、以尽可能经济的费用和满足要求的质量建成并投入使用。

要想准确理解 CM 模式的定义，就需要了解其产生的背景。

1968 年，汤姆森（Charles B. Thomson）等人受美国建筑基金会的委托，在美国纽约州立大学研究的关于如何加快设计和施工速度以及如何改进控制方法的报告中，通过对许多大建筑公司的调查，在综合各方面经验的基础上提出了快速路径法（fast-track method，国内也有学者译为快速轨道法），又称为阶段施工法（phased construction method）。这种方法的基本特征是将设计工作分为若干阶段（如基础工程、上部结构工程、装修工程、安装工程）完成，每一阶段设计工作完成后就组织相应工程内容的施工招标，确定施工单位后即开始相应工程内容的施工。与此同时，下一阶段设计工作继续进行，完成后再组织相应的施工招标，确定相应的施工单位……其建设实施过程如图 6.1 所示。

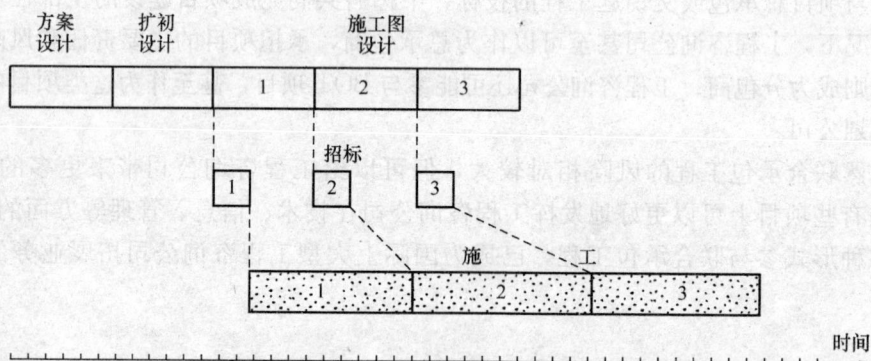

图 6.1　快速路径法

由图 6.1 可以看出，采用快速路径法可以将设计工作和施工招标工作与施工搭接起来，整个建设周期是第一阶段设计工作和第一次施工招标工作所需要的时间与整个工程施工所需要的时间之和。与传统模式相比，快速路径法可以缩短建设周期。从理论上讲，其缩短的时间应为传统模式条件下设计工作和施工招标工作所需时间与快速路径法条件下第一阶段设计工作和第一次施工招标工作所需时间之差。对于大型、复杂的建设工程来说,这一时间差额很长,甚至可能超过 1 年。但实际上,与传统模式相比,快速路径法大大增加了施工阶段组织协调和目标控制的难度,例如设计变更增多、施工现场多个施工单位同时分别施工导致工效降低等。这表明,在采用快速路径法时,如果管理不当,就可能欲速不达。因此,为了与快速路径法相适应,CM 模式应运而生。

尤其要注意的是,不要将 CM 模式与快速路径法混为一谈。因为快速路径法只是改进了传统模式条件下建设工程的实施顺序,不仅可在 CM 模式中使用,也可在其他模式中使用,如平行承发包模式、项目总承包模式(此时设计与施工的搭接是在项目总承包商内部完成的,且不存在施工与招标的搭接)。而 CM 模式则是以使用 CM 单位为特征的建设工程组织管理模式,具有独特的合同关系和组织形式。

CM 模式的优点是可以缩短工程从规划、设计、施工到交付业主使用的周期,节约建设投资,减少投资风险,业主可以较早获得效益。其缺点是分项招标导致承包费用较高,因而要做好分析比较,认真研究分项工程的数目,选定最优结合点。

美国建筑师学会(AIA)和美国总承包商联合会(AGC)于 20 世纪 90 年代初共同制定了 CM 标准合同条件,但是 FIDIC 等合同条件体系至今尚没有 CM 标准合同条件。

2. CM 模式的类型

CM 模式分为代理型 CM 模式和非代理型 CM 模式。

(1)代理型 CM 模式(CM/Agency)

代理型 CM 模式又称为纯粹的 CM 模式。采用代理型 CM 模式时,CM 单位是业主的咨询单位,业主与 CM 单位签订咨询服务合同,CM 合同价就是 CM 费,其表现形式可以是百分率(以今后陆续确定的工程费用总额为基数)或固定数额的费用。业主分别与多个施工单位签订所有的工程施工合同,其合同关系和协调管理关系如图 6.2 所示。

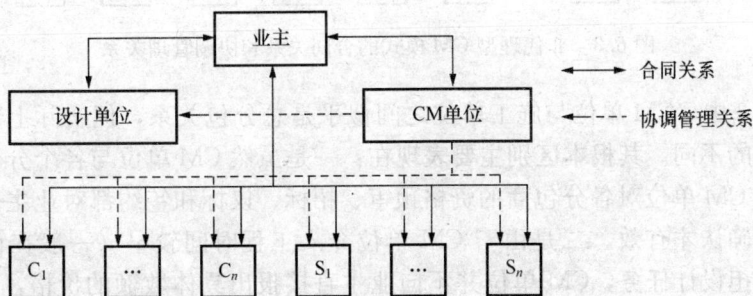

图 6.2 代理型 CM 模式的合同关系和协调管理关系

图 6.2 中 C 表示施工单位,S 表示材料设备供应单位。需要说明的是,CM 单位对设计单位没有指令权,只能向设计单位提出一些合理化建议,因而 CM 单位与设计单位之间是协调关系。这一点同样适用于非代理型 CM 模式。这也是 CM 模式与全过程

建设项目管理的重要区别。

代理型 CM 标准合同条件被 AIA 定为"B801/CMa",同时被 AGC 定为"AGC51O"。

代理型 CM 模式中的 CM 单位通常是由具有较丰富的施工经验的专业 CM 单位或咨询单位担任。代理型 CM 模式下对 CM 经理的选择会在很大程度上影响业主的利益,因此业主在认真进行资格审查的基础上选择适当的 CM 经理是非常重要的。这种模式中,CM 经理可以提供项目某一阶段的服务,也可以是整个过程的服务。CM 经理的工作是负责协调设计和施工之间及不同承包商之间的关系。其优点是业主可自行选定工程咨询人员,在招标前可以确定完整的工作范围和项目原则、完善的管理与技术支持,可以缩短工期、节省投资。其缺点是 CM 经理不对进度和成本作出保证,索赔与变更的费用可能较高,因而业主风险较大。

（2）非代理型 CM 模式（CM/Non-Agency）

非代理型 CM 模式又称为风险型 CM 模式（At-Risk CM）,在英国则称为管理承包（management contracting）。采用非代理型 CM 模式时,业主一般不与施工单位签订工程施工合同,但也可能在某些情况下,就某些专业性很强的工程内容和工程专用材料、设备,业主与少数施工单位和材料、设备供应单位签订合同。业主与 CM 单位所签订的合同既包括 CM 服务的内容,也包括工程施工承包的内容,而 CM 单位则与施工单位和材料、设备供应单位签订合同。其合同关系和协调管理关系如图 6.3 所示。

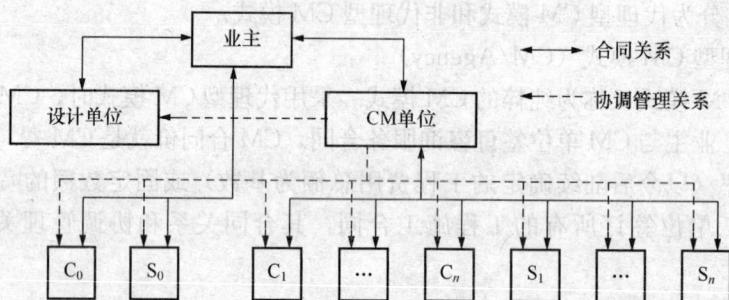

图 6.3　非代理型 CM 模式的合同关系和协调管理关系

在图 6.3 中,CM 单位与施工单位之间似乎是总分包关系,但实际上却与总分包模式有本质的不同。其根本区别主要表现在:一是虽然 CM 单位与各个分包商直接签订合同,但 CM 单位对各分包商的资格预审、招标、议标和签约都对业主公开并必须经过业主的确认才有效。二是由于 CM 单位介入工程时间较早（一般在设计阶段介入）且不承担设计任务,CM 单位并不向业主直接报出具体数额的价格,而是报 CM 费,至于工程本身的费用则是今后 CM 单位与各分包商、供应商的合同价之和。也就是说,CM 合同价由以上两部分组成,但在签订 CM 合同时,该合同价尚不是一个确定的具体数据,而主要是确定计价原则和方式,本质上属于成本加酬金合同的一种特殊形式。

由此可见,在采用非代理型 CM 模式时,业主对工程费用不能直接控制,因而在这方面存在很大风险。为了促使 CM 单位加强费用控制工作，业主往往要求在 CM 合同中预先确定一个具体数额的保证最大价格（guaranteed maximum price，简称 GMP，包括总的工程费用和 CM 费）。而且，合同条款中通常规定，如果实际工程费用加 CM 费超过了 GMP，超出部分由 CM 单位承担；反之，节余部分归业主。为了鼓励 CM 单位控制工程费用，也可在合同中约定对节余部分由业主和 CM 单位按一定比例分成。

非代理型 CM 标准合同条件被 AIA 定为"AI21/CMc"，同时被 AGC 定为"AGC565"。

非代理型 CM 模式优点是可提前开工并提前竣工，业主任务较轻，风险较小。其缺点是总成本中包含设计和投标的不确定因素，选择风险型 CM 公司比较困难。非代理型 CM 模式中的 CM 单位通常是由从过去的总承包商演化而来的专业 CM 单位或总承包商担任。

3. CM 模式的适用情况

从 CM 模式的特点来看，在以下几种情况下尤其能体现出它的优点：

1）设计变更可能性较大的建设工程。某些建设工程，即使采用传统模式，即等全部设计图纸完成后再进行施工招标，在施工过程中仍然会有较多的设计变更（不包括因设计本身缺陷引起的变更）。在这种情况下，传统模式利于投资控制的优点体现不出来，而 CM 模式则能充分发挥其缩短建设周期的优点。

2）时间因素最为重要的建设工程。尽管建设工程的投资、进度、质量三者是一个目标系统，三大目标之间存在对立统一的关系，但是某些建设工程的进度目标可能是第一位的，如生产某些急于占领市场的产品的建设工程，如果采用传统模式组织实施，建设周期太长，虽然投资可能较低，但可能因此而失去市场，导致投资效益降低乃至很差。

3）因总的范围和规模不确定而无法准确定价的建设工程。这种情况表明业主的前期项目策划工作做得不好，如果等到建设工程总的范围和规模确定后再组织实施，持续时间太长。因此，可采取确定一部分工程内容即进行相应的施工招标，从而选定施工单位开始施工。但是由于建设工程总体策划存在缺陷，CM 模式应用的局部效果可能较好，而总体效果可能不理想。

以上都是从建设工程本身的情况说明 CM 模式的适用情况。不论哪一种情况，应用 CM 模式都需要有具备丰富施工经验的高水平的 CM 单位，这可以说是应用 CM 模式的关键和前提条件。

4. CM 模式与我国监理模式的比较分析

这里将 CM 模式与我国施工监理制度进行比较，两者的相同与不同之处分别列于表 6.1 和表 6.2 中。

表 6.1 两种模式相同之处

模式	CM 模式	我国监理模式*
工作性质	咨询服务	咨询服务
服务对象	业主	业主
作用	为业主提供咨询管理服务，更好地完成施工项目目标	为业主提供管理服务，抓好工程质量
委托方式	协商，签订合同	协商，签订合同
服务范围	施工阶段，并延伸至设计阶段	施工阶段
工作依据	相关法律法规及合同	相关法律法规及合同

注：* 处指的是目前实际工程中所采用的模式。

表 6.2 两种模式不同之处

模式	CM 模式	我国监理模式①
组织名称	承包商、项目管理公司、咨询公司等②	监理公司
管理人员	专业建筑管理人员以及有管理能力的工程师、测量师等③	监理从业人员
委托性质	业主自愿委托	政府强制委托和业主自愿委托
服务内容	对设计进行咨询，并在设计后期安排各分包商按次序进场施工，以及施工过程中的组织协调、质量控制等全面监督管理	施工阶段的质量控制
取费标准	由市场竞争来决定	政府规定

① 这里指的是目前实际工程中所采用的模式。

② 虽然能够做这项工作的组织很多，但最终到底谁来做由市场竞争决定。

③ 虽然工程师等也能做 CM，但必须是市场竞争承认的，而且现在由专门的管理人员来管理已成为趋势。

由表 6.1 和表 6.2 可知，我国的监理与 CM 模式同样是为业主提供的咨询服务，且同样是在施工阶段，这是类似之处。同时，二者也有众多不同，主要是 CM 模式提供给业主的服务范围更广，内容更多，而且国外能提供这种服务的组织也很多，甚至包括有能力的承包商。另外，从业人员、取费标准、委托性质也是有差别的。总的来说，CM 模式比我国的监理制度更为完善和合理。

6.3.2 EPC 模式

1. EPC 模式的概念

EPC 为英文 engineering-procurement-construction 的缩写，我国有些学者将其翻译为设计—采购—建造，对此有必要作特别说明。如果将 engineering 一词简单地译为"工程"肯定不恰当，但译为"设计"也未必恰当，因为这容易使人从中文的角度理解为 design，从而将 EPC 模式与项目总承包模式相混淆。

为了弄清 EPC 模式与项目总承包模式的区别，有必要从两者英文表述词的分析入手。项目总承包模式的英文表示为 design-build 或 design＋build（也可简单地表示为 D＋B）。在这两种模式中，engineering 与 design 相对应，build 与 construction 相对应。engineering 一词的含义极其丰富，在 EPC 模式中，它不仅包括具体的设计工作（design），而且可能包括整个建设工程内容的总体策划以及整个建设工程实施组织管理的策划和具体工作。因此，很难用一个简单的中文词来准确表达这里 engineering 的含义。由此可见，与 D+B 模式相比，EPC 模式将承包（或服务）范围进一步向建设工程的前期延伸，业主只要大致说明一下投资意图和要求，其余工作均由 EPC 承包单位来完成。

build 与 construction 两个英文词的中文含义有很多相同之处，作为英文使用时有时并没有严格区别。但是这两个英文词还是有一些细微的区别。build 与 building（建筑物，通常指房屋建筑）密切相关，而 construction 没有直接相关的工程对象词汇。D+B 模式一般不特别说明其适用的工程范围，而 EPC 模式则特别强调适用于工厂、发电厂、石油开发和基础设施（infrastructure）等建设工程。

procurement 译为采购是恰当的。按世界银行的定义，采购包括工程采购（通常主要是指施工招标）、服务采购和货物采购。但在 EPC 模式中，采购主要是指货物采购，即材料和工程设备的采购。虽然 D+B 模式在名称上未出现 procurement 一词，但并不意味着在这种模式中材料和工程设备的采购完全由业主掌握。实际上，在 D+B 模式中，大多数材料和工程设备通常是由项目总承包单位采购（合同中对此亦有相应的条款），但业主可能保留对部分重要工程设备和特殊材料的采购权。EPC 模式在名称上突出 procurement，表明在这种模式中材料和工程设备的采购完全由 EPC 承包单位负责。

EPC 模式于 20 世纪 80 年代首先在美国出现，得到了那些希望尽早确定投资总额和建设周期（尽管合同价格可能较高）的业主的青睐，在国际工程承包市场中的应用逐渐扩大。FIDIC 于 1999 年编制了标准的 EPC 合同条件，这有利于 EPC 模式的推广应用。

2. EPC 模式的特征

与建设工程组织管理的其他模式相比，EPC 模式有以下几方面基本特征。

（1）承包商承担大部分风险

一般认为，在传统模式条件下，业主与承包商的风险分担大致是对等的。而在 EPC 模式条件下，由于承包商的承包范围包括设计，很自然地要承担设计风险。此外，在其他模式中均由业主承担的"一个有经验的承包商不可预见且无法合理防范的自然力的作用"的风险，在 EPC 模式中也由承包商承担。这是一类较为常见的风险，一旦发生，一般都会引起费用增加和工期延误。在其他模式中承包商对此所享有的索赔权在 EPC 模式中不复存在，这无疑大大增加了承包商在工程实施过程中的风险。

另外，在 EPC 标准合同条件中还有一些条款也加大了承包商的风险。例如，EPC 合同条件第 4.10 款［现场数据］规定"承包商应负责核查和解释（业主提供的）此类数据。业主对此类数据的准确性、充分性和完整性不承担任何责任……"；而在其他模式中，通常是强调承包商自己对此类资料的解释负责，并不完全排除业主的责任。又如，EPC 合同条款第 4.12 条［不可预见的困难］规定：

• 承包商被认为已取得了可能对投标文件或工程产生影响或作用的有关风险、意外事故和其他情况的全部必要的资料。

- 在签订合同时，承包商应已经预见到了为圆满完成工程今后发生的一切困难和费用。
- 不能因任何没有预见的困难和费用而进行合同价格的调整。

而在其他模式中，通常没有上述后两种规定，这就意味着如果发生此类情况，EPC 模式中承包商得不到费用和工期方面的补偿。

（2）业主或业主代表管理工程实施

在 EPC 模式条件下，业主不聘请"工程师"（即我国的监理工程师）来管理工程，而是自己或委派业主代表来管理工程。EPC 合同条款第 3 条规定，如果委派业主代表来管理，业主代表应是业主的全权代表。如果业主想更换业主代表，只需提前 14 天通知承包商，不需征得承包商的同意。而在其他模式中，如果业主想更换工程师，不仅提前通知承包商的时间大大增加（如 FIDIC 施工合同条件规定为 42 天），且需得到承包商的同意。

由于承包商已承担了工程建设的大部分风险，与其他模式条件下工程师管理工程的情况相比，EPC 模式条件下业主或业主代表管理工程显得较为宽松，不太具体和深入。例如，对承包商所应提交的文件仅仅是"审阅"，而在其他模式则是"审阅和批准"；对工程材料、工程设备的质量管理，虽然也有施工期间检验的规定，但重点是在竣工检验，必要时还可能做竣工后检验（排除了承包商不在场做竣工后检验的可能性）。

需要说明的是，虽然 FIDIC 在编制 EPC 合同条件时，其基本出发点是业主参与工程管理工作很少，对大部分施工图纸不需要经过业主审批，但在实践中，业主或业主代表参与工程管理的深度并不统一。通常，如果业主自己管理工程，其参与程度不可能太深，但是如果委派业主代表则不同。在有的实际工程中，业主委派某个建设项目管理公司作为其代表，从而对建设工程的实施从设计、采购到施工进行全面的严格管理。

（3）总价合同

总价合同并不是 EPC 模式独有的，但是与其他模式条件下的总价合同相比，EPC 合同更接近于固定总价合同（若法规变化仍允许调整合同价格）。通常，在国际工程承包中，固定总价合同仅用于规模小、工期短的工程。而 EPC 模式所适用的工程一般规模均较大、工期较长，且具有相当的技术复杂性，因此在这类工程上采用接近固定的总价合同也就称得上是特征了。

3. EPC 模式的运用条件

由于 EPC 模式具有上述特征，应用这种模式需具备以下条件：

- 在招标阶段，业主应给予投标人充分的资料和时间，以便投标人能够仔细审核"业主的要求"（这是 EPC 模式条件下业主招标文件的重要内容）。另外，从工程本身的情况来看，所包含的地下隐蔽工作不能太多，承包商在投标前无法进行勘察的工作区域也不能太大。

- 虽然业主或业主代表有权监督承包商的工作，但不能过分地干预承包商的工作，也不能审批大多数的施工图纸。既然合同规定由承包商负责全部设计，并承担全部责任，只要其设计和所完成的工程符合"合同中预期的工程之目的"（EPC 合同条件第 4.1 款［承包商的一般义务]），就应认为承包商履行了合同中的义务。这样做有利于简化管理工作程序，保证工程按预定的时间建成。而从质量控制的角度考虑，应突出对承包商过去业绩的审查，尤其是其他采用 EPC 模式的工程的业绩（如果有的话），并注重对承包商投标书中技术文件的审查以及质量保证体系的审查。

- 由于采用总价合同，工程的期中支付款（interim payment）应由业主直接按照合同规定支付，而不是像其他模式那样先由工程师审查工程量和承包商的结算报告，再决定和签发支付证书。在 EPC 模式中，期中支付可以按月度支付，也可以按阶段（我国所称的形象进度或里程碑事件）支付。在合同中可以规定每次支付款的具体数额，也可以规定每次支付款占合同价的百分比。

如果业主在招标时不满足上述条件或不愿接受其中某一条件，则该建设工程就不能采用 EPC 模式和 EPC 标准合同文件。在这种情况下，FIDIC 建议采用工程设备和设计—建造合同条件即"新黄皮书"。

6.3.3　Partnering 模式

Partnering 模式于 20 世纪 80 年代中期首先在美国出现。1984 年，壳牌（Shell）石油公司与 SIP 工程公司签订了被美国建筑业协会（CII）认可的第一个真正的 Partnering 协议。1988 年，美国陆军工程公司（ACE）开始采用 Partnering 模式并应用得非常成功。1992 年，美国陆军工程公司规定在其所有新的建设工程上都采用 Partnering 模式，从而大大促进了 Partnering 模式的发展。到 20 世纪 90 年代中后期，Partnering 模式的应用已逐渐扩大到英国、澳大利亚、新加坡等国家和地区，越来越受到建筑工程界的重视。

1. Partnering 的概念

对 Partnering 模式的定义相当困难，因为即使在 Partnering 模式的发源地美国，至今对 Partnering 模式也没有统一的定义。美国建筑业协会（CII）、美国陆军工程公司（ACE）、美国国民经济发展办公室（NEDO）、美国总承包商联合会（AGC）、美国土木工程师协会（ASCE）、美国仲裁协会（AAA）等机构以及一些学者都分别对 Partnering 模式下了不同的有较大差异的定义。本书不再一一列举和比较这些定义，在此仅试图将这些定义共同的主要内容归纳如下：

Partnering 模式是指业主与建设工程参与各方在相互信任、资源共享的基础上达成的一种短期或长期的协议。这种协议突破了传统的组织界限，在充分考虑参与各方利益的基础上确定建设工程共同的目标，建立工作小组，及时沟通以避免争议和诉讼的产生，相互合作、共同解决建设工程实施过程中出现的问题，共同分担工程风险和有关费用，以保证参与各方目标和利益的实现。

2. Partnering 模式的特征

Partnering 模式的特征主要表现在以下几方面。

（1）出于自愿

在 Partnering 模式中，参与 Partnering 模式的有关各方必须是完全自愿，而非出于任何原因的强迫。Partnering 模式的参与各方要充分认识到，这种模式的出发点是实现建设工程的共同目标，以使参与各方都能获益。只有在认识上统一，才能在行动上采取合作和信任的态度，才能愿意共同分担风险和有关费用，共同解决问题和争议。在有的案例中，招标文件中写明该工程将采取 Partnering 模式，这时施工单位的参与就可能是出于非自愿。

（2）高层管理的参与

Partnering 模式的实施需要突破传统的观念和传统的组织界限，因而建设工程参与各方高层管理者的参与以及在高层管理者之间达成共识，对这种模式的顺利实施是非常重要的。这种模式要由参与各方共同组成工作小组，要分担风险、共享资源，甚至是公司的重要信息资源，因此高层管理者的认同、支持和决策是关键因素。

（3）Partnering 协议不是法律意义上的合同

Partnering 协议与工程合同是两个完全不同的文件。在工程合同签订后，建设工程参与各方经过讨论协商后才会签 Partnering 协议。该协议并不改变参与各方在有关合同规定范围内的权利和义务关系，参与各方对有关合同规定的内容仍然要切实履行。Partnering 协议主要确定了参与各方在建设工程上的共同目标、任务分工和行为规范，是工作小组的纲领性文件。该协议的内容也不是一成不变的，当有新的参与者加入时，或某些参与者对协议的某些内容有意见时，都可以召开会议经过讨论对协议内容进行修改。

（4）信息的开放性

Partnering 模式强调资源共享，信息作为一种重要的资源对于参与各方必须公开。同时，参与各方要保持及时、经常和开诚布公的沟通，在相互信任的基础上要保证工程的设计资料、投资、进度、质量等信息能被参与各方及时、便利地获取。这不仅能保证建设工程目标得到有效的控制，而且能减少许多重复性的工作，降低成本。

3. Partnering 模式的要素

所谓 Partnering 模式的要素，是指保证这种模式成功运作所不可缺少的重要组成元素，可归纳为以下几点。

（1）长期协议

虽然 Partnering 模式目前也经常被运用于单个建设工程，但从各国的实践来看，在多个建设工程上持续运用 Partnering 模式可以取得更好的效果，因而是 Partnering 模式的发展方向。通过与业主达成长期协议、进行长期合作，施工单位能够更加准确地了解业主的需求，同时能保证施工单位不断地获取工程实施任务，从而使施工单位可以将主要精力放在工程的具体实施上，充分发挥其积极性和创造性。这既对工程的投资、进度、质量控制有利，同时也降低了施工单位的经营成本。而业主一般只有通过与某一施工单位的成功合作才会与其达成长期协议，这样不仅可以使业主避免了在选择施工单位方面的风险，而且可以大大降低"交易成本"，缩短建设周期，取得更好的投资效益。

（2）共享

共享的含义是指建设工程参与各方的资源共享、工程实施产生的效益共享，同时参与各方共同分担工程的风险和采用 Partnering 模式所产生的相应费用。在这里，资源和效益都是广义的。资源既有有形的资源，如人力、机械设备等，也有无形的资源，如信息、知识等。效益同样既有有形的效益，如费用降低、质量提高等，也有无形的效益，如避免争议及诉讼的产生、工作积极性提高、施工单位社会信誉提高等。其中，尤其要强调信息共享。在 Partnering 模式中，信息应在参与各方之间及时、准确而有效地传递、转换，才能保证及时处理和解决已经出现的争议和问题，提高整个建设工程组织的工作效率。为此，需将传统的信息传递模式转变为基于电子信息网络的现代传递模式，如图 6.4 所示。

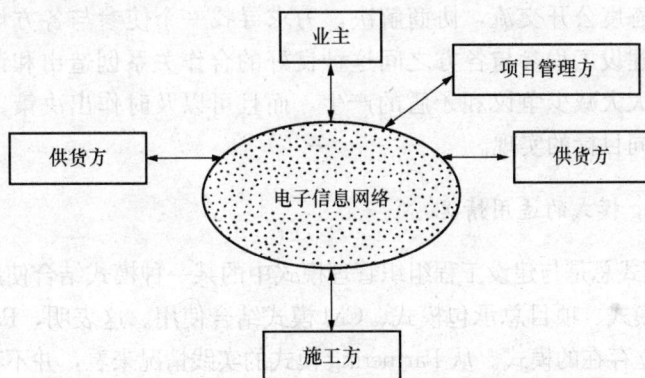

图 6.4　基于电子信息网络的信息传递模式

（3）信任

相互信任是确定建设工程参与各方共同目标和建立良好合作关系的前提，是 Partnering 模式的基础和关键。只有对参与各方的目标和风险进行分析和沟通，并建立良好的关系，彼此才能更好地理解，只有相互理解才能产生信任，而只有相互信任才能产生整体性的效果。Partnering 模式所达成的长期协议本身就是相互信任的结果，其中每一方的承诺都是基于对其他参与方的信任。有了信任才能将建设工程组织管理其他模式中常见的参与各方之间相互对立的关系转化为相互合作的关系，才可能实现参与各方的资源和效益共享。因此，在采用 Partnering 模式时，在建设工程实施的各个管理层次上，包括参与各方的高层管理者、具体建设工程的主要管理人员和基层工作人员之间，都需要建立信任关系，并使之不断强化。由此可见，Partnering 模式实质上是建设工程组织管理的一种全新的理念。

（4）共同的目标

在一个确定的建设工程上，参与各方都有各自不同的目标和利益，在某些方面甚至还有矛盾和冲突。尽管如此，在建设工程的实施过程中，参与各方之间还是有许多共同利益的。例如，通过设计方、施工方和业主方的配合，可以降低工程的风险，对参与各方均有利；还可以提高工程的使用功能和使用价值，不仅提高了业主的投资效益，而且也提高了设计单位和施工单位的社会声誉等。因此，采用 Partnering 模式要使参与各方认识到，只有建设工程实施结果本身是成功的，才能实现他们各自的目标和利益，从而取得双赢和多赢的结果。为此，就需要通过分析、讨论、协调、沟通，针对特定的建设工程确定参与各方共同的目标，在充分考虑参与各方利益的基础上努力实现这些共同的目标。

（5）合作

合作意味着建设工程参与各方都要有合作精神，并在相互之间建立良好的合作关系。但这只是基本原则，要做到这一点，还需要有组织保证。Partnering 模式需要突破传统的组织界限，建立一个由建设工程参与各方人员共同组成的工作小组。同时，要明确各方的职责，建立相互之间的信息流程和指令关系，并建立一套规范的操作程序。该小组围绕共同的目标展开工作，在工作过程中鼓励创新、合作的精神，对所遇到的问题要以合作的态度公开交流，协商解决，力求寻找一个使参与各方均满意或均能接受的解决方案。建设工程参与各方之间这种良好的合作关系创造出和谐、愉快的工作氛围，不仅可以大大减少争议和矛盾的产生，而且可以及时作出决策，大大提高工作效率，有利于共同目标的实现。

4. Partnering 模式的适用情况

Partnering 模式总是与建设工程组织管理模式中的某一种模式结合使用，较为常见的情况是与总分包模式、项目总承包模式、CM 模式结合使用。这表明，Partnering 模式并不能作为一种独立存在的模式。从 Partnering 模式的实践情况来看，并不存在适用范围的限制。但是 Partnering 模式的特点决定了它特别适用于以下几种类型的建设工程。

（1）业主长期有投资活动的建设工程

比较典型的有大型房地产开发项目、商业连锁建设工程、代表政府进行基础设施建设投资的业主的建设工程等。由于长期有连续的建设工程作保证，业主与施工单位等工程参与各方的长期合作就有了基础，有利于增加业主与建设工程参与各方之间的了解和信任，从而可以签订长期的 Partnering 协议，取得比在单个建设工程上运用 Partnering 模式更好的效果。

（2）不宜采用公开招标或邀请招标的建设工程

例如军事工程、涉及国家安全或机密的工程、工期特别紧迫的工程等。在这些建设工程上，相对而言，投资一般不是主要目标，业主与施工单位较易形成共同的目标和良好的合作关系。而且虽然没有连续的建设工程，但良好的合作关系可以保持下去，在今后新的建设工程上仍然可以再度合作。这表明，即使对于短期内一个确定的建设工程，也可以签订具有长期效力的协议（包括在新的建设工程上套用原来的 Partnering 协议）。

（3）复杂的、不确定因素较多的建设工程

如果建设工程的组成、技术、参与单位复杂，尤其是技术复杂、施工的不确定因素多，在采用一般模式时往往会产生较多的合同争议和索赔，容易导致业主和施工单位产生对立情绪，相互之间的关系紧张，影响整个建设工程目标的实现，其结果可能是两败俱伤。在这类建设工程上采用 Partnering 模式，可以充分发挥其优点，能协调参与各方之间的关系，有效避免和减少合同争议，避免仲裁或诉讼，较好地解决索赔问题，从而更好地实现建设工程参与各方共同的目标。

（4）国际金融组织贷款的建设工程

按贷款机构的要求，这类建设工程一般应采用国际公开招标（或称国际竞争性招标），常常有外国承包商参与，合同争议和索赔经常发生而且数额较大。另一方面，一些国际著名的承包商往往有 Partnering 模式的实践经验，至少对这种模式有所了解。因此，在这类建设工程上采用 Partnering 模式容易为外国承包商所接受并较为顺利地运作，从而可以有效地防范和处理合同争议和索赔，避免仲裁或诉讼，较好地控制建设工程的目标。当然，在这类建设工程上，一般是针对特定的建设工程签订 Partnering 协议，而不是签订长期的 Partnering 协议。

5. Partnering 模式与其他模式的比较

为简明起见，将 Partnering 模式与建设工程组织管理的其他模式（主要指基本模式和 CM 模式）的比较用表格形式汇总，见表 6.3。

表 6.3　Partnering 模式与其他模式的比较

模式	Partnering 模式	其 他 模 式
目标	将建设工程参与各方的目标融为一个整体，考虑业主和参与各方利益的同时要满足甚至超越业主的预定目标，着眼于不断的提高和改进	业主与施工单位均有三大目标，但除了质量方面双方目标一致外，在费用和进度方面的目标可能矛盾
期限	可以是一个建设工程的一次性合作，也可以是多个建设工程的长期合作	合同规定的期限
信任性	信任建立在共同的目标、不隐瞒任何事实以及相互承诺的基础上，长期合作则不再招标	信任是建立在对完成建设工程能力的基础上，因而每个建设工程均需组组招标（包括资格预审）
回报	认为建设工程产生的结果很自然地已被彼此共享，各自都实现了自身的价值，有时可能就建设工程实施过程中产生的额外收益进行分配	根据建设工程完成情况的好坏，施工单位有时可能得到一定的奖金（如提前工期奖、优质工程奖）或再接到新的工程
合同	传统的具有法律效力的合同加非合同性的 Partnering 协议	传统的具有法律效力的合同
相互关系	强调共同的目标和利益，强调合作精神，共同解决问题	强调各方的权利、义务和利益，在微观利益上相互对立
争议与索赔	较少出现甚至完全避免	次数多、数额大，常常导致仲裁或诉讼

6.3.4 Project Controlling 模式

1. Project Controlling 模式的概念

在大型建设工程的实施过程中，一方面形成工程的物质流（即生产流）；另一方面，在建设工程参与各方之间形成信息传递关系，即形成工程的信息流。信息流可以反映工程物质流的状况。建设工程业主方的管理人员（尤其是高层管理人员）对工程目标的控制实际上就是通过掌握信息流来了解工程物质流的状况，从而进行多方面策划和控制决策（如设计决策、施工招标决策、施工决策等），使工程的物质流按照预定计划进展，最终实现建设工程的总体目标。而 Project Controlling 方实质上是建设工程业主的决策支持机构，其日常工作就是及时、准确地收集建设工程实施过程中产生的与工程三大目标有关的各种信息，并科学地对其进行分析和处理，最后将处理结果以多种不同的书面报告形式提供给业主管理人员，以使业主能够及时地作出正确决策。由此可见，Project Controlling 模式的核心就是以工程信息流处理的结果（或简称信息流）指导和控制工程的物质流。

Project Controlling 模式于 20 世纪 90 年代中期在德国首次出现并形成相应的理论。Peter Greiner 博士首次提出了 Project Controlling 模式，并将其成功地应用于德国统一后的铁路改造和慕尼黑新国际机场等大型建设工程。我国也在 20 世纪 90 年代后期由同济大学工程管理研究所将该模式应用于厦门国际会展中心。经过近年来的理论研究和实践探索，Project Controlling 模式逐渐被建筑工程界所认识和接受，其应用范围也在逐渐扩大。

Project Controlling 模式是适应大型建设工程业主高层管理人员决策需要而产生的。在大型建设工程的实施中，即使业主委托了建设项目管理咨询单位进行全过程、全方位的项目管理，但重大问题仍需业主自己决策。例如，当进度目标与投资目标发生矛盾时或质量目标与投资目标发生矛盾时，要作出正确的决策对业主来说是相当困难的。另一方面，某些大型和特大型建设工程（如我国的长江三峡工程、德国的统一铁路改造工程等）往往由多个颇具规模和复杂性的单项工程和单位工程组成，业主通常是委托多个各具专业优势的建设项目管理咨询单位分别对不同的单项工程和单位工程进行项目管理，而不可能仅仅委托一家建设项目管理咨询单位对整个建设工程进行全面的项目管理。在这种情况下，如果不同的单项工程之间出现矛盾，业主是很难作出正确决策的。

要作出正确的决策，必须具备一定的前提：首先，要有准确、详细的信息，使业主对工程实施情况有一个正确、清晰而全面的了解；其次，要对工程实施情况和有关矛盾及其原因有正确、客观的分析（包括偏差分析）；再次，要有多个经过技术经济分析比较的决策方案供业主选择。而常规的建设项目管理往往难以满足业主决策的这些要求。

Project Controlling 模式是工程咨询和信息技术相结合的产物。Project Controlling 方通常由两类人员组成：一类是具有丰富的建设项目管理理论知识和实践经验的人员，另一类是掌握最新信息技术且有很强的实际工作能力的人员。他们不仅能科学地分析和处理建设工程实施过程中产生的各种信息，而且能组织开发适应特定业主要求的建设工程信息系统，从而可以大大提高信息处理的效率和效果，为业主管理人员提供更好的决策支持。

Project Controlling 模式的出现反映了建设项目管理专业化发展的一种新的趋势，即专业分工的细化。建设项目管理咨询服务既可以是全过程、全方位的服务，也可以仅仅是某一阶段（如设计阶段或施工阶段）的服务，或仅仅是某一方面（如质量控制或投资控制）的服务；既可以是建设工程实施过程中的实务性服务（如我国建设工程监理中所称的"旁站监理"）或综合管理服务，也可以仅仅是为业主提供决策支持服务。这样，不仅可以更好地适应业主的不同要求，而且有利于建设项目管理咨询单位发挥各自的特长和优势，有利于在建设项目管理咨询服务市场形成有序竞争的局面。

2. Project Controlling 模式的类型

根据建设工程的特点和业主方组织结构的具体情况，Project Controlling 模式可以分为单平面 Project Controlling 和多平面 Project Controlling 两种类型。

（1）单平面 Project Controlling 模式

当业主方只有一个管理平面（指独立的功能齐全的管理机构），一般只设置 1 个 Project Controlling 机构，称为单平面 Project Controlling 模式，其组织结构如图 6.5 所示。

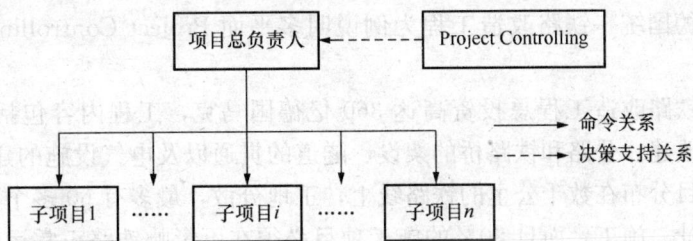

图 6.5　单平面 Project Controlling 模式的组织结构

单平面 Project Controlling 模式的组织关系简单，Project Controlling 方的任务明确，仅向项目总负责人（泛指与项目总负责人所对应的管理机构）提供决策支持服务。为此，Project Controlling 方首先要协调和确定整个项目的信息组织，并确定项目总负责人对信息的需求；在项目实施过程中收集、分析和处理信息，并把信息处理结果提供给项目总负责人，以使其掌握项目总体进展情况和趋势，并作出正确的决策。

（2）多平面 Project Controlling 模式

当项目规模大到业主方必须设置多个管理平面时，Project Controlling 方可以设置多个平面与之对应，这就是多平面 Project Controlling 模式，如图 6.6 所示。

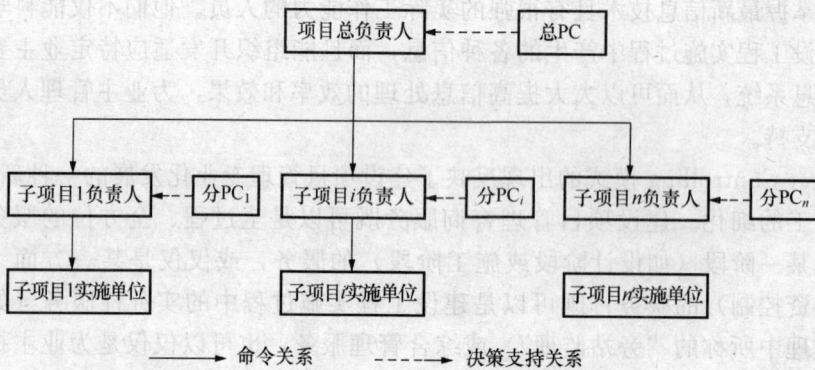

图 6.6　多平面 Project Controlling 模式的组织结构

多平面 Project Controlling 模式的组织关系较为复杂，Project Controlling 方的组织需要采用集中控制和分散控制相结合的形式，即针对业主项目总负责人（或总管理平面）设置总 Project Controlling 机构，同时针对业主各子项目负责人（或子项目管理平面）设置相应的分 Project Controlling 机构。这表明，Project Controlling 方的组织结构与业主方项目管理的组织结构有明显的一致性和对应关系。在多平面 Project Controlling 模式中，总 Project Controlling 机构对外服务于业主项目总负责人，对内则确定整个项目的信息规则，指导、规范并检查分 Project Controlling 机构的工作，同时还承担了信息集中处理者的角色。而分 Project Controlling 机构则服务于业主各子项目负责人，且必须按照总 Project Controlling 机构所确定的信息规则进行信息处理。

在此，以德国统一铁路改造工程为例说明多平面 Project Controlling 模式的具体应用。

德国统一铁路改造工程总投资高达 360 亿德国马克，工程内容包括铁轨的铺设、车站的新建和改建、公路和铁路桥的架设、隧道的贯通以及电气设施的建设和安装等。该工程的子项目分布在数千公里的铁路线上，工地分散，最多有 60 多个不同的子项目同时在进行设计、施工，而且 80％的施工项目必须在不影响铁路正常运输的前提下进行施工，即采用边运行边施工的建设方式。

该工程由德国统一铁路交通工程规划公司（PBDE）承担业主角色，负责整个工程的统一管理和控制。鉴于该工程规模巨大、工程内容复杂和工地分散的特点，PBDE 设置了 13 个地方项目管理中心，形成两平面的项目管理组织结构。为了提高决策水平和对整个工程建设的控制效果，PBDE 委托德国 GIB 工程咨询公司担任 Project Controlling 方。针对业主方的项目管理组织结构，GIB 工程咨询公司设置了中央和地方两级 Project Controlling 机构，分别与业主方的项目管理组织机构相对应，如图 6.7 所示。GIB 工程咨询公司利用所建立的 GRANID 信息处理系统，进行该工程战略策划、投资、进度、合同付款和资源等方面的信息处理，根据处理结果进行分析和协调，在必要时还提出一些建议，最终形成一系列的书面报告，满足了 PBDE 不同领导层项目管理工作的需要。

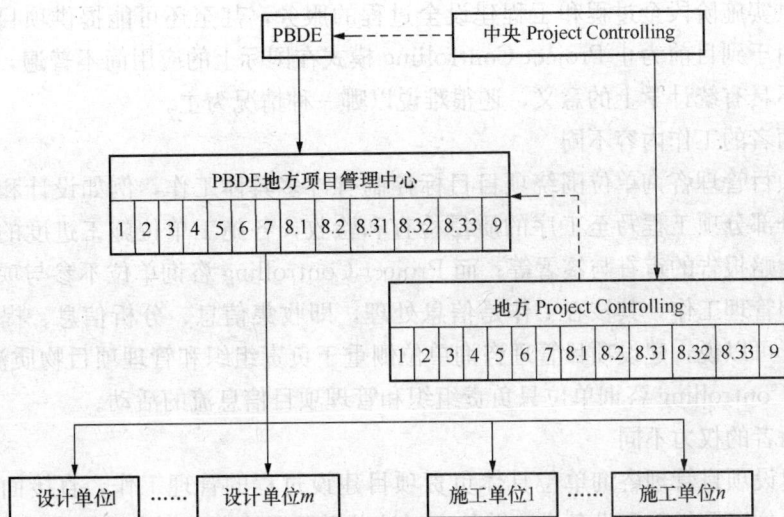

图 6.7　德国统一铁路改造工程多平面 Project Controlling 模式组织结构

3. Project Controlling 与建设项目管理的比较

由于 Project Controlling 是由建设项目管理发展而来，是建设项目管理的一个新的专业化方向，Project Controlling 与建设项目管理具有一些相同点，主要表现在：一是工作属性相同，即都属于工程咨询服务；二是控制目标相同，即都是控制项目的投资、进度和质量三大目标；三是控制原理相同，即都是采用动态控制、主动控制与被动控制相结合并尽可能采用主动控制。

Project Controlling 与建设项目管理的不同之处主要表现在以下几方面。

（1）两者的服务对象不尽相同

建设项目管理咨询单位既可以为业主服务，也可能为设计单位和施工单位服务，虽然在大多数情况下是为业主服务，且设计单位和施工单位都要自己实施相应的建设项目管理；而 Project Controlling 咨询单位只为业主服务，不存在为设计单位和施工单位服务的 Project Controlling，也无所谓设计单位和施工单位自己的 Project Controlling。

（2）两者的地位不同

在都是为业主服务的前提下，建设项目管理咨询单位是在业主或业主代表的直接领导下具体负责项目建设过程的管理工作，业主或业主代表可在合同规定的范围内向建设项目管理咨询单位在该项目上的具体工作人员下达指令；而 Project Controlling 咨询单位直接向业主的决策层负责，相当于业主决策层的"智囊"，为其提供决策支持，业主不向 Project Controlling 咨询单位在该项目上的具体工作人员下达指令。

（3）两者的服务时间不尽相同

建设项目管理咨询单位可以为业主仅仅提供施工阶段的服务，也可以为业主提供实施阶段全过程乃至工程建设全过程的服务，其中以实施阶段全过程服务在国际上最为普遍；而 Project Controlling 咨询单位一般不为业主仅仅提供施工阶段的服务，而是为业主提供实施阶段全过程和工程建设全过程的服务，甚至还可能提供项目策划阶段的服务。由于到目前为止 Project Controlling 模式在国际上的应用尚不普遍，已有的项目实践尚不具有统计学上的意义，还很难说以哪一种情况为主。

（4）两者的工作内容不同

建设项目管理咨询单位围绕项目目标控制有许多具体工作，例如设计和施工文件的审查，分部分项工程乃至工序的质量检查和验收，各施工单位施工进度的协调，工程结算和索赔报告的审查与签署等；而 Project Controlling 咨询单位不参与项目具体的实施过程和管理工作，其核心工作是信息处理，即收集信息、分析信息、提供有关的书面报告。可以说，建设项目管理咨询单位侧重于负责组织和管理项目物质流的活动，而 Project Controlling 咨询单位只负责组织和管理项目信息流的活动。

（5）两者的权力不同

由于建设项目管理咨询单位具体负责项目建设过程的管理工作，直接面对设计单位、施工单位以及材料和设备供应单位，对这些单位具有相应的权力，如下达开工令、暂停施工令、工程变更令等指令权，对已实施工程的验收权，对工程结算和索赔报告的审核与签署权，对分包商的审批权等；而 Project Controlling 咨询单位不直接面对这些单位，对这些单位没有任何指令权和其他管理方面的权力。

4. 应用 Project Controlling 模式需注意的问题

在应用 Project Controlling 模式时需注意以下几个认识上和实践中的问题：

1）Project Controlling 模式一般适用于大型和特大型建设工程。因为在这些工程中，即使委托多个项目管理咨询单位分别进行全过程、全方位的项目管理，业主仍然有数量众多、内容复杂的项目管理工作，往往涉及重大问题的决策，业主自己没有把握作出正确决策，而一般的项目管理咨询单位也不能提供这方面的服务，因而业主迫切需要高水平的 Project Controlling 咨询单位为其提供决策支持服务。而对于中小型建设工程来说，常规的建设项目管理服务已经能够满足业主的需求，不必采用 Project Controlling 模式。

2）Project Controlling 模式不能作为一种独立存在的模式。在这一点上，Project Controlling 模式与 Partnering 模式有共同之处。但是 Project Controlling 模式与 Partnering 模式在这一点上仍然有明显的区别。由于 Project Controlling 模式一般适用于大型和特大型建设工程，而在这些建设工程中往往同时采用多种不同的组织管理模式，这表明 Project Controlling 模式往往是与建设工程组织管理模式中的多种模式同时并存，且对其他模式没有任何"选择性"和"排他性"。另外，在采用 Project Controlling 模式时，仅在业主与 Project Controlling 咨询单位之间签订有关协议，该协议不涉及建设工程的其他参与方。

3）Project Controlling 模式不能取代建设项目管理。Project Controlling 与建设项目管理所提供的服务都是业主所需要的，在同一个建设工程上两者是同时并存的，不存在相互替代、孰优孰劣的问题，也不存在领导与被领导的关系。实际上，应用 Project Controlling 模式能否取得预期的效果，在很大程度上取决于业主是否得到高水平的建设项目管理服务。不难理解，在特定的建设工程上，建设项目管理咨询单位的水平越高，业主自己项目管理的工作就越少，面对的决策压力就越小，从而使 Project Controlling 咨询单位的工作较为简单，效果就较好。尤其要注意的是，不能因为有了 Project Controlling 咨询单位的信息处理工作，而淡化或弱化建设项目管理咨询单位常规的信息管理工作。

4）Project Controlling 咨询单位需要建设工程参与各方的配合。Project Controlling 咨询单位的工作与建设工程参与各方有非常密切的联系。信息是 Project Controlling 咨询单位的工作对象和基础，而建设工程的各种有关信息都来源于参与各方；另一方面，为了能向业主决策层提供有效的、高水平的决策支持，必须保证信息的及时性、准确性和全面性。由此可见，如果没有建设工程参与各方的积极配合，Project Controlling 模式就难以取得预期的效果。需要特别强调的是，在这一点上，所谓建设工程参与各方也包括建设项目管理咨询单位（或我国的工程监理单位）。而且由于建设项目管理咨询单位直接面对建设工程的其他参与方，其与 Project Controlling 咨询单位的配合显得尤为重要。

在国外，建筑业界的不同公司与机构向业主推荐的方法往往只是他们最擅长或对他们最有利的方法，在实际应用中各种模式的划分也并不总是十分明确，往往是根据项目的实际情况综合不同的方法，从而产生出各种各样的"变体"。目前我国正处于社会主义市场经济阶段，应该结合中国的国情，多学习、多总结、多吸取国际上一些成熟的经验，在工程项目管理方面逐步与国际接轨，加速我国的工程建设步伐。

思 考 题

1. 简述建设项目管理的类型。
2. 简述工程咨询的作用。
3. 咨询工程师应具备哪些素质？
4. 建设工程组织管理的模式有哪些？各适用于什么情况？
5. 简述 CM 模型的类型及优缺点。
6. 简述 EPC 模式的特征。
7. 简述 Partnering 模式与其他模式的不同。
8. 简述 Project Controlling 模式与建设项目管理的区别。

附录 1　建设工程监理范围和规模标准规定（部门规章）

中华人民共和国建设部令第 86 号

《建设工程监理范围和规模标准规定》已于 2000 年 12 月 29 日经第 36 次部常务会议讨论通过，现予发布，自发布之日起施行。

部　长　俞正声
2001 年 1 月 17 日

建设工程监理范围和规模标准规定

第一条　为了确定必须实行监理的建设工程项目具体范围和规模标准，规范建设工程监理活动，根据《建设工程质量管理条例》，制定本规定。

第二条　下列建设工程必须实行监理：

（一）国家重点建设工程；

（二）大中型公用事业工程；

（三）成片开发建设的住宅小区工程；

（四）利用外国政府或者国际组织贷款、援助资金的工程；

（五）国家规定必须实行监理的其他工程。

第三条　国家重点建设工程，是指依据《国家重点建设项目管理办法》所确定的对国民经济和社会发展有重大影响的骨干项目。

第四条　大中型公用事业工程，是指项目总投资额在 3000 万元以上的下列工程项目：

（一）供水、供电、供气、供热等市政工程项目；

（二）科技、教育、文化等项目；

（三）体育、旅游、商业等项目；

（四）卫生、社会福利等项目；

（五）其他公用事业项目。

第五条　成片开发建设的住宅小区工程，建筑面积在 5 万平方米以上的住宅建设工程必须实行监理；5 万平方米以下的住宅建设工程，可以实行监理，具体范围和规模标准，由省、自治区、直辖市人民政府建设行政主管部门规定。为了保证住宅质量，对高层住宅及地基、结构复杂的多层住宅应当实行监理。

第六条 利用外国政府或者国际组织贷款、援助资金的工程范围包括：

（一）使用世界银行、亚洲开发银行等国际组织贷款资金的项目；

（二）使用国外政府及其机构贷款资金的项目；

（三）使用国际组织或者国外政府援助资金的项目。

第七条 国家规定必须实行监理的其他工程是指：

（一）项目总投资额在 3000 万元以上关系社会公共利益、公众安全的下列基础设施项目：

（1）煤炭、石油、化工、天然气、电力、新能源等项目；

（2）铁路、公路、管道、水运、民航以及其他交通运输业等项目；

（3）邮政、电信枢纽、通信、信息网络等项目；

（4）防洪、灌溉、排涝、发电、引（供）水、滩涂治理、水资源保护、水土保持等水利建设项目；

（5）道路、桥梁、地铁和轻轨交通、污水排放及处理、垃圾处理、地下管道、公共停车场等城市基础设施项目；

（6）生态环境保护项目；

（7）其他基础设施项目。

（二）学校、影剧院、体育场馆项目。

第八条 国务院建设行政主管部门商同国务院有关部门后，可以对本规定确定的必须实行监理的建设工程具体范围和规模标准进行调整。

第九条 本规定由国务院建设行政主管部门负责解释。

第十条 本规定自发布之日起施行。

附录 2　施工阶段监理工作的基本表式

表 A.0.1　总监理工程师任命书

工程名称：　　　　　　　　　　　　　　　　　　　　　　　　　编号：

致：＿＿＿＿＿＿＿＿＿＿＿＿＿＿＿＿＿＿＿＿＿＿＿＿＿＿＿＿＿＿（建设单位）

　　兹任命＿＿＿＿＿＿＿＿（注册监理工程师注册号：＿＿＿＿＿＿＿）为我单位＿＿＿＿＿＿＿
＿＿＿＿＿＿＿＿＿＿＿＿＿＿＿＿＿＿＿＿＿＿＿＿＿＿＿项目总监理工程师，负责履行建设工程监理合同、主
持项目监理机构工作。

工程监理单位（盖章）

法定代表人（签字）

年　　月　　日

注：本表一式三份，项目监理机构、建设单位、施工单位各一份。

表 A.0.2   工程开工令

工程名称：   编号：

致：＿＿＿＿＿＿＿＿＿＿＿＿＿＿＿＿＿＿＿＿＿＿＿＿＿＿＿＿ （施工单位）
　　经审查，本工程已具备施工全同约定的开工条件，现同意你方开始施工，开工日期为 ＿＿＿＿年
＿＿＿＿月 ＿＿＿＿日。
　　附件：工程开工报审表

　　　　　　　　　　　　　　　　　　　　　　　　　　项目监理机构（盖章）
　　　　　　　　　　　　　　　　　　　　　　　总监理工程师（签字、加盖执业印章）
　　　　　　　　　　　　　　　　　　　　　　　　　　　　　年　　月　　日

注：本表一式三份，项目监理机构、建设单位、施工单位各一份。

表 A.0.3 监理通知单

工程名称：   编号：

致：_____（施工项目经理部）

事由：_____

_____

_____

_____

内容：_____

_____

_____

_____

项目监理机构（盖章）

总/专业监理工程师（签字）

年   月   日

注：本表一式三份，项目监理机构、建设单位、施工单位各一份。

表 A.0.4　监理报告

工程名称：　　　　　　　　　　　　　　　　　　　　　　　　　　编号：

致：＿＿＿＿＿＿＿＿＿＿＿＿＿＿＿＿＿＿＿＿＿＿＿＿＿＿＿＿（主管部门）

由＿＿＿＿＿＿＿＿＿＿＿＿＿＿＿＿（施工单位）施工的＿＿＿＿＿＿＿＿＿＿＿＿＿＿＿＿＿＿

＿＿＿＿＿＿＿＿（工程部位），存在安全事故隐患。我方已于＿＿＿＿＿＿＿＿年＿＿＿＿＿＿月

＿＿＿＿＿＿日发出编号为＿＿＿＿＿＿的《监理通知单》/《工程暂停令》，但施工单位未整改/停工。

特此报告。

附件：□监理通知单

　　　□工程暂停令

　　　□其他

项目监理机构（盖章）

总监理工程师（签字）

年　　月　　日

注：本表一式四份，主管部门、建设单位、工程监理单位、项目监理机构各一份。

表 A.0.5　工程暂停令

工程名称：　　　　　　　　　　　　　　　　　　　　　　　　　　编号：

致：_____（施工项目经理部）

　　由于_____

_____原因，现通知你方于

_____年_____月_____日_____时起，暂停_____部

位（工序）施工，并按下述要求做好后续工作。

　　要求：

项目监理机构（盖章）

总监理工程师（签字、加盖执业印章）

年　月　日

注：本表一式三份，项目监理机构、建设单位、施工单位各一份。

表 A.0.6 旁站记录

工程名称：   编号：

旁站的关键部位、关键工序		施工单位	
旁站开始时间	年 月 日 时 分	旁站结束时间	年 月 日 时 分

旁站的关键部位、关键工序施工情况：

发现的问题及处理情况：

旁站监理人员（签字）

年　　月　　日

注：本表一式一份，项目监理机构留存。

表 A.0.7　工程复工令

工程名称：　　　　　　　　　　　　　　　　　　　　　　　　　　编号：

致：＿＿＿＿＿＿＿＿＿＿＿＿＿＿＿（施工项目经理部）

　　我方发出的编号为＿＿＿＿＿＿＿＿＿＿＿＿＿＿＿＿＿《工程暂停令》，要求暂停施工的
＿＿＿＿＿＿＿＿＿＿＿＿＿＿＿部位（工序），经查已具备复工条件。经建设单位同意，现通知你方于
＿＿＿＿＿＿年＿＿＿＿＿月＿＿＿＿＿日＿＿＿＿＿时起恢复施工。

　　附件：工程复工报审表

　　　　　　　　　　　　　　　　　　　　　　　　　　项目监理机构（盖章）

　　　　　　　　　　　　　　　　　　　　　　总监理工程师（签字、加盖执业印章）

　　　　　　　　　　　　　　　　　　　　　　　　　　　　　年　　月　　日

　　注：本表一式三份，项目监理机构、建设单位、施工单位各一份。

表 A.0.8 工程款支付证书

工程名称： 编号：

致：_____（施工单位）

　　根据施工合同约定，经审核编号为_____工程款支付报审表，扣除有关款项后，同意支付工程款共计（大写）_____（小写：_____）。

其中：

1. 施工单位申报款为：

2. 经审核施工单位应得款为：

3. 本期应扣款为：

4. 本期应付款为：

附件：工程款支付报审表及附件

项目监理机构（盖章）

总监理工程师（签字、加盖执业印章）

年　月　日

注：本表一式三份，项目监理机构、建设单位、施工单位各一份。

表 B.0.1 施工组织设计／（专项）施工方案报审表

工程名称：   编号：

致：＿＿＿＿＿＿＿＿＿＿＿＿＿＿＿＿（项目监理机构） 　　我方已完成＿＿＿＿＿＿＿＿＿工程施工组织设计／（专项）施工方案的编制和审批，请予以审查。 　　附件：□施工组织设计 　　　　　□专项施工方案 　　　　　□施工方案 　　　　　　　　　　　　　　　　施工项目经理部（盖章） 　　　　　　　　　　　　　　　　项目经理（签字） 　　　　　　　　　　　　　　　　　　　年　　月　　日	
审查意见： 　　　　　　　　　　　　　　　　专业监理工程师（签字） 　　　　　　　　　　　　　　　　　　　年　　月　　日	
审核意见： 　　　　　　　　　　　　　　　　项目监理机构（盖章） 　　　　　　　　　　　　　　　　总监理工程师（签字、加盖执业印章） 　　　　　　　　　　　　　　　　　　　年　　月　　日	
审批意见（仅对超过一定规模的危险性较大的分部分项工程专项施工方案）： 　　　　　　　　　　　　　　　　建设单位（盖章） 　　　　　　　　　　　　　　　　建设单位代表（签字） 　　　　　　　　　　　　　　　　　　　年　　月　　日	

　　注：本表一式三份，项目监理机构、建设单位、施工单位各一份。

表 B.0.2 工程开工报审表

工程名称：　　　　　　　　　　　　　　　　　　　　　　　　编号：

致：_____（建设单位） 　　　_____（项目监理机构） 　　我方承担的 _____工程，已完成相关准备工作，具备开工条件申请于 _____年_____月_____日开工，请予以审批。 　　附件：证明文件资料   　　　　　　　　　　　　　　　　　　　　施工单位（盖章） 　　　　　　　　　　　　　　　　　　　　项目经理（签字） 　　　　　　　　　　　　　　　　　　　　　　　年　月　日
审核意见：   　　　　　　　　　　　　　　　　　　　项目监理机构（盖章） 　　　　　　　　　　　　　　　　　　　总监理工程师（签字、加盖执业印章） 　　　　　　　　　　　　　　　　　　　　　　　　年　月　日
审批意见：   　　　　　　　　　　　　　　　　　　　建设单位（盖章） 　　　　　　　　　　　　　　　　　　　建设单位代表（签字） 　　　　　　　　　　　　　　　　　　　　　　　年　月　日

注：本表一式三份，项目监理机构、建设单位、施工单位各一份。

表 B.0.3 工程复工报审表

工程名称： 　　　　　　　　　　　　　　　　　　　　　　　　　　　　　　　　编号：

致：　　　　　　　　　　　　　　　　　（项目监理机构） 　　编号为　　　　　　　　　　《工程暂停令》所停工的　　　　　　　　　　部位（工序）已满足复工条件，我方申请于　　　　　　年　　　　　月　　　　　日复工，请予以审批。 　　附件：证明文件资料   <div align="right">施工项目经理部（盖章） 项目经理（签字） 年　月　日</div>
审核意见：   <div align="right">项目监理机构（盖章） 总监理工程师（签字） 年　月　日</div>
审批意见：   <div align="right">建设单位（盖章） 建设单位代表（签字） 年　月　日</div>

注：本表一式三份，项目监理机构、建设单位、施工单位各一份。

表 B.0.4　分包单位资格报审表

工程名称：　　　　　　　　　　　　　　　　　　　　　　　　　编号：

致：_____（项目监理机构）

　　经考察，我方认为拟选择的_____（分包单位）具有承担下列工程的施工或安装资质和能力，可以保证本工程按施工合同第_____条款的约定进行施工或安装。请予以审查。

分包工程名称（部位）	分包工程量	分包工程合同额
合计		

附件：1. 分包单位资质材料

　　　2. 分包单位业绩材料

　　　3. 分包单位专职管理人员和特种作业人员的资格证书

　　　4. 施工单位对分包单位的管理制度

施工项目经理部（盖章）

项目经理（签字）

年　　月　　日

审查意见：

专业监理工程师（签字）

年　　月　　日

审核意见：

项目监理机构（盖章）

总监理工程师（签字）

年　　月　　日

注：本表一式三份，项目监理机构、建设单位、施工单位各一份。

表 B.0.5　施工控制测量成果报验表

工程名称：　　　　　　　　　　　　　　　　　　　　　　　　　　编号：

致：＿＿＿＿＿＿＿＿＿＿＿＿＿＿＿＿＿＿（项目监理机构）

　　我方已完成＿＿＿＿＿＿＿＿＿＿＿＿＿＿＿＿＿的施工控制测量，经自检合格，请予以查验。

　　附件：1. 施工控制测量依据资料

　　　　　2. 施工控制测量成果表

施工项目经理部（盖章）

项目技术负责人（签字）

年　　月　　日

审查意见：

项目监理机构（签字）

专业监理工程师（签字）

年　　月　　日

注：本表一式三份，项目监理机构、建设单位、施工单位各一份。

表 B.0.6　工程材料、构配件、设备报审表

工程名称：　　　　　　　　　　　　　　　　　　　　　　　　　　编号：

致：＿＿＿＿＿＿＿＿＿＿＿＿＿＿＿＿（项目监理机构） 　　于＿＿＿＿＿＿年＿＿＿＿＿月＿＿＿＿＿日进场的拟用于工程＿＿＿＿＿＿部位的 ＿＿＿＿＿＿，经我方检验合格，现将相关资料报上，请予以审查。 　　附件：1. 工程材料、构配件或设备清单 　　　　　2. 质量证明文件 　　　　　3. 自检结果   　　　　　　　　　　　　　　　　　　　　　施工项目经理部（盖章） 　　　　　　　　　　　　　　　　　　　　　项目经理（签字） 　　　　　　　　　　　　　　　　　　　　　　　　　年　　月　　日
审查意见：   　　　　　　　　　　　　　　　　　　　　　项目监理机构（盖章） 　　　　　　　　　　　　　　　　　　　　　专业监理工程师（签字） 　　　　　　　　　　　　　　　　　　　　　　　　　年　　月　　日

注：本表一式两份，项目监理机构、施工单位各一份。

表 B.0.7 ＿＿＿＿＿＿ 报审、报验表

工程名称：＿＿＿＿＿＿＿＿＿＿＿＿＿＿＿＿＿＿＿＿＿＿＿＿＿＿ 编号：＿＿＿＿＿＿

致：＿＿＿＿＿＿＿＿＿＿＿＿＿＿＿＿＿＿（项目监理机构） 我方已完成＿＿＿＿＿＿＿＿＿＿＿＿＿＿＿工作，经自检合格，请予以审查或验收。 附件：□隐蔽工程质量检验资料 　　　□检验批质量检验资料 　　　□分项工程质量检验资料 　　　□施工试验室证明资料 　　　□其他   　　　　　　　　　　　　　　　　　　　　　　施工项目经理部（盖章） 　　　　　　　　　　　　　　　　　　项目经理或项目技术负责人（签字） 　　　　　　　　　　　　　　　　　　　　　　　　　年　月　日
审查或验收意见：   　　　　　　　　　　　　　　　　　　　　　　项目监理机构（盖章） 　　　　　　　　　　　　　　　　　　　　专业监理工程师（签字） 　　　　　　　　　　　　　　　　　　　　　　　　　年　月　日

注：本表一式两份，项目监理机构、施工单位各一份。

表 B.0.8　分部工程报验表

工程名称：　　　　　　　　　　　　　　　　　　　　　　　　　　　编号：

致：＿＿＿＿＿＿＿＿＿＿＿＿＿＿＿＿（项目监理机构）
　　我方已完成＿＿＿＿＿＿＿＿＿＿＿＿＿＿＿（分部工程），经自检合格，请予以验收。
　　附件：分部工程质量资料

施工项目经理部（盖章）

项目技术负责人（签字）

年　　月　　日

验收意见：

专业监理工程师（签字）

年　　月　　日

验收意见：

项目监理机构（盖章）

总监理工程师（签字）

年　　月　　日

注：本表一式三份，项目监理机构、建设单位、施工单位各一份。

表 B.0.9 监理通知回复单

工程名称：   编号：

致：＿＿＿＿＿＿＿＿＿＿＿＿＿＿＿（项目监理机构）

    我方接到编号为＿＿＿＿＿＿＿＿＿＿＿＿＿的监理通知单后，已按要求完成相关工作，请予以复查。

    附件：需要说明的情况

施工项目经理部（盖章）

项目经理（签字）

年　月　日

复查意见：

项目监理机构（盖章）

总监理工程师/专业监理工程师（签字）

年　月　日

注：本表一式三份，项目监理机构、建设单位、施工单位各一份。

表 B.0.10 单位工程竣工验收报审表

工程名称： 编号：

致：_____（项目监理机构）

我方已按施工合同要求完成_____工程，经自检合格，现将有关资料报上，请予以验收。

附件：1. 工程质量验收报告
　　　2. 工程功能检验资料

施工单位（盖章）

项目经理（签字）

年　月　日

预验收意见：

经预验收，该工程合格/不合格，可以/不可以组织正式验收。

项目监理机构（盖章）

总监理工程师（签字、加盖执业印章）

年　月　日

注：本表一式三份，项目监理机构、建设单位、施工单位各一份。

表 B.0.11 工程款支付报审表

工程名称：   编号：

<table>
<tr><td>
致：_____（项目监理机构）
　　根据施工合同约定，我方已完成_____工作，建设单位应在_____年
_____月_____日前支付工程款共计（大写）_____（小写：
_____），请予以审核。
　　附件：
　　　　□已完成工程量报表
　　　　□工程竣工结算证明材料
　　　　□相应支持性证明文件

施工项目经理部（盖章）
项目经理（签字）
年　月　日
</td></tr>
<tr><td>
审查意见：
　　1. 施工单位应得款为：
　　2. 本期应扣款为：
　　3. 本期应付款为：
　　附件：相应支持性材料

专业监理工程师（签字）
年　月　日
</td></tr>
<tr><td>
审核意见：

项目监理机构（盖章）
总监理工程师（签字、加盖执业印章）
年　月　日
</td></tr>
<tr><td>
审批意见：

建设单位（盖章）
建设单位代表（签字）
年　月　日
</td></tr>
</table>

　　注：本表一式三份，项目监理机构、建设单位、施工单位各一份。工程竣工结算报审时本表一式四份，项目
　　　监理机构、建设单位各一份、施工单位两份。

表 B.0.12 施工进度计划报审表

工程名称：　　　　　　　　　　　　　　　　　　　　　　　　　　　　编号：

致：＿＿＿＿＿＿＿＿＿＿＿＿＿＿＿＿（项目监理机构）
根据施工合同约定，我方已完成＿＿＿＿＿＿＿＿＿＿＿＿＿＿＿＿工程施工进度计划的编制和批准，请予以审查。 　　附件：□施工总进度计划 　　　　　□阶段性进度计划   <div style="text-align:right">施工项目经理部（盖章） 项目经理（签字） 年　　月　　日</div>
审查意见：   <div style="text-align:right">专业监理工程师（签字） 年　　月　　日</div>
审核意见：   <div style="text-align:right">项目监理机构（盖章） 总监理工程师（签字） 年　　月　　日</div>

注：本表一式三份，项目监理机构、建设单位、施工单位各一份。

表 B.0.13 费用索赔报审表

工程名称：   编号：

致：_____（项目监理机构）

根据施工合同_____条款，由于_____的原因，我方申请索赔金额（大写）_____请予批准。

索赔理由：_____

_____

_____

附件：□索赔金额计算

□证明材料

施工项目经理部（盖章）

项目经理（签字）

年　月　日

审核意见：

□不同意此项索赔。

□同意此项索赔，索赔金额为（大写）_____。

同意/不同意索赔的理由：_____

_____

_____

附件：□索赔审查报告

项目监理机构（盖章）

总监理工程师（签字、加盖执业印章）

年　月　日

审批意见：

建设单位（盖章）

建设单位代表（签字）

年　月　日

注：本表一式三份，项目监理机构、建设单位、施工单位各一份。

表 B.0.14　工程临时/最终延期报审表

工程名称：＿＿＿＿＿＿＿＿＿＿＿＿＿＿＿＿　　　　　　　　　编号：＿＿＿＿＿＿

致：＿＿＿＿＿＿＿＿＿＿＿＿＿＿＿＿＿（项目监理机构） 　　根据施工合同＿＿＿＿＿＿＿＿＿＿＿＿＿＿＿＿＿（条款），由于＿＿＿＿＿＿＿＿＿＿＿＿＿＿原因，我方 申请工程临时/最终延期＿＿＿＿＿＿＿＿＿＿＿＿＿＿＿＿＿（日历天），请予批准。 　　附件：1. 工程延期依据及工期计算 　　　　　2. 证明材料   　　　　　　　　　　　　　　　　　　　　　　施工项目经理部（盖章） 　　　　　　　　　　　　　　　　　　　　　　项目经理（签字） 　　　　　　　　　　　　　　　　　　　　　　　　　　年　　月　　日
审核意见： □同意工程临时/最终延期＿＿＿＿＿＿＿＿＿＿＿＿＿＿＿＿＿（日历天）。工程竣工日期从施工合同约定的 ＿＿＿＿＿＿＿年＿＿＿＿＿＿＿月＿＿＿＿＿＿＿日延迟到＿＿＿＿＿＿年＿＿＿＿＿＿月 ＿＿＿＿＿＿＿日。 □不同意延期，请按约定竣工日期组织施工。   　　　　　　　　　　　　　　　　　　　　　　项目监理机构（盖章） 　　　　　　　　　　　　　　　　　　　　　　总监理工程师（签字、加盖执业印章） 　　　　　　　　　　　　　　　　　　　　　　　　　　年　　月　　日
审批意见：   　　　　　　　　　　　　　　　　　　　　　　建设单位（盖章） 　　　　　　　　　　　　　　　　　　　　　　建设单位代表（签字） 　　　　　　　　　　　　　　　　　　　　　　　　　　年　　月　　日

注：本表一式三份，项目监理机构、建设单位、施工单位各一份。

表 C.0.1 工作联系单

工程名称：   编号：

致：_____

发文单位（盖章）

负责人（签字）

年   月   日

表 C.0.2 工程变更单

工程名称： 　　　　　　　　　　　　　　　　　　　　　　　　　　　　　编号：

致：＿＿　　　由于 ＿＿＿＿＿＿＿＿＿＿＿＿＿＿＿＿＿＿＿＿＿＿＿＿＿＿＿＿＿＿＿ 原因，兹提出＿＿＿＿＿＿＿＿＿＿＿＿＿＿＿＿＿＿＿＿＿＿＿＿＿＿＿＿工程变更，请予以审批。 附件： □变更内容 □变更设计图 □相关会议纪要 □其他 　　　　　　　　　　　　　　　　　　变更提出单位： 　　　　　　　　　　　　　　　　　　负责人： 　　　　　　　　　　　　　　　　　　　　　年　月　日	

工程量增/减	
费用增/减	
工期变化	

施工项目经理部（盖章） 项目经理（签字）	设计单位（盖章） 设计负责人（签字）
项目监理机构（盖章） 总监理工程师（签字）	建设单位（盖章） 负责人（签字）

注：本表一式四份，建设单位、项目监理机构、设计单位、施工单位各一份。

表 C. 0. 3　索赔意向通知书

工程名称：　　　　　　　　　　　　　　　　　　　　　　　　　　　　　编号：

致：＿＿＿

　　根据施工合同＿＿＿＿＿＿＿＿＿＿＿＿＿＿＿＿＿＿＿＿＿＿＿＿＿＿＿＿（条款）约定，由于发

生了＿＿＿＿＿＿＿＿＿＿＿＿＿＿＿＿＿＿＿事件，且该事件的发生非我方原因所致。为此，我方向

＿＿＿＿＿＿＿＿＿＿＿＿＿＿＿＿（单位）提出索赔要求。

　　附件：索赔事件资料

提出单位（盖章）

负责人（签字）

年　　月　　日

附录3 ×××住宅小区一期
三标段工程监理规划

1 工 程 概 况

1.1 工程概况

1) 工程名称：×××住宅小区一期三标段工程。
2) 建设单位：×××房地产开发有限公司。
3) 设计单位：×××建筑设计院有限公司。
4) 勘察单位：×××工程勘察院。
5) 施工单位：×××建设集团有限公司。
6) 监理单位：×××建设工程项目监理有限公司。
7) 质监单位：×××市建筑工程质量监督站。
8) 总工期为 240 天。
9) 建筑规模：总面积 31 164m²。

1.2 工程简要描述

×××住宅小区一期三标段工程包括雅聚园、茗香园两个园区，计 12 栋单体建筑，建筑面积 31 164m²。

雅聚园楼群、茗香园楼群为单元式多层房屋，部分半地下储藏室，主体为五层砖混结构住宅楼，基础为墙下条形基础，建筑抗震设防烈度为 6 度，耐火等级为二级，建筑防水等级为地下二级，屋面防水等级Ⅱ级，设计使用年限 50 年。

2 监理工作范围

工程服务范围：负责本项目的施工阶段及保修期阶段的监理工作，包括本工程的土建、水、电、消防、智能控制等范围以及监理合同中约定的内容。

工作服务范围：对于所辖施工标段的全部工程，自施工准备期至交工验收前的质量控制、进度控制、造价控制、合同管理、信息管理和工作协调实施全面管理；对质量保修期内承包人实施的工程项目的未完成工作、缺陷修补与缺陷调查工作提供监理服务。

具体内容主要有：

1) 熟悉施工图纸，并将发现的问题向建设单位汇报，并要特别注意到本项目为房地产开发项目的这个特点，认真参加设计交底和图纸会审。

2）审核承包单位提交的施工组织设计及施工方案，提出审核意见，要特别注意承包单位内部的质量、安全等管理体系是否合理正常，要监督其严格按投标文件、合同文件及相应施工组织设计中的要求执行。

3）审查并确认施工承包单位选择的分包单位。

4）监督承包单位严格按照施工图及有关文件，并遵守国家及当地政府发布的政策、法令、法规、规范、规程、标准及管理程序施工，控制工程质量。

5）监督承包单位按照施工合同和承包单位编制的工程进度计划施工，控制工程进度。

6）审查主要建筑材料、构配件及主要设备的订货，审核其质量、性能是否满足设计要求及有关规范、现行政策、法令的规定。

7）审核及会签工程变更文件。

8）组织对工程质量问题的处理。

9）调解建设单位与承包单位之间的争议。

10）定期主持召开监理工作会议。检查工程进展情况，协调各方之间的关系，处理需要解决的问题。

11）每月编制监理月报，向建设单位及有关部门汇报工程进展和监理工作情况。

12）认定工程质量与进度，签署工程付款凭证。

13）审查工程造价及竣工结算。

14）监督施工现场安全防护、消防、文明施工及卫生情况，并提出改进意见。

15）组织工程阶段性验收及竣工验收，提出工程质量评估报告。

16）参加工程竣工验收。

17）进行项目监理工作总结，向建设单位提交项目监理工作月报或监理工作总结。

18）督促竣工档案的编制和移交。

3 监理工作内容

1）施工准备阶段的监理：参与设计交底及图纸会审；审核施工组织设计（施工方案）；查验施工测量放线成果；第一次监理工地会议；施工监理交底；检查开工条件。

2）施工阶段的监理：工程进度控制；工程质量控制；工程造价控制；施工合同及其他事项管理，协调甲乙方及相关方之间的关系；监理资料的管理。

3）根据《建设工程安全生产管理条例》的规定，工程监理单位应承担的安全责任：①审查施工组织设计中的安全技术措施或者专项施工方案是否符合工程建设强制性标准；②在施工监理过程中，发现安全事故隐患的，应当要求施工单位整改；情况严重的，应当要求施工单位暂停施工，并及时报告建设单位，施工单位拒不整改或者不停止施工的，应当及时向有关部门报告；③工程监理单位和监理工程师应当按照法律、法规和工程建设强制性标准实施监理，并对建设工程安全生产承担监理责任。

4）采用旁站、巡视、平行检查手段监督施工单位严格按照工程技术标准、施工规范及操作规程施工。

4 监理工作目标

1）造价目标：以承包单位的投标中标价或以建设单位与承包单位签订的合同价及文字约定为投资控制的依据，并以此作为投资控制的目标。

2）质量目标：工程质量必须符合设计图纸和施工质量验收规范，并达到建设单位和承包单位签订的施工合同约定的工程质量标准。

3）进度目标：满足施工合同约定的工期目标要求。

5 监理工作依据

1）建设工程的相关法律、法规及项目审批文件。

2）施工质量验收规范、规程、施工技术标准及相关标准。

3）本工程设计图纸、设计变更以及有关设计文件。

4）本工程地质勘察资料。

5）建设单位与承包单位签订的建设工程施工合同。

6）建设单位与监理单位签订的建设工程监理合同。

7）必须执行的行业管理或地方性规定。

6 项目监理机构的组织机构及人员配备

6.1 项目监理组织机构（见下图）

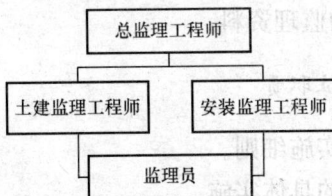

```
                    ┌──────────────┐
                    │  总监理工程师  │
                    └──────┬───────┘
              ┌────────────┴────────────┐
        ┌─────┴──────┐          ┌──────┴──────┐
        │土建监理工程师│          │安装监理工程师│
        └─────┬──────┘          └─────────────┘
              │
         ┌────┴────┐
         │ 监理员  │
         └─────────┘
```

6.2 项目监理部人员名单（见下表）

序 号	职 务	姓 名	职 称	专 业
1	总监理工程师		高级工程师	工民建
2	土建专业监理工程师		工程师	工民建
3	土建专业监理工程师		工程师	工民建
4	安装专业监理工程师		工程师	水电安装
5	监理员		助理工程师	工民建
6	监理员		助理工程师	工民建

7 项目监理机构人员岗位职责

7.1 总监理工程师岗位职责

1）制订项目监理机构人员的分工和岗位职责。

2）主持编写项目监理规划、审批项目监理实施细则，并负责管理项目监理机构的日常工作。

3）审查分包单位的资质，并提出审查意见。

4）检查和监督监理人员的工作，根据工程项目的进展情况可进行人员调配，对不称职的人员应调换其工作。

5）主持监理工作会议，签发项目监理机构的文件指令。

6）审定承包单位提交的开工报告、施工组织设计、技术方案、进度计划。

7）审核签署承包单位申请、支付证书和竣工结算。

8）审查和处理工程变更。

9）主持或参与工程质量事故的调查。

10）调解建设单位与承包单位的合同争议、处理索赔、审批工程延期。

11）组织编写并签发监理月报、监理工作阶段报告、专题报告和项目监理工作总结。

12）审核签认分部工程和单位工程的质量检验评定资料，审查承包单位的竣工申请，组织监理人员对待验收的工程项目进行质量检查，参与工程项目的竣工验收。

13）主持整理工程项目的监理资料。

7.2 专业监理工程师岗位职责

1）负责编制专业的监理实施细则。

2）负责本专业监理工作的具体实施。

3）组织、指导、检查和监督本专业监理员的工作，当人员需要调整时，向总监理工程师提出建议。

4）审查承包单位提交的涉及本专业的计划、方案、申请、变更，并报总监理工程师批准。

5）负责本专业分项工程验收及隐蔽工程验收。

6）定期向总监理工程师提交本专业监理工作实施情况报告，对重大问题及时向总监理工程师汇报和请示。

7）根据本专业监理工作实施情况做好监理日记。

8）负责本专业监理资料的收集、汇总及整理，参与编写监理月报。

9）核查进场材料、设备、构配件的原始凭证、检测报告等质量证明文件及其质量情况，根据实际情况认为有必要时对进场材料、设备、构配件进行平行检验，合格时予以签认。

10）负责本专业的工程计量工作，审核工程计量工作，审核工程计量的数据和原始凭证。

7.3 监理员岗位职责

1）在专业监理工程师的指导下开展现场工作。

2）检查承包单位投入工程项目的人力、材料、主要设备及其使用、运行状况，并做好检查记录。

3）复核或从施工现场直接获取工程计量的有关数据并签署原始凭证。

4）按设计图及有关标准，对承包单位的工艺过程或施工工序进行检查和记录，对加工制作及工序施工质量检查结果进行记录。

5）担任旁站工作，发现问题及时指出并向专业监理工程师报告。

6）做好监理日记和有关的监理记录。

8 监理工作管理制度

1）工程建设监理的主要办法是控制，而控制的基础是信息，所以在施工中，要做好信息收集、整理和保存工作。要求承包单位及时整理施工技术资料，办理签认手续。做好信息的交流、分析、处理，以达到为建设项目增值的目的。

2）工程建设监理应根据《建设工程监理规范》的要求，制定相应的资料管理制度，建立健全报表制度，加强资料管理，要做好如下工作：

① 编制工程项目监理规划，报送建设单位及有关部门。

② 每月底编制监理月报，于次月 5 日前报送建设单位和有关部门。

③ 总监理工程师应指定专人每日填写监理日志，记录工地主要情况。各专业监理对自己的主要工作也应做好记录。

④ 所有监理资料要及时收集齐全，并整理归档，建立监理档案。监理档案的主要内容有：监理合同、监理规划、监理指令、监理日志、会议纪要、审核签认文件、工程款支付证明、工程验收记录、质量事故调查处理报告等。

3）监理会议制度。

① 建立健全会议制度。工地会议是围绕施工现场问题而召开的会议，一般有第一次工地会议、定期的工地例会、专题性工地会议三种类型。

② 第一次工地会议由建设、施工、分包、监理单位代表参加，建设单位主持召开。

③ 每次的工地例会及专题工地会议，主要解决工程进度中的进度、质量及投资问题，以保证工程按计划正常进行。

④ 处理好同建设、施工、设计、监督管理单位的关系，发生问题时，既要坚持原则，又要从大局出发，积极主动协商解决。

4）技术交底制度。监理工程师要督促、协助组织设计单位向施工单位进行施工设计图纸的全面技术交底（设计意图、施工要求、质量标准、技术措施），并将讨论决定的事项做出书面纪要交设计、施工单位执行。

5）设计文件、图纸审查制度。监理工程师在收到施工设计文件、图纸，在工程开工前，会同施工及设计单位复查设计图纸，广泛听取意见，尽可能避免图纸中的差错和遗漏。

6）开工报告审批制度。当单位工程的主要施工准备工作已完成并符合开工条件时，专业监理工程师应审查承包单位报送的工程开工审批表及相关资料，符合要求后由总监理工程师签发，并报建设单位。

7）材料、构件检验及复验制度。监理人员应审查进场材料、设备和构件的原始凭证、检测报告等质量证明文件及质量情况，根据现场实际情况认为有必要时对进场材料、设备、构配件进行平行检验，合格时予以签认。不合格的材料、设备、构配件不允许进入现场，更不能使用。

8）变更设计制度。设计单位对原设计存在的缺陷提出工程变更，应编制设计变更文件，建设或承包单位提出的变更，应提交总监，由总监组织相关人员审查，而后由建设单位转交原设计单位编制设计变更文件。

9）隐蔽工程检查制度。隐蔽以前，施工单位应根据相应的工程施工质量验收规范进行自检，准备好验收记录及相关资料。并在隐蔽前 48 小时以书面形式通知监理工程师，监理工程师应排出计划，按时参加隐蔽工程检查，重点部位或重要项目应会同建设、设计、施工等单位共同检查签认。

10）工程质量监理制度。监理工程师对施工单位的施工质量有监督管理责任。监理工程师在检查工作中发现的工程质量缺陷，应如实做好记录，根据存在问题的大小和严重程度进行区别对待，对有些问题可当场进行安排整改，对有些问题应视其必要性下发监理通知，要求限期整改。对较严重的质量问题或已形成重大质量隐患的问题，应由监理工程师填写"不合格工程项目通知"，下发施工单位，并及时通报建设单位，共同拿出下一步的处理意见，施工单位应按要求及时做出整改，整改完毕后通知监理工程师复验签认。如所发现工程质量问题已构成质量事故时，应按规定程序办理。

① 如检查结果不合格，或检查证明所填内容与实际不符，监理工程师有权不予签认，并将意见记入监理日志内，经整改并复验合格后，方可继续下道工序施工。

② 特殊设计或者与原设计图变更较大的隐蔽工程，在通知施工单位的同时，还应通知相关单位的有关人员参加，与监理工程师共同检查签认。

③ 隐蔽工程检查合格后，如停工时间较长，在复工前应重新组织检查签证。

11）工程质量检验制度。监理工程师对施工单位的施工质量有监督管理的权力与责任。

① 监理工程师在检查工程中发现一般的质量问题，应随时通知施工单位及时改正。如施工单位不及时改正，情节严重的，报请建设单位同意由总监理工程师，下达工程暂停令，指令部分工程、单项工程或全部工程暂停施工。待施工单位改正后，报监理部进行复验，合格后发出《复工指令》。

② 分部分项工程、单项工程或分段全部工程完工后，经自检合格，可填写各种工程报验单，经监理工程师现场查验合格后予以签认。

③ 监理部及时填写"工程质量监理月报"一式三份，一份报建设方，一份报监理公司，监理部自存一份。

④ 监理工程师需要施工单位执行的事项，可先口头通知，再下发"监理通知"，催促施工单位执行。

12）工程质量事故处理制度。

① 凡在建设过程中，由于设计或施工原因，造成工程质量不符合规范或设计要求，存在问题比较严重需做返工处理的即为工程质量事故。

② 工程质量事故发生后，施工单位必须迅速逐级上报。对重大的质量事故和工伤事故，监理部应立即上报建设单位及相关部门。签发工程暂停令，采取措施保护好现场，防止事态扩大。

③ 凡对工程质量事故隐瞒不报，拖延处理，处理不当，或处理结果未经监理同意的，对事故部分及受事故影响的部分应视为不合格，不予验工计价，待合格后再补办验工计价。

施工单位应及时上报"质量问题报告单"，并应抄报建设单位和监理部各一份。对于质量事故的处理，根据事故的大小和严重程度，应严格按事故处理程序办理。

13）施工进度监督及报告制度。

① 监督施工单位严格按照合同规定的计划进度组织实施，监理部每月以月报的形式向建设单位报告各项工程实际进度与计划的对比和形象进度情况。

② 审查施工单位报送的施工组织设计，施工总进度计划及施工阶段性计划。

③ 当实际进度与计划进度相符时，应要求及时编制下一期进度计划，当实际进度滞后时，应要求施工单位分析滞后的原因，采取纠偏措施，确保施工进度正常有序地进行。

14）投资监督制度。

① 专业监理工程师，对质量验收合格的工程量进行现场计量，按施工合同的约定审核工程量清单和工程款支付申请表，并报总监审定。

② 总监签署工程款支付证书，并报建设单位。

③ 对重大设计变更或因采用新材料、新技术而增减较大投资的工程，监理部应及时掌握信息并报建设单位，以便控制投资。

15）监理部应逐月编写《监理月报》，并于年末提出本部的年度报告和总结，报建设单位。年度报告或"监理月报"内容应尽可能翔实地说明施工进度、施工质量、资金使用以及重大安全、质量事故及有价值的经验等。

16）工程竣工验收制度。竣工验收依据的有关法律、法规、工程建设强制性标准、设计文件及施工合同，对承包单位报送的竣工资料进行审查，并对竣工质量进行预验收。对存在的问题应及时要求承包单位整改。整改完毕由总监签署工程竣工报验单，并在此基础上提出工程质量评估报告。

17）其他监理工作制度。为使监理工作更加科学有序，项目监理部可根据工程的具体情况和特点以及项目监理的需要制订相应的其他监理工作制度。

9 监理工作措施

9.1 投资控制

组织措施：建立健全监理组织，完善职责分工及有关制度，落实投资控制的责任。

技术措施：审核施工组织设计和施工方案，合理开支施工措施费，以及按合理工期组织施工，避免不必要的赶工费。

经济措施：及时进行计划费用与实际开支费用的比较分析。

合同措施：按合同条款支付工程款，防止过早、过量的现金支付，全面履约，减少对方提出索赔的条件和机会，正确地处理索赔等。

9.2 质量控制

组织措施：建立健全监理组织，完善职责分工及有关质量监督制度，落实质量控制的责任。

技术措施：严格事前、事中和事后的质量控制措施。

经济措施及合同措施：严格质量检验和验收，不符合合同规定质量要求的拒付工程款。

9.3 进度控制

组织措施：落实进度控制的责任，建立进度控制协调制度。

技术措施：建立施工作业计划体系；增加同时作业的施工面；采用高效能的施工机械设备；采用施工新工艺、新技术，缩短工艺过程时间和工序间的技术间歇时间。

经济措施：对因承包方的原因拖延工期的进行必要的经济处罚和批评。

合同措施：按合同要求及时督促协调有关各方落实计划进度，确保项目形象进度按审定的总进度和阶段进度计划执行。

9.4 安全控制

组织措施：检查安全生产保证体系，建立健全生产责任制。

经济措施：对现场施工安全的管理应制定严格的奖罚措施，并确保安全经费不被挤占挪用。

管理措施：做好安全资料、安全防护、安全交底、安全检查、文明施工的各项管理，制定出既切合实际又行之有效的措施和管理办法。

9.5 确保施工安全控制措施

安全是建筑施工中的永恒主题，监理始终控制现场安全生产，承包商始终把安全生产放在最高位置上，对整个工程的施工过程而言，应排列为：安全—质量—文明施工—进度—经济效益。只有在确保工程施工安全的前提下，才有质量、文明、施工、进度及效益。

施工现场要整洁文明，使工地做到"五化"，即亮化、硬化、绿化、美化、净化。材料井然有序地按平面布置堆放，全面抓好施工现场文明施工管理工作。

监理监督施工单位建立安全生产责任制，以项目经理为第一责任者。健全安全生产保证体系，设专职安全员，进行安全管理，始终把"安全生产、预防为主"的安全生产方针放在首位，认真贯彻落实安全生产方针、政策和法规、标准、制度，完善安全管理措施。

所进安全防护材料必须经有关部门检验合格后方能使用，施工现场临边保护，要正确使用和防护到位，分项工程要有针对性安全保护措施。

如土方工程、模板工程、钢筋工程、混凝土工程、砌筑工程、装饰工程、脚手架工程、装卸工作、施工用电、机械设备等都要制订安全保护措施，确保工程安全，加大现场监督管理力度，在施工现场设立足够的标志、宣传标语、指示牌、警告牌，使工地达到安全生产、文明施工。

9.6 工程建筑节能控制措施

(1) 监理监控依据

1)《建设工程质量管理条例》(国务院令第 279 号)。

2)《民用建筑节能管理规定》(建设部令 143 号文)。

3)《民用建筑工程节能质量监督管理办法》(建设部建质〔2006〕192 号)。

4)《夏热冬冷地区居住建筑节能设计标准》(JGJ134—2001)。

5)《公共建筑节能设计标准》(GB 50189—2005)。

6)《膨胀聚苯板薄抹灰外墙外保温系统》(JG149—2003)。

7)《胶苯聚苯颗粒外墙外保温系统》(JG158—2004)。

8)《外墙外保温系统工程技术规程》(JG144—2004)。

9)《采暖居住建筑节能检验标准》(JGJ132—2001)。

10)《既有采暖居住建筑节能改造技术规程》(JGJ129—2000)。

11)《外墙外保温建筑构造 ZL 胶粉聚苯颗粒外保温系统》(皖 2004—J113)。

12)《外墙外保温建筑构造 (一)》(02J121-1)。

13)《建筑节能工程施工质量验收规范》(GB 50411—2007)。

14) 安徽省质量监督总站《安徽省民用建筑工程节能监督要点》(皖建质安〔2006〕32 号)。

15) 安徽省建设厅关于《安徽省民用建筑工程节能监理工作导则》(建管〔2007〕65 号文)。

16)《×××市建委居住建筑节能标准的管理办法》。

17)《×××市建设工程质量监督站做好建筑外墙外保温施工的意见》。

18) 节能设计施工图。

19) 其他有关工程节能规范。

（2）行为监理控制要求

1）将建筑节能监理工作列入监理规划、监理实施细则、监理旁站方案中。

2）对进场建筑节能材料、构配件、设备进行质量文件核查，实行见证取样送检（复验），形成相应的进场验收记录。

3）对建筑节能重点部位（外墙、屋面等）和关键工序（基层、胶粘剂、EPS 板、胶粉聚苯颗粒、玻纤网、薄抹面层、饰面层、锚栓）实施旁站监理，做好旁站记录与隐蔽工程验收记录。

4）严格按照审查合格的施工图设计文件和建筑节能技术标准的要求进行监理，总监理工程师对建筑节能设计技术交底，会议纪要进行签认。

5）对施工单位制定节能专项施工方案或节能工程施工工艺应经施工单位技术负责人与总监理工程师进行审批。

6）按规定组织建筑节能检验批、分项、分部工程的验收。

7）要求建设单位对涉及建筑节能的设计变更文件需重新报审。

8）要求设计单位对施工图纸中有关节能设计节点和具体的做法应详细、明确。

9）监理应按规定出具建筑节能分部工程的评估报告。

10）总监理工程师在《安徽省民用建筑节能审查备案登记表》上签署建筑节能实施情况意见，并加盖监理单位印章。

11）设计单位或者施工单位未按要求整改的，监理单位应及时向工程质量监督机构反映。

12）监理应在节能分部验收合格后，方可进行工程竣工验收。

13）工程质量检测单位：有关工程检测内容、方法、检测报告形成的程序及结论应符合规范要求。

14）保温工程等在保修范围内和保修期内发生质量问题施工单位应履行保修义务。

（3）实体检测控制要求

1）监督的主要部位和内容：外墙、外窗、阳台门、户门、屋面、分户墙、楼板、底部自然通风的架空楼板和采暖、制冷、照明、通风、给排水系统等。

2）建筑工程保温体系、节能产品、节能技术应符合建设部和安徽省建设厅推广应用的新技术和禁止限制使用落后技术的有关要求。

3）工程所用的材料和半成品、成品应按设计要求选用，并符合国家和省有关标准的要求，材料生产企业应提供产品有效的型式检验报告（2 年内）和质量合格证明文件（产品合格证、出厂检验报告），进场原材料和半成品、成品，应按规定进行复检，复验合格后方可使用（每 10 000m² 查一次）。

4）外墙、外窗、阳台门、户门、屋面、分户墙、楼板、底部自然架空的楼板等做法及构造应符合审查合格的施工图设计文件和建筑节能技术标准的要求。

5）采暖、制冷、照明、通风、给排水系统应符合审查合格的施工图设计文件和建筑节能技术标准的要求。

6）涉及建筑节能材料、产品等应委托有资质的检测单位进行热工性能指标检测，检测的项目内容包括：外墙保温系统组成材料的保温隔热性能；外墙及分户墙用墙体材料的保温隔热性能；外门、外窗的保温隔热性能和气密性能等。

（4）外墙外保温系统施工措施应包含的内容

1）施工工序及施工间隔时间，需规定基层、保温层、抹面层和饰面层各层施工的间隔时间。

2）施工机具。

3）基层处理。

4）环境温度和养护条件要求。

5）施工方法。

6）材料用量。

7）各工序施工质量要求。

8）成品保护。

（5）外墙保温复验（见证取样送检）内容

1）保温材料的导热系数、密度、抗压强度或压缩强度。

2）黏结材料的黏结强度。

3）增强网的力学性能，抗腐蚀性能。

4）保温材料燃烧性能检查质量证明文件。

（6）建筑节能围护结构性能检验

1）墙体：可以采取钻芯取样法检查厚度（委托或施工单位实施）。

2）外窗气密性：在现场已安装好的外窗做气密性试验。

（7）外墙外保温检验批按验收规范要求进行

1）外墙外保温系统每 $500\sim1000m^2$ 为一个检验批，每处检查面积不得小于 $10m^2$。

2）外墙外保温系统中施工厚度、粘贴面积、粘贴强度每 $500\sim1000m^2$ 抽查一次。

3）锚栓抗拔强度的抽样复检按 $1‰$ 且不少于 3 个（保温板不小于 0.3kN，胶粉颗粒不小于 0.8kN）。

4）外墙面砖粘贴强度的检测，每 $500m^2$ 做一组试样，每组 3 个，每两个楼层不得少于一组（拉伸粘贴强度不小于 0.6MPa）。

5）外墙外保温工程的各检验批：主控项目全部合格、一般项目应合格、当采用计算检验时应有 90% 以上的检查点合格。

（8）外墙外保温工程竣工验收应具有的文件

1）外保温系统的设计文件、图纸会审、图纸审查、设计变更和洽商记录。

2）施工方案和施工工艺。

3）外保温系统的型式检验报告及其主要组成材料的产品合格证、出厂检验报告、进场复检报告和现场验收记录。

4）施工技术交底。

5）施工记录（旁站记录、监理日记、施工日记等）。

6）检验批、分项、分部验收记录（包括平行检验）。

7）隐蔽工程验收记录。

8）质量问题的处理记录。

9）现场抽样检测报告（外墙钻芯试验、外窗气密性试验）。

10）安徽省民用建筑节能审查备案登记表。

11）工程质量评估报告。

12）其他必须提供的材料。

（9）外门窗保温工程一般规定

1）建筑外窗气密性、保温性能、中空玻璃露点、玻璃遮阳系数和可见光透射比，应见证取样送检，检验结果应符合设计和有关标准要求。

2）夏热冬冷地区对外窗进行气密性做现场实体检验，应符合设计要求与质量验收规范要求。

3）门窗框外侧四周应按设计要求做好保温。

（10）屋面保温

1）屋面保温隔热工程的施工应在基层验收合格后进行。

2）屋面保温隔热工程采用的保温材料应对下列性能进行复验：板材、块材及现浇等保温隔热材料其导热系数、密度、抗压强度或压缩强度、燃烧性能必须符合设计要求和有关标准的规定。

3）屋面保温工程应对有关部位进行隐蔽工程的验收。

4）屋面保温隔热层敷设方式、厚度、缝隙填充质量及层面热桥部分的保温隔热做法必须符合设计要求和有关标准的规定。

5）屋面通风隔热架空层，其架空层高度安装方式、通风口位置及尺寸应符合设计要求和有关标准的规定。

10 监理设施

1）建设单位提供委托监理合同约定的满足监理工作需要的办公、生活设施。项目监理机构妥善保管和使用建设单位提供的设施，并在完成监理工作后移交建设单位。

2）项目监理机构根据工程项目特点、规模、技术复杂程度、工程项目所在地的环境条件，按委托监理合同的约定，为满足监理工作需要，配备如下常规检测设备和工具。监理检测设备和工具见下表。

序　号	设备名称	数　量	备　注
1	经纬仪	1台	
2	水准仪	1台	
3	钢尺（50m）	1把	
4	检测仪	1套	
5	电阻测试仪	1个	
6	电相位测试仪	1个	
7	小钢尺（5m）	3把	
8	电脑	1台	

11 监理工作程序

施工监理工作总程序见下图。

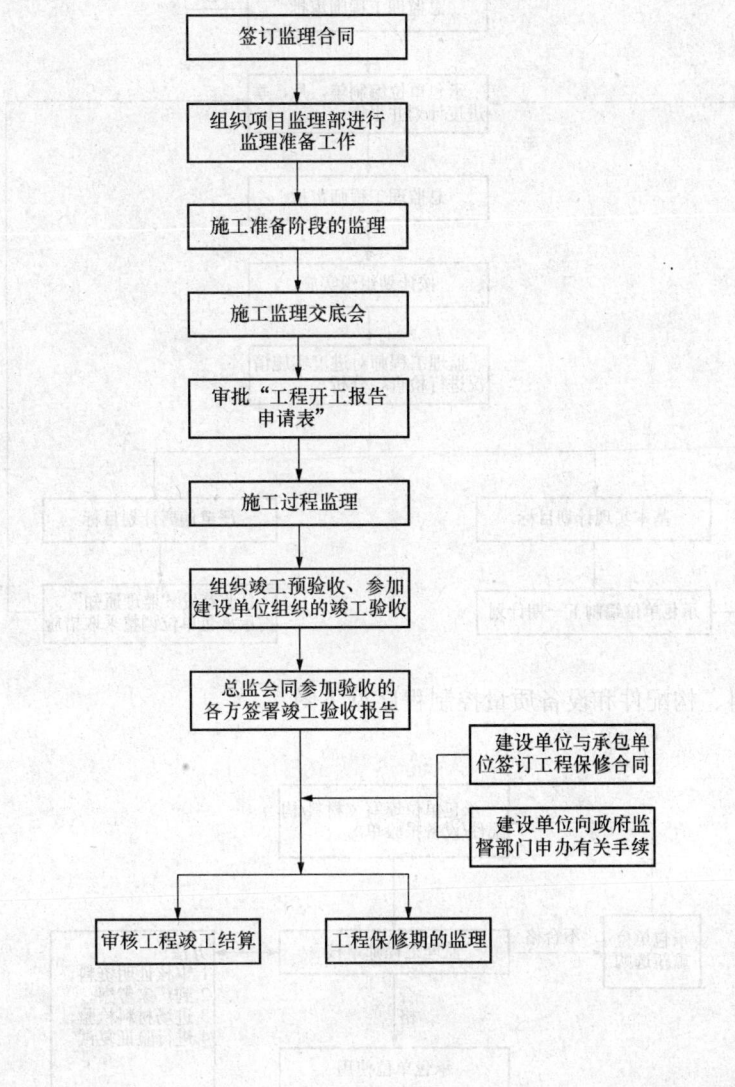

```
          ┌─────────────────┐
          │   签订监理合同    │
          └─────────────────┘
                   │
          ┌─────────────────┐
          │ 组织项目监理部进行 │
          │    监理准备工作    │
          └─────────────────┘
                   │
          ┌─────────────────┐
          │  施工准备阶段的监理 │
          └─────────────────┘
                   │
          ┌─────────────────┐
          │   施工监理交底会   │
          └─────────────────┘
                   │
          ┌─────────────────┐
          │ 审批"工程开工报告  │
          │     申请表"       │
          └─────────────────┘
                   │
          ┌─────────────────┐
          │   施工过程监理    │
          └─────────────────┘
                   │
          ┌─────────────────┐
          │ 组织竣工预验收、参加 │
          │ 建设单位组织的竣工验收 │
          └─────────────────┘
                   │
          ┌─────────────────┐      ┌─────────────────┐
          │ 总监会同参加验收的  │      │ 建设单位与承包单  │
          │ 各方签署竣工验收报告 │      │ 位签订工程保修合同 │
          └─────────────────┘      └─────────────────┘
                   │
                   │               ┌─────────────────┐
                   │               │ 建设单位向政府监  │
                   │               │ 督部门申办有关手续 │
                   │               └─────────────────┘
                   │
        ┌──────────┴──────────┐
   ┌──────────────┐    ┌──────────────┐
   │ 审核工程竣工结算 │    │ 工程保修期的监理 │
   └──────────────┘    └──────────────┘
```

工程进度控制程序见下图。

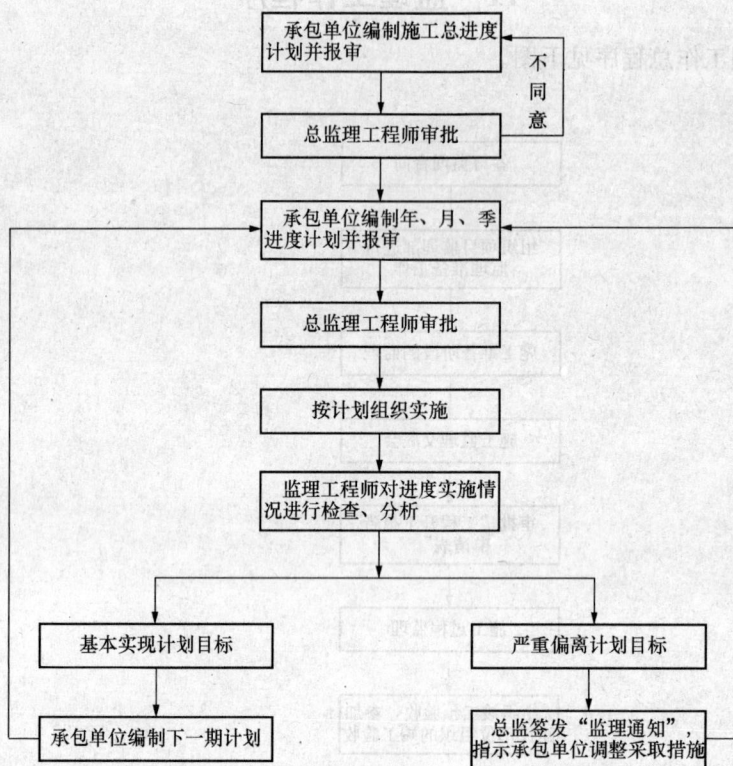

```
        ┌─────────────────────┐
        │ 承包单位编制施工总进度  │────┐ 不同意
        │ 计划并报审           │    │
        └──────────┬──────────┘    │
        ┌──────────┴──────────┐    │
        │   总监理工程师审批    │────┘
        └──────────┬──────────┘
   ┌───────────────┤
   │    ┌──────────┴──────────┐
   │    │ 承包单位编制年、月、季 │◄────────────┐
   │    │ 进度计划并报审        │             │
   │    └──────────┬──────────┘             │
   │    ┌──────────┴──────────┐             │
   │    │   总监理工程师审批    │             │
   │    └──────────┬──────────┘             │
   │    ┌──────────┴──────────┐             │
   │    │   按计划组织实施      │             │
   │    └──────────┬──────────┘             │
   │    ┌──────────┴──────────┐             │
   │    │ 监理工程师对进度实施情 │             │
   │    │ 况进行检查、分析      │             │
   │    └──────────┬──────────┘             │
   │    ┌──────────┴──────────┐             │
   │    │                     │             │
┌──┴────────┐              ┌─────┴──────┐    │
│基本实现计划目标│            │严重偏离计划目标│   │
└──┬────────┘              └─────┬──────┘    │
┌──┴────────┐              ┌─────┴──────────┐│
│承包单位编制下│            │总监签发"监理通知",││
│一期计划    │            │指示承包单位调整采取措施┘
└───────────┘              └────────────────┘
```

工程材料、构配件和设备质量控制程序见下图。

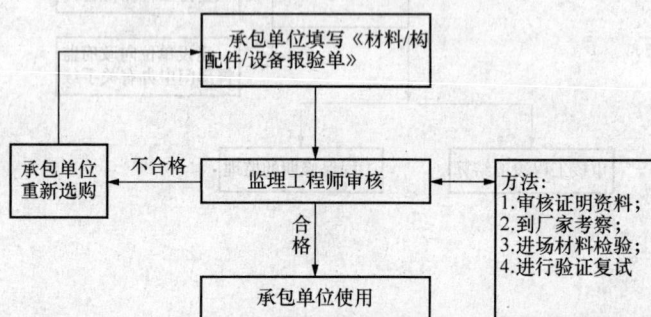

```
              ┌─────────────────┐
        ┌────►│承包单位填写《材料/构│
        │     │配件/设备报验单》   │
        │     └────────┬────────┘
┌───────┴──┐  不合格 ┌───┴──────┐    ┌──────────────┐
│承包单位    │◄───────│监理工程师审核│◄───│方法:         │
│重新选购    │        └───┬──────┘    │1.审核证明资料; │
└──────────┘      合格    │          │2.到厂家考察;  │
              ┌──────────┴──┐        │3.进场材料检验; │
              │  承包单位使用  │        │4.进行验证复试  │
              └─────────────┘        └──────────────┘
```

设计变更、洽商管理程序见下图。

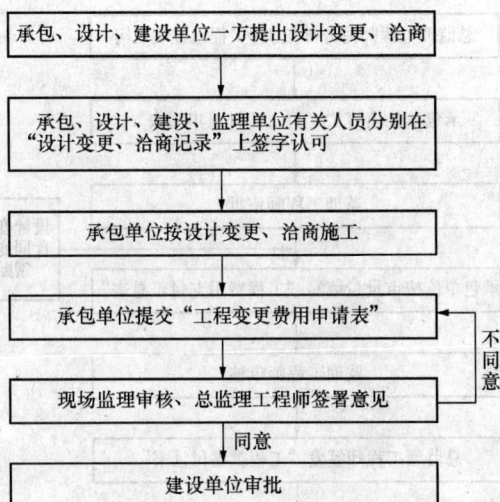

```
┌─────────────────────────────────────┐
│  承包、设计、建设单位一方提出设计变更、洽商  │
└─────────────────────────────────────┘
                  │
                  ▼
┌─────────────────────────────────────┐
│  承包、设计、建设、监理单位有关人员分别在      │
│  "设计变更、洽商记录"上签字认可              │
└─────────────────────────────────────┘
                  │
                  ▼
┌─────────────────────────────────────┐
│  承包单位按设计变更、洽商施工              │
└─────────────────────────────────────┘
                  │
                  ▼
┌─────────────────────────────────────┐              不
│  承包单位提交"工程变更费用申请表"    ◄──────────┐  同
└─────────────────────────────────────┘         │  意
                  │                              │
                  ▼                              │
┌─────────────────────────────────────┐         │
│  现场监理审核、总监理工程师签署意见    ├─────────┘
└─────────────────────────────────────┘
                  │ 同意
                  ▼
┌─────────────────────────────────────┐
│            建设单位审批                │
└─────────────────────────────────────┘
```

分部（工序）工程签认程序见下图。

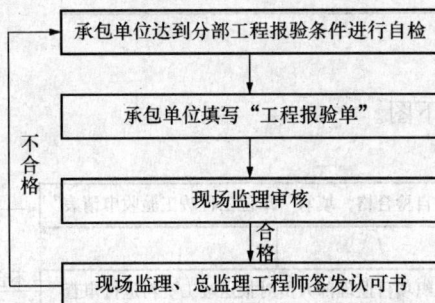

```
      ┌─────────────────────────────────────┐
  ┌──►│  承包单位达到分部工程报验条件进行自检      │
  │   └─────────────────────────────────────┘
  │                 │
  │                 ▼
  │   ┌─────────────────────────────────────┐
  │   │  承包单位填写"工程报验单"                │
不│   └─────────────────────────────────────┘
合│                 │
格│                 ▼
  │   ┌─────────────────────────────────────┐
  │   │        现场监理审核                    │
  │   └─────────────────────────────────────┘
  │                 │ 合格
  │                 ▼
  │   ┌─────────────────────────────────────┐
  └───┤  现场监理、总监理工程师签发认可书          │
      └─────────────────────────────────────┘
```

月工程计量和支付工程见下图。

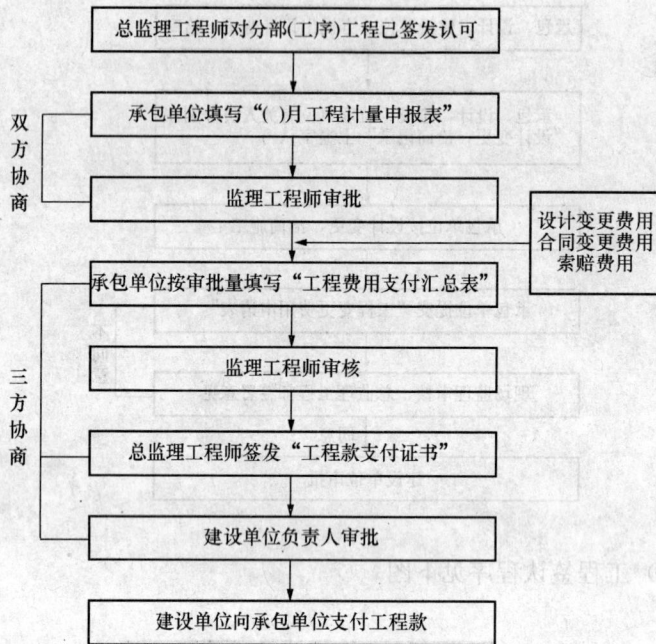

```
┌─────────────────────────────────────────┐
│ 总监理工程师对分部(工序)工程已签发认可 │
└─────────────────────────────────────────┘
                    │
┌─────────────────────────────────────────┐
│ 承包单位填写"( )月工程计量申报表" │
└─────────────────────────────────────────┘
                    │
┌─────────────────────────────────────────┐
│           监理工程师审批           │      ┌──────────┐
└─────────────────────────────────────────┘      │设计变更费用│
                    │                             │合同变更费用│
┌─────────────────────────────────────────┐      │索赔费用  │
│ 承包单位按审批量填写"工程费用支付汇总表"│◄─────└──────────┘
└─────────────────────────────────────────┘
                    │
┌─────────────────────────────────────────┐
│           监理工程师审核           │
└─────────────────────────────────────────┘
                    │
┌─────────────────────────────────────────┐
│ 总监理工程师签发"工程款支付证书" │
└─────────────────────────────────────────┘
                    │
┌─────────────────────────────────────────┐
│           建设单位负责人审批           │
└─────────────────────────────────────────┘
                    │
┌─────────────────────────────────────────┐
│       建设单位向承包单位支付工程款       │
└─────────────────────────────────────────┘
```

双方协商 / 三方协商

单位工程验收程序见下图。

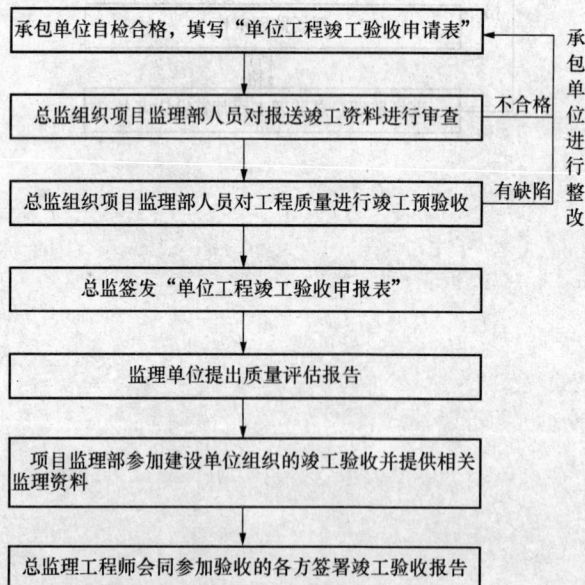

```
┌─────────────────────────────────────────┐
│承包单位自检合格,填写"单位工程竣工验收申请表"│◄──┐
└─────────────────────────────────────────┘   │ 承
                    │                          │ 包
┌─────────────────────────────────────────┐   │ 单
│总监组织项目监理部人员对报送竣工资料进行审查│  不合格 │ 位
└─────────────────────────────────────────┘   │ 进
                    │                          │ 行
┌─────────────────────────────────────────┐   │ 整
│总监组织项目监理部人员对工程质量进行竣工预验收│ 有缺陷 │ 改
└─────────────────────────────────────────┘   │
                    │                          │
┌─────────────────────────────────────────┐   │
│     总监签发"单位工程竣工验收申报表"     │───┘
└─────────────────────────────────────────┘
                    │
┌─────────────────────────────────────────┐
│         监理单位提出质量评估报告         │
└─────────────────────────────────────────┘
                    │
┌─────────────────────────────────────────┐
│ 项目监理部参加建设单位组织的竣工验收并提供相关监理资料 │
└─────────────────────────────────────────┘
                    │
┌─────────────────────────────────────────┐
│ 总监理工程师会同参加验收的各方签署竣工验收报告 │
└─────────────────────────────────────────┘
```

施工安全控制程序见下图。

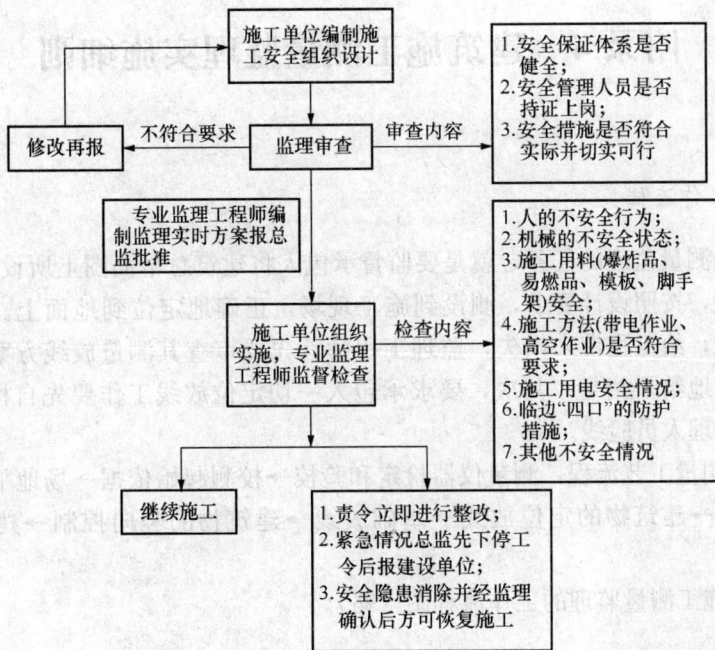

```
                        ┌──────────────────┐
                        │ 施工单位编制施     │
                        │ 工安全组织设计     │
                        └────────┬─────────┘
                                 │
┌────────┐  不符合要求   ┌────────▼────────┐  审查内容   ┌──────────────────┐
│修改再报 │◄─────────────│  监理审查        │───────────►│1.安全保证体系是否  │
└────────┘               └────────┬────────┘             │  健全;           │
                                 │                       │2.安全管理人员是否  │
                        ┌────────▼────────┐              │  持证上岗;        │
                        │专业监理工程师编   │              │3.安全措施是否符合  │
                        │制监理实时方案报总 │              │  实际并切实可行    │
                        │监批准             │              └──────────────────┘
                        └────────┬────────┘
                                 │                       ┌──────────────────┐
                        ┌────────▼────────┐  检查内容   │1.人的不安全行为;   │
                        │施工单位组织       │───────────►│2.机械的不安全状态; │
                        │实施,专业监理      │              │3.施工用料(爆炸品、 │
                        │工程师监督检查     │              │  易燃品、模板、脚手 │
                        └────────┬────────┘              │  架)安全;         │
                          ┌──────┴──────┐                │4.施工方法(带电作业、│
                          │             │                │  高空作业)是否符合  │
              ┌──────────▼──┐  ┌────────▼──────────────┐ │  要求;            │
              │继续施工      │  │1.责令立即进行整改;     │ │5.施工用电安全情况; │
              └─────────────┘  │2.紧急情况总监先下停工   │ │6.临边"四口"的防护   │
                               │  令后报建设单位;       │ │  措施;            │
                               │3.安全隐患消除并经监理   │ │7.其他不安全情况    │
                               │  确认后方可恢复施工     │ └──────────────────┘
                               └───────────────────────┘
```

附录 4　建筑施工测量监理实施细则

1. 监理工作流程

建筑工程测量监理的任务，就是要监督承包人将建筑总平面图上所设计的建筑物、构筑物的位置，按照设计要求，测设到施工现场，正确地定位到地面上。为防止测量放线发生差错，给工程带来损失，监理工程师首先要审查其测量放线方案，提出预防性要求，恰当地给予指导；其次，要求承包人一切定位放线工作要先自检、互检，合格后再提请监理人员验线。

1) 施工测量工艺流程：测量仪器检定和验校→校测起始依据→场地平整测量→场地控制网测设→建筑物的定位放线→基础放线→建筑物的竖向控制→建筑物的沉降观测。

2) 建筑施工测量监理的工作流程图（略）。

2. 监理工作内容

1) 检查测量仪器的检定和验校。测量所用的仪器和钢尺，必须根据国家的《计量法实施细则》规定，在使用前 7～10 天送当地计量器具检定部门进行检定，检定合格方可使用。承包人应向计量工程师提交检定合格证的复印件。

① 经纬仪和水准仪的检定和验校。根据《经纬仪检定规程》和《水准仪检定规程》的规定，经纬仪和水准仪的检定周期根据使用情况，前者为 1～3 年，后者为 1～2 年。在该检定周期内，每 2～3 月还需对主要轴线关系进行检校，以保证观测精确度。

② 钢尺的检定。根据《钢卷尺检定规程》(JJG4—1989) 规定，钢尺的检定周期为一年。

对于要求较高的工程，如大型工矿企业建筑、公共建筑、高层建筑，一般应使用 I 级钢尺。

2) 校测起始依据。起始依据是附近原有建（构）筑物。监理人员应与业主、设计单位、承包人共同在现场，对定位所依据的建筑物的边、角、中线、标高等具体位置，进行明确的指定和确认，以防发生差错。

① 校测业主提供的 4 个角桩点。监理组由专业测量监理人员对业主提供的 4 个角点坐标进行复测。依据为测绘院提供的控制点 A，B，其坐标为 A (7538.644，3338.224)，B (7482.372，3367.603)。测量仪器为日本 SOKKIA 公司生产的 SET2100 型全站仪。测量方法：全站仪设置在平面控制点 A，以平面控制点 B 为后视控制方向，转测一临时控制点 P，然后设站临时控制点 P，对 4 个角桩点进行坐标测量，以复核其偏差值。

② 校测水准点。由设计单位给定的水准点是向现场引测标高控制点的依据。若设计单位只能提供一个水准点（或标高依据点），监理工程师直接或间接通过业主请设计单位负责保证其正确性。一般设计单位至少提供两个水准点，此时，监理工程师就要求承包人或会同承包人用往返测法测定其高差。若所测高差平均值与已知高差值小于±5mm 时，可认定所给水准点及其标高正确，准予使用。若校测中发现问题，监理工程师应与设计单位或城市规划部门联系，妥善处理，办好手续后方允许使用。本工程中由测绘院提供一个水准点 BM_1，采用三角高程方法以 BM_1 为基准引测至施工单位临时水准控制点 L_1。

3) 场地平整测量监理。场地平整测量是承包人在施工前实测场地地形，按竖向规划场地平整，测设场地控制网和对建筑物定位放线的一项工作。场地平整测量需要在测设图纸上签署意见。承包人在平整场地时，据此计算填土的土方量，作为该项土方工程结算的依据。

4) 场地控制网测设的监理。

① 场地控制网。包括平面控制网和标高控制网，它是整个场地内各幢建筑物和构筑物平面、标高定位以及高层建筑竖向控制的基本依据。监理工程师要监督承包人准确地测定与保护好场地控制网，首先要审核承包人的场地控制网测设方案，然后在承包人控制网测定、自检合格后进行验线。

场地平面控制网应均布全场区，控制线间距要适宜。控制网必须包括：作为场地定位的起始点和起始边；建筑物的对称轴和主要轴线；弧形建筑物的圆心点和直径方向；电梯井的主要轴线等。

场地平面控制网的网形应适合和满足整个场地建筑物测设的需要。控制点之间应通视、易丈量，且便于长期保留。

一般建筑物附近要设 2 个水准点或者±0.000 水平线，高层建筑附近至少设置 3 个水准点或±0.000 水平线。在整个场地内施测时，要能同时后视到 2 个水准点。场地内几个水准点应构成闭合图形，以便于闭合校核。

各水准点点位要设在建筑物开挖和地面沉降范围以外，水准点桩的构造及埋设应规范，以便长期保留。

② 场地平面控制网的检测。承包人要按监理工程师批准的方案测设场地平面控制网。一般以设计给定的一个红线桩的点位和一条红线边的方向为准进行测设。承包人将控制网测定、自检合格后应发出验线通知单，同时提交整体网形的闭合校核和局部校核资料。监理工程师分析测设资料后，为慎重起见，还应实地校测。验线合格、签证认可后方允许其正式使用该场地控制网。

控制网的相对中误差 m 控为 1/10 000～1/20 000，测角精度为±10′。

场地标高控制网的检测与精度要求承包人应根据设计指定的已知标高的水准点引测到场地内，测设场地内各幢号水准点或±0.000 水平线，以构成场地标高控制网。场地标高控制网的闭合差小于±5mm 为合格。

承包人将标高控制网测设后，自检合格，报请验线。监理工程师检测合格后允许其正式使用。

5）建筑物定位放线的验线。建筑物的定位放线通常是根据定位条件，先测试一个平行于建筑物并距基槽外 1~5m 的建筑物矩形控制网，网上有建筑物的各中线点和轴线点。基础开挖后即可据此恢复建筑物的中线和轴线。

承包人根据建筑物各轴线桩或控制桩，按基础图撒好基槽灰线，自检合格后报请监理工程师验线。验线时，先要检查定位依据的正确性和定位条件的几何尺寸，再检查建筑物矩形控制网、建筑物轮廓尺寸以及轴线间距，最后要检查各轴线，特别是主轴线的控制桩（引桩）桩位是否准确和稳定。验线合格，监理工程师签证认可。沿规划红线兴建的建筑物，还需要请城市规划部门验线，验线合格方可破土动工。

建筑物定位放线的相对中误差 m 定为 1/6 000~1/12 000，测角精度为 $\pm20'$。

6）建筑物基础放线的验线。当基础垫层浇筑后，承包人在垫层上必须准确地测定建筑物各轴线、边界线和桩位线等，自检合格后书面通知监理工程师验线。

基础放线是具体确定建筑物的位置，至关重要，验线时必须严格把关。

① 检查轴线控制网。根据基槽边上的轴线控制桩，首先确定没有被碰动和位移，有无用错轴线桩，当建筑物轴线较复杂时更应防止用错。

② 四大角和轴线的检测。根据基槽边上的轴线控制桩，用经纬仪向基础垫层上检查各轴线的投测位置，亦即检查基础的定位，再实地量测四大角和各轴线的相对位置，防止整个基础在基槽内移动错位。

③ 检查垫层顶面的标高。

④ 检查验线的允许偏差。

长度 $L\leqslant30m$ 时，允许偏差 $\pm5mm$；

$30m<L\leqslant60m$，允许偏差 $\pm10mm$；

$60m<L\leqslant90m$，允许偏差 $\pm15mm$；

$L>90m$，允许偏差 $\pm20mm$。

7）高层建筑竖向控制的监理。高层建筑施工对竖向偏差的控制要求很高，轴线竖向投测精度和方法必须与之相适应，这是高层建筑施工测量监理的重点。

承包人在基础工程完成并校测建筑物轴线控制桩后，将建筑物轮廓和各细部轴线精确地投测到 ±0.000 首层平面上，随后要将首层轴线逐层向上投测，以用作各层放线和结构竖向控制的依据。对此，监理工程师应进行检测，或在承包人投测时在旁监测，以保证测量质量。

当施工场地比较宽阔时，可用外控法，利用经纬仪施测。作为检验，还可用吊线坠法作竖向偏差的检测。

当施工场地比较窄小，无法在建筑物之外的轴线上安装经纬仪施测时，可用内控法，例如用激光铅直仪施测。

层间竖向测量偏差不应超过 $\pm3mm$，建筑全高（H）竖向测量偏差不应超过 $3H/10\ 000$，且不应大于：

当 $30m<H\leqslant60m$，$\pm10mm$；

当 $60\text{m} < H \leqslant 90\text{m}$，$\pm15\text{mm}$；

当 $H > 90\text{m}$，$\pm20\text{mm}$。

8）建筑物沉降观测的检测。建筑物的沉降观测点一般在房屋底层 ±0.000 标高线上，沿房屋纵横轴线、四角及沉降缝两侧设置，按规定埋设永久性观测点。第一次观测应在观测点安置稳固后进行，以后每施工一层复测一次、直测一次，直到竣工。沉降观测记录属工程竣工档案。

主要参考文献

工程监理企业资质管理规定. 中华人民共和国建设部令第 158 号

巩天真, 张泽平. 2009. 建设工程监理概论 [M]. 北京: 北京大学出版社

韩庆. 2008. 土木工程监理概论 [M]. 北京: 中国水利水电出版社

黄林青. 2009. 建设工程监理概论 [M]. 重庆: 重庆大学出版社

李世蓉, 田妮. 2001. 国外 CM 模式与我国施工监理模式的比较研究 [J]. 建设监理, 2: 18-20

刘华平, 李增水. 2007. 建设工程监理概论 [M]. 北京: 中国水利水电出版社

全国一级建造师职业资格考试用书编写委员会. 2011. 建设工程法规及相关知识 [M]. 北京: 中国建筑工业出版社

全国一级建造师职业资格考试用书编写委员会. 2011. 建设工程管理与实务 [M]. 北京: 中国建筑工业出版社

全国一级建造师职业资格考试用书编写委员会. 2011. 建设工程项目管理 [M]. 北京: 中国建筑工业出版社

斯庆. 2009. 建设工程监理. [M] 北京: 北京大学出版社

张守平, 滕斌. 2010. 工程建设监理 [M]. 北京: 北京理工大学出版社

中国建设监理协会. 2005. 建设工程监理概论 [M]. 北京: 知识产权出版社

中国建设监理协会. 2005. 建设工程监理相关法规文件汇编 [M]. 北京: 知识产权出版社

中国建设监理协会. 2011. 建设工程监理概论 [M]. 3 版. 北京: 知识产权出版社

中华人民共和国国家标准. 2001. 建设工程监理规范 (GB 50319—2000) [S]. 北京: 中国建筑工业出版社

中华人民共和国国家标准. 2002. 建设工程文件归档整理规范 (GB/T 50328—2001) [S]. 北京: 中国建筑工业出版社

钟汉华, 张希中. 2009. 建设工程监理 [M]. 北京: 中国水利水电出版社

庄民泉, 林密. 2010. 建设监理概论 [M]. 北京: 中国电力出版社